"十二五"职业教育国家规
经全国职业教育教材审定委

U0237312

化工安全技术

刘景良 ◎主编

HUAGONG
ANQUAN
JISHU

第四版

化学工业出版社

·北京·

《化工安全技术》（第四版）注重于对化工安全生产基础知识的介绍及安全生产意识的培养，便于学生熟悉和掌握生产过程的危险识别与控制技术技能，兼顾安全基础知识的通用性及系统性。全书共十章，包括概论、危险化学品、防火防爆技术、工业防毒技术、承压设备安全技术、电气安全与静电防护技术、化工装置安全检修、职业危害防护技术、安全分析与评价、安全管理及相关附录。为适应教学改革的要求，在每章前均设有"知识目标""能力目标"，在每章后设有"课堂讨论""思考题""能力测试题"；书中还配有一定数量的事故案例及案例分析，可以满足案例教学的需要。

《化工安全技术》（第四版）可作为高职教育化工技术类及相关专业的公共课教材，也可作为高职教育安全类专业的专业课教材，还可作为从事化工生产及相关领域的技术人员和管理人员的培训用书及参考书。

图书在版编目（CIP）数据

化工安全技术/刘景良主编．—4 版．—北京：化学工业出版社，2019.3
"十二五"职业教育国家规划教材
ISBN 978-7-122-33565-4

Ⅰ．①化… Ⅱ．①刘… Ⅲ．①化工安全-安全技术-高等职业教育-教材 Ⅳ．①TQ086

中国版本图书馆 CIP 数据核字（2018）第 303162 号

责任编辑：徐雅妮 于 卉　　　　　　文字编辑：马泽林
责任校对：王鹏飞　　　　　　　　　　装帧设计：史利平

出版发行：化学工业出版社（北京市东城区青年湖南街 13 号　邮政编码 100011）
印　　刷：北京京华铭诚工贸有限公司
装　　订：三河市振勇印装有限公司
787mm×1092mm　1/16　印张 15¾　字数 384 千字　　2019 年 5 月北京第 4 版第 1 次印刷

购书咨询：010-64518888　　　　　　　售后服务：010-64518899
网　　址：http://www.cip.com.cn
凡购买本书，如有缺损质量问题，本社销售中心负责调换。

定　　价：45.00 元

前 言

《化工安全技术》（第四版）是在第三版教材的基础上修订而成的。本书以普及高职高专化工类专业学生的化工安全生产知识、建立和强化安全生产意识、熟悉危险源识别及控制的技术技能为目的。本次修订以《高等职业学校专业教学标准》为依据，体现了化工类专业的教学改革和课程建设发展的最新成果，结合了科技发展和化工安全生产实际，介绍了化工行业的新理论、新技术、新装备，同时能够与现行的职业安全健康法律、法规、标准和化工岗位要求对接，便于学生及相关领域的技术人员学习和参考。

本次修订的主要内容如下。

1. 对第二章第一节"危险化学品及其分类"的内容进行了补充，在第二章第三节增加了"危险化学品的包装及标志"的内容。

2. 依据《建筑设计防火规范［2018 版]》（GB 50016—2014）和《爆炸危险环境电力装置设计规范》（GB 50058—2014）对第三章第二节"火灾爆炸危险性分析"进行了重新编写；对第三节"点火源控制"中的"三、电火花及电弧"部分予以修订，使防爆电气设备类型及其选型更加全面系统。

3. 依据《固定式压力容器安全技术监察规程》（TSG 21—2016）和《气瓶颜色标志》（GB/T 7144—2016）对第五章第二节"气瓶安全技术"部分内容进行了修订。

4. 依据《化工企业安全卫生设计规范》（HG 20571—2014）等相关标准，修订了第六章第二节"静电防护技术"部分内容。

5. 依据《化学品生产单位特殊作业安全规范》（GB 30871—2014）对第七章的第一节～第三节进行了修订。

6. 依据《化工企业安全卫生设计规范》（HG 20571—2014）等相关标准，对第八章第一节"灼伤及其防护"进行了修订。

7. 第十章第一节补充了"五、安全卫生管理与监测机构"内容，并对本章第二节进行了修订。

8. 依据近年来新颁布的相关法律、法规、标准，化工安全生产实际及化工新技术和新进展，对第三版教材中的其他不适宜之处进行了修订。

9. 附录部分更新了相关法律、法规，读者可通过扫描二维码下载查阅。

《化工安全技术》（第四版）由天津职业大学刘景良修订编写。

由于编者水平有限，书中难免有疏漏之处，恳请读者指正。

编 者
2019 年 1 月

第一版前言

众所周知，化工企业的原料及产品多为易燃、易爆、有毒害、有腐蚀性的物质，现代化工生产过程多具有高温、高压、深冷、连续化、自动化、生产装置大型化等特点，与其他行业相比，化工生产的各个环节不安全因素较多，具有事故后果严重，危险性和危害性更大的特点。因此对安全生产的要求更加严格。客观上要求从事化工生产的管理人员、技术人员及操作人员必须掌握或了解基本的安全知识。适应现代化工生产的这一客观要求，实现安全生产，保障我国化学工业持续健康的发展，是编写此书的初衷和良好愿望。

本书共包括概论、化学危险物质、防火防爆技术、工业防毒技术、压力容器安全技术、电气安全与静电防护技术、化工安全检修、劳动保护相关知识、安全分析与评价、安全管理等内容，对化工生产中涉及的有关安全生产的理论及其应用做了较系统的介绍，在大部分章节选编了一些典型事故案例，以便使读者加深对知识的理解和掌握，每章均附有复习思考题。

本书共分十章。天津职业大学刘景良编写第一、二、三、四、六、九、十章，兰州石油化工职业技术学院杨西萍编写第五、七、八章。全书由刘景良负责统稿，天津职业大学李献功担任本书的主审。

本书在编写过程中，天津职业大学苗香溢做了大量工作；一些化工企业的安全技术管理人员提供了无私的帮助和有益的建议；在此一并表示衷心的感谢。

由于编者水平所限，书中的错误与不妥之处在所难免，敬请广大读者批评指正。

编　者
2002 年 9 月

第二版前言

近年来，我国化工安全生产水平的不断提高，特别是新颁布了一系列与化工生产安全相关的法律法规，第一版教材中的部分内容已不再适合新的形势。本次修订是在第一版《化工安全技术》教材的基础上进行的，是以普及高职高专化工类专业学生的化工安全生产知识、建立和强化安全生产意识、了解危险识别控制技术及安全生产管理的理论和方法为目的的。修订过程更加注重科技发展和化工安全生产实际，反映新理论、新技术、新装备，并与现行的相关安全卫生法律、法规、标准相协调。

修订与新编写的主要内容。

1. 在第一章增设"两类危险源理论"一节（新编内容）。

2. 对第一版中第一章第二节的"各类危险源的临界量"按照 GB 18218—2000 进行重新编写。

3. 第一版第二章的名称"化学危险物质"按照《危险化学品安全管理条例》的精神更名为"危险化学品"，并对第二章的内容按照《危险化学品安全管理条例》等相关法规进行了修订。

4. 第一版第四章第一节的"三、空气中毒物最高容许浓度的制定和应用"部分更名为"三、工作场所空气中有害因素职业接触限值及其应用"，该部分内容进行了重新编写。

5. 第一版第十章第一节"安全管理概述"的全部内容重新编写。

6. 第十章增设"化工企业安全生产管理制度及禁令"一节（新编内容）。

7. 本书的附录部分共收录现行的安全卫生法律法规共计十二项，其中保留第一版附录中的六项，新增六项。如在附录部分增加了《生产安全事故报告和调查处理条例》、《安全生产许可证条例》、《中华人民共和国安全生产法》、《危险化学品安全管理条例》等新近颁布的相关法律法规，删除了第一版附录中新近废止或被替换的法律法规。

8. 结合近年来颁布的相关法律法规标准、化工安全生产实际及最新技术进展而对第一版中的不适宜之处进行了修改或增减。

本书由天津职业大学刘景良主编。天津大沽化工厂原副总工、安技处处长朱超祥高级工程师完成第七章的修订，天津职业大学刘景良完成本书其余章节的修订及新增内容的编写。

由于编者业务水平及调查研究工作深入程度的局限，书中不足之处在所难免，恳请读者批评指正。

编　者

2008.01

第三版前言

2008 年以来，我国陆续颁布了一系列与化工生产安全相关的法律法规及标准，第二版教材中的部分内容已不再适合新的形势。本次修订是在第二版《化工安全技术》教材的基础上进行的，是以普及高职高专化工类专业学生的化工安全生产知识、建立和强化安全生产意识、熟悉危险识别控制技术技能为目的。修订过程以《高等职业学校专业教学标准（试行）》为依据，体现教学改革和课程建设最新成果，更加注重科技发展和化工安全生产实际，反映新知识、新技术、新工艺和新方法，对接现行的职业安全健康法律、法规、标准和化工岗位要求。

为适应教学改革的要求，在每一章前均新增了"学习目标"、"能力目标"，在每一章后新增了"课堂讨论"和"能力测试题"；此外还补充了事故案例及案例分析以满足案例教学的需要。

修订与新编写的主要内容：

1. 对第二版第一章第三节按照 GB 18218—2009 进行重新编写。

2. 依据《危险化学品安全管理条例》（国务院令　第 591 号）和《危险货物分类和品名编号》（GB 6944—2012），对第二版第二章第一节"一、危险化学品及其分类"进行了重新编写。

3. 对第二版第四章第一节补充编写了"职业性接触毒物危害程度分级"的内容。

4. 将第二版第五章压力容器安全技术更名为承压设备安全技术，并对整章内容重新进行整合、修订及编写；整合后共分四节，第一节为压力容器安全技术（为第二版第五章前四节的内容），第二节为气瓶安全技术，第三节为工业锅炉安全技术，第四节为压力管道安全技术（此节为新增部分）；每小节均增设事故案例分析的内容。

5. 将第二版第八章劳动保护相关知识更名为职业危害防护技术，第二节"四、工业噪声卫生标准"更名为"四、工业噪声职业接触限值"并重新进行了编写。

6. 对第二版第十章第二节"二、安全教育"中的"3. 特殊教育"更名为"3. 特种作业人员安全教育"并重新编写，新增了"五新"作业安全教育的内容；对第二版第十章第五节的部分内容进行了重新编写，并增加了"企业安全文化建设的实施"的内容。

7. 本书的附录部分共收录职业安全健康法律法规共计十项，对照第二版附录，删除了两项，另有四项进行了更新。

8. 结合近年来颁布的相关法律法规标准、化工安全生产实际及最新技术进展而对第二版中的其他不适宜之处进行了修改或增减。

本书由天津职业大学刘景良教授主编。本书第五章由天津职业大学刘景良教授和贾立军正高级工程师共同编写及修订，第七章由天津大沽化工厂原副总工、安技处处长朱超祥高级工程师完成修订，其余章节由刘景良教授完成修订及新增内容的编写。全书由刘景良教授负责统稿。

由于编者水平及调查研究深入程度的局限，书中不足之处在所难免，恳请读者批评指正。

编　者
2014 年 02 月

目录

◎ 第六章　电气安全与静电防护技术　124

◎ 第七章　化工装置安全检修　157

◎ 第八章　职业危害防护技术　178

第一章 概 论

第一节　化工生产的特点与安全

化学工业是运用化学方法从事产品生产的工业。它是一个多行业、多品种、历史悠久、在国民经济中占重要地位的工业部门。化学工业作为国民经济的支柱产业，与农业、轻工、纺织、食品、材料、建筑及国防等部门有着密切的联系，其产品已经并将继续渗透到国民经济的各个领域。

一、化工生产的特点

1. 化工生产涉及的危险品多

化工生产使用的原料、半成品和成品种类繁多，且绝大部分是易燃、易爆、有毒、有腐蚀的化学危险品。这给生产中对这些原材料、燃料、中间产品和成品的贮存和运输都提出了特殊的要求。

2. 化工生产要求的工艺条件苛刻

有些化学反应在高温、高压下进行，有些则要在低温、高真空度下进行。如：由轻柴油裂解制乙烯，进而生产聚乙烯的过程中，轻柴油在裂解炉中的裂解温度为800℃；裂解气要在深冷（—96℃）条件下进行分离；纯度为99.99%的乙烯气体在294MPa压力下聚合，制成聚乙烯树脂。

3. 生产规模大型化

近几十年来，国际上化工生产采用大型生产装置是一个明显的趋势。以化肥为例，20世纪50年代合成氨的最大规模为6万吨/年，60年代初为12万吨/年，60年代末达到30万吨/年，70 年代发展到 50 万吨/年以上，目前已发展到 100 万吨/年以上。乙烯装置的生产能力也从 20 世纪 50 年代的 10 万吨/年，发展到 70 年代的 60 万吨/年，目前单套装置规模最大的可达 150 万吨/年。

采用大型装置可以明显降低单位产品的建设投资和生产成本，有利于提高劳动生产率。因此，世界各国都在积极发展大型化工生产装置。当然，也不是说化工装置越大越好，这里涉及技术经济的综合效益问题。

4. 生产方式日趋先进

现代化工企业的生产方式已经从过去的手工操作、间歇生产转变为高度自动化、连续化生产；生产设备由敞开式变为密闭式；生产装置由室内走向露天；生产操作由分散控制变为集中控制，同时也由人工手动操作和现场观测发展到由计算机遥测遥控。

二、安全在化工生产中的地位

化工生产具有易燃、易爆、易中毒、高温、高压、易腐蚀等特点，与其他行业相比，化工生产潜在的不安全因素更多，危险性和危害性更大，因此，对安全生产的要求也更加严格。

随着生产技术的发展和生产规模的扩大，化工生产安全已成为一个社会问题。一旦发生火灾和爆炸事故，不但导致生产停顿、设备损坏、生产不能继续，而且也会造成大量人身伤亡，甚至波及社会，产生无法估量的损失和难以挽回的影响。例如，1984 年 11 月墨西哥城液化石油气站发生爆炸事故，造成 540 人死亡，4000 多人受伤，大片的居民区化为焦土，50 万人无家可归。再如，印度博帕尔市的一家农药厂发生甲基异氰酸酯毒气泄漏事件，造成 2500 人死亡，5 万人双目失明，15 万人终身残疾（本书第四章有关于此次事故的详细介绍）。2004 年 4 月 15 日，重庆天原化工总厂压力容器爆炸事故，造成 9 人死亡，3 人受伤，该事故使重庆市江北区、渝中区、沙坪坝区、渝北区的 15 万名群众疏散（本书第五章有关于此次事故的详细介绍）。

我国的化工企业特别是中小化工企业，由于安全生产制度不健全或执行制度不严，操作人员缺乏安全生产知识或技术水平不高、违章作业，设备陈旧等原因，也发生过很多事故。例如，2008 年 9 月 14 日，辽宁省辽阳市灯塔市的金航石油化工有限公司发生爆炸事故，造成 2 人死亡，1 人下落不明、2 人轻伤。初步分析，该起事故的主要原因是在滴加异辛醇进行硝化反应的过程中，当班操作工违章脱岗，反应失控时没能及时发现和处置，导致反应釜内温度、压力急剧上升，釜内物料从反应釜顶部的排放口喷出，喷到成品库房内的可燃物上，导致着火，引发成品库内堆积的桶装硝酸异辛酯爆炸，并引起厂内其他物料爆炸、燃烧。经查，该企业的硝化反应釜没有装备高温报警和高温联锁停车及超温时自动排料装置；冷冻盐水系统也没有自动调节装置，仅靠操作工人现场监控、操作。

此外，在化工生产中，不可避免地要接触大量有毒化学物质，如硫化氢、苯类、氯气、亚硝基化合物、铬盐、联苯胺等物质，极易造成中毒事件。例如，2008 年 6 月 12 日，云南省安宁市齐天化肥有限公司发生硫化氢中毒事故，造成了 6 人死亡，28 人受伤。同时，在化工生产过程中也容易造成环境污染，例如，2005 年 11 月 13 日，中国石油天然气股份有限公司吉林石化分公司双苯厂硝基苯精馏塔发生爆炸，造成 8 人死亡，60 人受伤，直接经济损失 6908 万元，并引发松花江特别重大水污染事件。

随着我国社会的全面进步与发展，化学工业面临的安全生产、职业危害与环境保护等问题必然引起人们越来越多的关注，这对从事化工生产安全管理人员、技术管理人员及技术工人的安全素质提出了越来越高的要求。如何确保化工安全生产，使化学工业能够稳定持续的健康发展，是我国化学工业面临的一个亟待解决且必须解决的重大问题。

第二节　两类危险源理论

事故致因因素种类繁多，非常复杂，在事故发生发展过程中起的作用也不相同。根据危险源在事故发生中的作用，可以把危险源划分为两大类。根据能量意外释放理论，能量或危险物质的意外释放是伤亡事故发生的物理本质。于是，把生产过程中存在的，可能发生意外释放的能量（能源或能量载体）或危险物质称为第一类危险源。

正常情况下，生产过程中的能量或危险物质受到约束或限制，不会发生意外释放，即不会发生事故。但是，一旦这些约束或限制能量或危险物质的措施受到破坏或失效，则将发生事故，导致能量或危险物质约束或限制措施失效的各种因素称为第二类危险源。第二类危险源包括人、物、环境三个方面的问题，主要包括人的失误、物的因素和环境因素。

人的失误即人的行为结果偏离了预定的标准。人的不安全行为是人失误的特例，人失误可能直接破坏第一类危险源控制措施，造成能量或危险物质的意外释放。

物的因素即物的故障，物的不安全状态也是一种故障状态，也包括在物的故障之中。物的故障可能直接破坏对能量或危险物质的约束或限制措施。有时一种物的故障导致另一种物的故障，最终造成能量或危险物质的意外释放。

环境因素主要指系统的运行环境，包括温度、湿度、照明、粉尘、通风换气、噪声等物理因素。不良的环境会引起物的故障或人的失误。

人的失误、物的故障等第二类危险源是第一类危险源失控的原因。第二类危险源出现得越频繁，发生事故的可能性则越高，故第二类危险源的出现情况决定事故发生的可能性。

两类危险源理论认为，一起伤亡事故的发生往往是两类危险源共同作用的结果。第一类危险源是伤亡事故发生的能量主体，是第二类危险源出现的前提，并决定事故后果的严重程度；第二类危险源是第一类危险源造成事故的必要条件，决定事故发生的可能性。两类危险源相互关联、相互依存。

根据两类危险源理论，第一类危险源是一些物理实体，第二类危险源是围绕着第一类危险源而出现的一些异常现象或状态。因此，危险源辨识的首要任务是辨识第一类危险源，然后围绕第一类危险源来辨识第二类危险源。

第三节　化工生产中的重大危险源

一、重大危险源的定义

由火灾、爆炸、毒物泄漏等所引起的重大事故，尽管其起因和后果的严重程度不尽相同，但它们都是因危险物质失控后引起的，并造成了严重后果。危险的根源是生产、运输、贮存及使用过程中存在易燃、易爆及有毒物质，具有引发灾难性事故的能量。造成重大工业事故的可能性及后果的严重度既与物质的固有特性有关，又与设施或设备中危险物质的数量或能量的大小有关。

在《危险化学品重大危险源辨识》（GB 18218—2018）中，危险化学品重大危险源定义为：长期地或临时地生产、加工、使用或储存危险化学品，且危险化学品的数量等于或超过临界量的单元。

所谓单元是指一个（套）生产装置、设施或场所，或同属一个生产经营单位的且边缘距离小于500m的几个（套）生产装置、设施或场所。

需要指出的是，不同国家和地区对重大危险源的定义及规定的临界量可能是不同的。对重大危险源的范围以及重大危险源临界量的确定，都是为了防止重大事故发生，是在综合考虑国家和地区的经济实力、人们对安全与健康的承受水平和安全监督管理的需要后给出的。随着社会总体水平的提高和防控事故能力的增强，对重大危险源的相关规定也会随之改变。

二、危险化学品重大危险源辨识

凡单元内存在危险化学品的数量等于或超过规定的临界量，即为重大危险源。单元内存在危险化学品的数量根据处理危险化学品种类的多少分为以下两种情况：

① 单元内存在的危险化学品为单一品种，则该危险化学品的数量即为单元内危险化学品的总量，若等于或超过相应的临界量，则定为重大危险源。

② 单元内存在的危险化学品为多品种时，则按式(1-1)计算，若满足式(1-1)的条件，则定为重大危险源。

$$\frac{q_1}{Q_1}+\frac{q_2}{Q_2}+\cdots+\frac{q_n}{Q_n}\geqslant 1 \tag{1-1}$$

式中，$q_1, q_2, \cdots, q_n$ 为每种危险化学品实际存在量，t（吨）；$Q_1, Q_2, \cdots, Q_n$ 为与各危险化学品相对应的临界量，t（吨）。

危险化学品临界量的确定方法如下。

（1）在表 1-1 范围内的危险化学品，其临界量按表 1-1 确定。

表 1-1 危险化学品名称及其临界量

序号	类别	危险化学品名称和说明	临界量/t	序号	类别	危险化学品名称和说明	临界量/t
1	爆炸品	叠氮化钡	0.5	18	毒性气体	氨	10
2		叠氮化铅	0.5	19		二氟化氧	1
3		雷酸汞	0.5	20		二氧化氮	1
4		三硝基苯甲醚	5	21		二氧化硫	20
5		三硝基甲苯	5	22		氟	1
6		硝化甘油	1	23		光气	0.3
7		硝化纤维素	10	24		环氧乙烷	10
8		硝酸铵（含可燃物>0.2%）	5	25		甲醛（含量>90%）	5
9	易燃气体	丁二烯	5	26		磷化氢	5
10		二甲醚	50	27		硫化氢	5
11		甲烷,天然气	50	28		氯化氢	20
12		氯乙烯	50	29		氯	5
13		氢	5	30		煤气(CO,CO 和 H_2、CH_4 的混合物等)	20
14		液化石油气(含丙烷、丁烷及其混合物)	50	31		砷化氢（胂）	1
15		一甲胺	5	32		锑化氢	1
16		乙炔	1	33		硒化氢	1
17		乙烯	50	34		溴甲烷	10

续表

序号	类别	危险化学品名称和说明	临界量/t	序号	类别	危险化学品名称和说明	临界量/t
35	易燃液体	苯	50	57	氧化性物质	过氧化钠	20
36		苯乙烯	500	58		氯酸钾	100
37		丙酮	500	59		氯酸钠	100
38		丙烯腈	50	60		硝酸(发红烟的)	20
39		二硫化碳	50	61		硝酸(发红烟的除外,含硝酸≥70%)	100
40		环己烷	500	62		硝酸铵(含可燃物≤0.2%)	300
41		环氧丙烷	10	63		硝酸铵基化肥	1000
42		甲苯	500	64	有机过氧化物	过氧乙酸(含量≥60%)	10
43		甲醇	500	65		过氧化甲乙酮(含量≥60%)	10
44		汽油	200	66	毒性物质	丙酮合氰化氢	20
45		乙醇	500	67		丙烯醛	20
46		乙醚	10	68		氟化氢	1
47		乙酸乙酯	500	69		环氧氯丙烷(3-氯-1,2-环氧丙烷)	20
48		正己烷	500	70		环氧溴丙烷(表溴醇)	20
49	易于自燃的物质	黄磷	50	71		甲苯二异氰酸酯	100
50		烷基铝	1	72		氯化硫	1
51		戊硼烷	1	73		氰化氢	1
52	遇水放出易燃气体的物质	电石	100	74		三氧化硫	75
53		钾	1	75		烯丙胺	20
54		钠	10	76		溴	20
55	氧化性物质	发烟硫酸	100	77		乙撑亚胺	20
56		过氧化钾	20	78		异氰酸甲酯	0.75

（2）未在表 1-1 中列举的危险化学品类别，依据其危险性，按表 1-2 确定临界量；若一种危险化学品具有多种危险性，按其中最低的临界量确定。

表 1-2　未在表 1-1 中列举的危险化学品类别及其临界量

类别	危险性分类及说明	临界量/t
爆炸品	1.1A 项爆炸品	1
	除 1.1A 项外的其他 1.1 项爆炸品	10
	除 1.1 项外的其他爆炸品	50
气体	易燃气体:危险性属于 2.1 项的气体	10
	氧化性气体:危险性属于 2.2 项非易燃无毒气体且次要危险性为 5 类的气体	200
	剧毒气体:危险性属于 2.3 项且急性毒性为类别 1 的毒性气体	5
	有毒气体:危险性属于 2.3 项的其他毒性气体	50
易燃液体	极易燃液体:沸点≤35℃且闪点<0℃的液体;或保存温度一直在其沸点以上的易燃液体	10
	高度易燃液体:闪点<23℃的液体(不包括极易燃液体);液态退敏爆炸品	1000
	23℃≤闪点<61℃的液体	5000

类别	危险性分类及说明	临界量/t
易燃固体	危险性属于 4.1 项且包装为 Ⅰ 类的物质	200
易于自燃的物质	危险性属于 4.2 项且包装为 Ⅰ 或 Ⅱ 类的物质	200
遇水放出易燃气体的物质	危险性属于 4.3 项且包装为 Ⅰ 或 Ⅱ 的物质	200
氧化性物质	危险性属于 5.1 项且包装为 Ⅰ 类的物质	50
	危险性属于 5.1 项且包装为 Ⅱ 或 Ⅲ 类的物质	200
有机过氧化物	危险性属于 5.2 项的物质	50
毒性物质	危险性属于 6.1 项且急性毒性为类别 1 的物质	50
	危险性属于 6.1 项且急性毒性为类别 2 的物质	500

注：以上危险化学品危险性类别及包装类别依据 GB 12268 确定，急性毒性类别依据 GB 20592 确定。

三、危险化学品重大危险源分级

危险化学品重大危险源根据其危险程度，分为一级、二级、三级和四级，一级为最高级别。重大危险源分级方法如下。

1. 分级指标

采用单元内各种危险化学品实际存在（在线）量与其在《危险化学品重大危险源辨识》（GB 18218—2018）中规定的临界量比值，经校正系数校正后的比值之和 R 作为分级指标。

2. 分级指标 R 的计算方法

$$R = \alpha(\beta_1 q_1/Q_1 + \beta_2 q_2/Q_2 + \cdots + \beta_n q_n/Q_n) \qquad (1-2)$$

式中，$q_1, q_2, \cdots, q_n$ 为每种危险化学品实际存在（在线）量，t；$Q_1, Q_2, \cdots, Q_n$ 为与各危险化学品相对应的临界量，t；$\beta_1, \beta_2, \cdots, \beta_n$ 为与各危险化学品相对应的校正系数；α 为该危险化学品重大危险源厂区外暴露人员的校正系数。

3. 校正系数 β 的取值

根据单元内危险化学品的类别不同，设定校正系数 β 值，见表 1-3 和表 1-4。

表 1-3　校正系数 β 值

危险化学品类别	毒性气体	爆炸品	易燃气体	其他类危险化学品
β	见表 1-4	2	1.5	1

注：危险化学品类别依据《危险货物分类和品名编号》（GB 6944—2012）确定。

表 1-4　常见毒性气体校正系数 β 值

毒性气体名称	一氧化碳	二氧化硫	氨	环氧乙烷	氯化氢	溴甲烷	氯
β	2	2	2	2	3	3	4
毒性气体名称	硫化氢	氟化氢	二氧化氮	氰化氢	碳酰氯	磷化氢	异氰酸甲酯
β	5	5	10	10	20	20	20

注：未在表 1-4 中列出的有毒气体可按 $\beta=2$ 取值，剧毒气体可按 $\beta=4$ 取值。

4. 校正系数 α 的取值

根据重大危险源的厂区边界向外扩展 500m 范围内常住人口数量，设定厂区外暴露人员校正系数 α 值，见表1-5。

表 1-5 厂区外暴露人员校正系数 α 值

厂外可能暴露人员数量	100人以上	50~99人	30~49人	1~29人	0人
α	2.0	1.5	1.2	1.0	0.5

5. 分级标准

根据计算出来的 R 值，按表1-6确定危险化学品重大危险源的级别。

表 1-6 危险化学品重大危险源级别与 R 值的对应关系

危险化学品重大危险源级别	一级	二级	三级	四级
R 值	$R \geqslant 100$	$100 > R \geqslant 50$	$50 > R \geqslant 10$	$R < 10$

事故案例

[案例 1-1] 某年6月，浙江省金华某化工厂五硫化二磷车间，黄磷酸洗锅发生爆炸。死亡8人，重伤2人，轻伤7人，炸塌厂房逾300m²，造成全厂停产。

事故的直接原因： 该厂为提高产品质量，采用浓硫酸处理黄磷中的杂质，代替水洗黄磷的工艺。在试行这一新工艺时，该厂没有制定完善的试验方案，在小试成功后，未经中间试验，就盲目扩大1500倍进行工业性生产，结果刚投入生产就发生了爆炸事故。

[案例 1-2] 某年12月，湖南省某氮肥厂造气炉水夹套发生爆炸，死亡3人，重伤2人，轻伤10人，厂房被严重破坏。

事故的直接原因： 车间副主任为提高煤气炉负荷多产煤气，违反安全生产的基本原则，擅自关闭水夹套的进、出口阀门，以此来提高造气炉温度和产量。关闭30min后，造成造气炉水夹套因超压发生爆炸。

[案例 1-3] 某年1月，四川省某县化肥厂氨合成塔发生爆炸，塔体飞出，将水泥框架撞坏，合成塔外筒出现三条大裂纹，催化剂筐四分五裂，操作盘仪表及高压管道等被烧坏，厂房也遭到破坏。

事故的直接原因： 该塔长期超温、超压使用和使用不当所致。尤其严重的是当塔壁已漏气着火时，该厂领导缺乏科学态度，未引起足够重视，也未认真检查处理，继续盲目生产而导致爆炸事故。此外，合成塔的设计、选材、制造等方面也存在不少问题。

[案例 1-4] 某年5月，四川省某县磷肥厂硫酸车间沸腾炉，由于违章指挥发生化学爆炸事故。

事故的直接原因： 该沸腾炉在爆炸前连续几个班超负荷运行；炉温、风压、产量均超过规定指标；其次，该沸腾炉是自制设备，没有正规设计，没有炉温自动记录，没有控制炉温的应急手段，操作控制很困难，炉内经常结疤。在停炉处理时，车间干部违章指挥，向炉内的结疤连续击水时，炉内发生爆炸。将15t重的炉盖冲开，高温炉疤冲出炉体10m多远，6名工人被烧伤，其中3人死亡，1人重伤，2人轻伤。

课堂讨论

1. 在你的印象中化工生产过程中可能存在哪些危险？

2. 如何运用"两类危险源理论"进行危险源辨识？

思考题

1. 化工生产中存在哪些不安全因素？

2. 如何认识安全在化工生产中的重要性？

能力测试题 ···

如何进行危险化学品重大危险源辨识？

第二章
危险化学品

随着科学技术的进步，越来越多的化学物质造福于人类，但其中的一部分也给人类与环境带来了极大的威胁。这些危险化学品在一定的外界条件下是安全的，但当其受到某些因素的影响时，就可能发生燃烧、爆炸、中毒等严重事故，给人们的生命、财产造成重大危害。因而人们应该更清楚地去认识这些危险化学品，了解其类别、性质及其危害性，应用相应的科学手段进行有效的防范管理。

第一节 危险化学品分类和特性

一、危险化学品及其分类

《危险化学品安全管理条例》（国务院令第 344 号）对危险化学品作了如下定义：

具有毒害、腐蚀、爆炸、燃烧、助燃等性质，对人体、设施、环境具有危害的剧毒化学品和其他化学品。

《危险货物分类和品名编号》（GB 6944—2012）按危险货物具有的危险性或最主要的危险性分为 9 个类别，给出了爆炸品配装组分类和组合、危险货物危险性的先后顺序以及危险货物包装类别。有些类别再分成项别，类别和项别的号码顺序并不是危险程度的顺序。具体分类如下：

第 1 类 爆炸品

本类包括：a）爆炸性物质；b）爆炸性物品；c）为产生爆炸或烟火实际效果而制造的，a）和 b）中未提及的物质或物品。

爆炸性物质是指固体或液体物质（或物质混合物）自身能够通过化学反应产生气体，其温度、压力和速度能高到对周围造成破坏。烟火物质即使不放出气体，也包括在爆炸性物质范围内。

爆炸性物品是指含有一种或几种爆炸性物质的物品。

第1类划分为6项。

第1.1项 有整体爆炸危险的物质和物品

第1.2项 有迸射危险，但无整体爆炸危险的物质和物品

第1.3项 有燃烧危险并有局部爆炸危险或局部迸射危险或这两种危险都有，但无整体爆炸危险的物质和物品

第1.4项 不呈现重大危险的物质和物品

第1.5项 有整体爆炸危险的非常不敏感物质

第1.6项 无整体爆炸危险的极端不敏感物品

第2类 气体

本类气体指：a）在50℃时，蒸气压力大于300kPa的物质；或b）20℃时在101.3kPa标准压力下完全是气态的物质。

本类包括：压缩气体、液化气体、溶解气体和冷冻液化气体、一种或多种气体与一种或多种其他类别物质的蒸气混合物、充有气体的物品和气雾剂。

压缩气体是指在－50℃下加压包装供运输时完全是气态的气体，包括临界温度小于－50℃的所有气体。

液化气体是指在温度大于－50℃下加压包装供运输时部分是液态的气体，可分为高压液化气体（即临界温度在－50～65℃之间的气体）和低压液化气体（即临界温度大于65℃的气体）。

溶解气体是指加压包装供运输时溶解于液相溶剂中的气体。

冷冻液化气体是指包装供运输时由于其温度低而部分呈液态的气体。

第2类分为3项。

第2.1项 易燃气体

本项包括：在20℃和101.3kPa条件下，a）爆炸下限小于或等于13％的气体；或b）不论其爆炸下限如何，其爆炸极限（燃烧范围）大于或等于12％的气体。

第2.2项 非易燃无毒气体

本项包括：窒息性气体、氧化性气体以及不属于其他项别的气体。

本项不包括：在温度20℃时的压力低于200kPa且未经液化或冷冻液化的气体。

第2.3项 毒性气体

本项包括：a）其毒性或腐蚀性对人类健康造成危害的气体；或b）急性半数致死浓度LC_{50}值小于或等于$5000mL/m^3$的毒性或腐蚀性气体。

第3类 易燃液体

本类包括：a）易燃液体和b）液态退敏爆炸品。

易燃液体是指易燃的液体或液体混合物，或是在溶液或悬浮液中含有固体的液体，其闭杯试验闪点不高于60℃，或开杯试验闪点不高于65.5℃。易燃液体还包括在温度等于或高于其闪点的条件下提交运输的液体，或以液态在高温条件下运输或提交运输并在温度等于或低于最高运输温度下放出的易燃蒸气的物质。

注：符合上述定义，但闪点高于35℃而且不能持续燃烧的液体，该标准下不视为易燃液体；标准中还列出了液体三种被视为不能持续燃烧的情况。

液态退敏爆炸品是指为抑制爆炸性物质的爆炸性能，将爆炸性物质溶解或悬浮在水中或

其他液态物质后，形成的均匀液态混合物。

第 4 类 易燃固体、易于自燃的物质、遇水放出易燃气体的物质

第 4 类分为 3 项。

第 4.1 项 易燃固体、自反应物质和固态退敏爆炸品

易燃固体是指易于燃烧的固体和摩擦可能起火的固体。

自反应物质是指即使没有氧气（空气）存在，也容易发生激烈放热分解反应的热不稳定物质。

固态退敏爆炸品是指为抑制爆炸性物质的爆炸性能，用水或酒精湿润爆炸性物质或用其他物质稀释爆炸性物质后，形成的均匀固态混合物。

第 4.2 易于自燃的物质

本项包括：a) 发火物质；b) 自热物质。

发火物质是指即使该物质只有少量与空气接触，在低于 5min 的时间便燃烧的物质，包括混合物和溶液（液体或固体）。

自热物质是指除发火物质之外的与空气接触便能自己发热的物质。

第 4.3 项 遇水放出易燃气体的物质

本项物质是指遇水放出易燃气体，且该气体与空气混合能够形成爆炸性混合物的物质。

第 5 类 氧化性物质和有机过氧化物

第 5 类分为 2 项。

第 5.1 项 氧化性物质

氧化性物质是指本身未必燃烧，但通常因放出氧可能引起或促使其他物质燃烧的物质。

第 5.2 项 有机过氧化物

有机过氧化物是指含有二价过氧基（—O—O—）结构的有机物质。

注：当有机过氧化物配置品满足下列条件之一时，视为非有机过氧化物。①其有机过氧化物的有效氧质量分数不超过 1.0%，而且过氧化氢质量分数不超过 1.0%；②其有机过氧化物的有效氧质量分数不超过 0.5%，而且过氧化氢质量分数超过 1.0% 但不超过 7.0%。

第 6 类 毒性物质和感染性物质

第 6 类分为 2 项。

第 6.1 项 毒性物质

毒性物质是指经吞食、吸入或与皮肤接触后可能造成死亡或严重受伤或损害人类健康的物质。毒性物质的毒性分为急性口服毒性、急性皮肤接触毒性和急性吸入毒性。分别用口服毒性半数致死量 LD_{50}、皮肤接触毒性半数致死量 LD_{50}、吸入毒性半数致死浓度 LC_{50} 衡量。

本项包括满足下列条件之一的毒性物质（固体或液体）。

a) 急性口服毒性：$LD_{50} \leqslant 300mg/kg$；b) 急性皮肤接触毒性：$LD_{50} \leqslant 1000mg/kg$；c) 急性吸入粉尘和烟雾毒性：$LC_{50} \leqslant 4mg/L$；d) 急性吸入蒸汽（气）毒性：$LC_{50} \leqslant 5000mL/m^3$，且在 20℃和标准大气压力下的饱和蒸汽（气）浓度 $\geqslant 1/5\ LC_{50}$。

第 6.2 项 感染性物质

感染性物质是指已知或有理由认为含有病原体的物质。

第 7 类 放射性物质

本类物质是指任何含有放射性核素并且其活度浓度和放射性总活度都超过《放射性物质安全运输规程》（GB 11806）规定限值的物质。

第 8 类　腐蚀性物质

腐蚀性物质是指通过化学作用使生物组织接触时造成严重损伤或在渗漏时会严重损害甚至毁坏其他货物或运载工具的物质。腐蚀性物质包括满足下列条件之一的物质：a）使完好皮肤组织在暴露超过 60min，但不超过 4h 之后开始的最多 14d 观察期内全厚度损毁的物质；b）被判定不引起完好皮肤全厚度毁损，但在 55℃ 试验温度下，对钢或铝的表面腐蚀率超过 6.25mm/a 的物质。

第 9 类　杂项危险物质和物品，包括危害环境物质

本类是指存在危险但不能满足其他类别定义的物质和物品，包括：

a）以微细粉尘吸入可危害健康的物质；b）会放出易燃气体的物质；c）锂电池组；d）救生设备；e）一旦发生火灾可形成二噁英的物质和物品；f）在高温下运输或提交运输的物质，是指在液态温度达到或超过 100℃，或固态温度达到或超过 240℃ 条件下运输的物质；g）危害环境物质；h）不符合 6.1 项毒性物质或 6.2 项感染性物质定义的经基因修改的微生物和生物体；i）其他。

《危险货物分类和品名编号》（GB 6944—2012）对危险货物包装类别做出了如下划分。

为了包装目的，除了第 1 类、第 2 类、第 7 类、5.2 项和 6.2 项，以及 4.1 项自反应物质以外的物质，根据其危险程度，划分为三个包装类别：

a）Ⅰ类包装，具有高度危险性的物质；b）Ⅱ类包装，具有中等危险性的物质；c）Ⅲ类包装，具有轻度危险性的物质。

《危险货物分类和品名编号》（GB 6944—2012）适用于危险货物运输、储存、经销及相关活动。

此外，《化学品分类和危险性公示通则》（GB 13690—2009）将化学品按照其理化危险、健康危险和环境危险进行了分类。

二、危险化学品造成化学事故的主要特性

危险化学品之所以有危险性，能引起事故甚至灾难性事故，与其本身的特性有关。主要特性如下。

1. 易燃易爆性

易燃易爆的化学品在常温常压下，经撞击、摩擦、热源、火花等火源的作用，能发生燃烧与爆炸。

燃烧爆炸的能力大小取决于这类物质的化学组成。化学组成决定着化学物质的燃点、闪点的高低、燃烧范围、爆炸极限、燃速、发热量等。

一般来说，气体比液体、固体易燃易爆，燃速更快。这是因为气体的分子间力小，化学键容易断裂，无需溶解、溶化和分解。

分子越小，分子量越低其物质化学性质越活泼，越容易引起燃烧爆炸。由简单成分组成的气体比由复杂成分组成的气体易燃、易爆，含有不饱和键的化合物比含有饱和键的易燃、易爆，如火灾爆炸危险性 $H_2 > CO > CH_4$。

可燃性气体燃烧前必须与助燃气体先混合，当可燃气体从容器内外逸时，与空气混合，就会形成爆炸性混合物，两者互为条件，缺一不可。而分解爆炸性气体，如乙烯、乙炔、环氧乙烷等，不需与助燃气体混合，其本身就会发生爆炸。

有些化学物质相互间不能接触，否则将发生爆炸，如硝酸与苯，高锰酸钾与甘油等。

由于任何物体的摩擦都会产生静电，所以当易燃易爆的化学危险物品从破损的容器或管道口处高速喷出时能够产生静电，这些气体或液体中的杂质越多，流速越快，产生的静电荷越多，这是极危险的点火源。

燃点较低的危险品易燃性强，如黄磷在常温下遇空气即发生燃烧。某些遇湿易燃的化学物质在受潮或遇水后会放出氧气引燃，如电石、五氧化二磷等。

2. 扩散性

化学事故中化学物质溢出，可以向周围扩散，比空气轻的可燃气体可在空气中迅速扩散，与空气形成混合物，随风飘荡，致使燃烧、爆炸与毒害蔓延扩大。比空气重的物质多漂流于地表、沟、角落等处，若长时间积聚不散，会造成迟发性燃烧、爆炸和引起人员中毒。

这些气体的扩散性受气体本身密度的影响，相对分子质量越小的物质扩散越快。如氢气的相对分子质量最小，其扩散速率最快，在空气中达到爆炸极限的时间最短。气体的扩散速率与其相对分子质量的平方根成反比。

3. 突发性

化学物质引发的事故，多是突然爆发，在很短的时间内或瞬间即产生危害。一般的火灾要经过起火、蔓延扩大到猛烈燃烧几个阶段，需经历几分钟到几十分钟，而化学危险物品一旦起火，往往是轰然而起，迅速蔓延，燃烧、爆炸交替发生，加之有毒物质的弥散，迅速产生危害。许多化学事故是高压气体从容器、管道、塔、槽等设备泄漏，由于高压气体的性质，短时间内喷出大量气体，使大片地区迅速变成污染区。

4. 毒害性

有毒的化学物质，无论是脂溶性的还是水溶性的，都有进入机体与损坏机体正常功能的能力。这些化学物质通过一种或多种途径进入机体达一定量时，便会引起机体结构的损伤，破坏正常的生理功能，引起中毒。

三、影响危险化学品危险性的主要因素

化学物质的物理、化学性质与状态可以说明其物理危险性和化学危险性。如：气体、蒸气的密度可以说明该物质可能沿地面流动还是上升到上层空间，加热、燃烧、聚合等可使某些化学物质发生化学反应引起爆炸或产生有毒气体。

1. 物理性质与危险性的关系

（1）沸点　在101.3kPa大气压下，物质由液态转变为气态的温度。沸点越低的物质，汽化越快，易迅速造成事故现场空气的高浓度污染，且越易达到爆炸极限。

（2）熔点　物质在101.3kPa下的溶解温度或温度范围。熔点反映物质的纯度，可以推断出该物质在各种环境介质（水、土壤、空气）中的分布。熔点的高低与污染现场的洗消、污染物处理有关。

（3）液体相对密度　环境温度（20℃）下，物质密度与4℃时水密度的比值。当相对密度小于1的液体发生火灾时，用水灭火将是无效的，因为水是沉至在燃烧着的液面下面，消防水的流动性可使火势蔓延。

（4）蒸气压　饱和蒸气压的简称。指化学物质在一定温度下与其液体或固体相互平衡时的饱和蒸气的压力。蒸气压是温度的函数，在一定温度下，每种物质的饱和蒸气压可认为是一个常数。发生事故时的气温越高，化学物质的蒸气压越高，其在空气中的浓度相应增高。

（5）蒸气相对密度　指在给定条件下，化学物质的蒸气密度与参比物质（空气）密度的比值。依据《爆炸危险环境电力装置设计规范》（GB 50058—2014），相对密度小于 0.8 的气体或蒸气规定为轻于空气的气体或蒸气；相对密度大于 1.2 的气体或蒸气规定为重于空气的气体或蒸气。轻于空气的气体趋向天花板移动或自敞开的窗户逸出房间。重于空气的气体，泄漏后趋向于集中至接近地面，能在较低处扩散到相当远的距离。若气体可燃，遇明火可能引起远处着火回燃。如果释放出来的蒸气是相对密度小的可燃气体，可能积在建筑物的上层空间，引起爆炸。常见气体的蒸气相对密度见表 2-1。

表 2-1　常见气体的蒸气相对密度

气体	蒸气相对密度	气体	蒸气相对密度	气体	蒸气相对密度
乙炔	0.899	氢	0.07	氧	1.11
氨	0.589	氯化氢	1.26	臭氧	1.66
二氧化碳	1.52	氰化氢	0.938	丙烷	1.52
一氧化碳	0.969	硫化氢	1.18	二氧化硫	2.22
氯	2.46	甲烷	0.553		
氟	1.32	氮	0.969		

（6）蒸气/空气混合物的相对密度　指在与敞口空气相接触的液体或固体上方存在的蒸气与空气混合物相对于周围纯空气的密度。当相对密度值≥1.1 时，该混合物可能沿地面流动，并可能在低洼处积累。当其数值为 0.9～1.1 时，能与周围空气快速混合。

（7）闪点　在大气压力（101.3kPa）下，一种液体表面上方释放出的可燃蒸气与空气完全混合后，可以闪燃 5s 的最低温度。闪点是判断可燃性液体蒸气由于外界明火而发生闪燃的依据。闪点越低的化学物质泄漏后，越易在空气中形成爆炸混合物，引起燃烧与爆炸。

（8）自燃温度　一种物质与空气接触发生起火或引起自燃的最低温度，并且在此温度下无火源（火焰或火花）时，物质可继续燃烧。自燃温度不仅取决于物质的化学性质，而且还与物料的大小、形状和性质等因素有关。自燃温度对在可能存在爆炸性蒸气/空气混合物的空间中选择使用电气设备是非常重要的，对生产工艺温度的选择亦是至关重要的。

（9）爆炸极限　指一种可燃气体或蒸气与空气的混合物能着火或引燃爆炸的浓度范围。空气中含有可燃气体（如氢、一氧化碳、甲烷等）或蒸气（如乙醇蒸气、苯蒸气）时，在一定浓度范围内，遇到火花就会使火焰蔓延而发生爆炸。其最低浓度称为下限，最高浓度称为上限，浓度低于或高于这一范围，都不会发生爆炸。一般用可燃气体或蒸气在混合物中的体积分数表示。根据爆炸下限浓度，可燃气体可分成两级，如表 2-2 所示。

表 2-2　可燃气体分级

级别	爆炸下限（体积分数）	举　例
一级	<10%	氢、甲烷、乙炔、环氧乙烷
二级	≥10%	氨、一氧化碳

（10）临界温度与临界压力　气体在加温加压下可变为液体，压入高压钢瓶或贮罐中，能够使气体液化的最高温度称为临界温度，在临界温度下使其液化所需的最低压力称为临界压力。

2. 其他物理、化学危险性

电阻率在 $1 \times 10^{10} \sim 1 \times 10^{15} \, \Omega \cdot cm$ 的液体在流动、搅动时易产生静电，引起火灾与爆炸，如泵吸、搅拌、过滤等。如果该液体中含有其他液体、气体或固体颗粒物（混合物、悬浮物）时，这种情况更容易发生。

有些化学可燃物质呈粉末或微细颗粒物（直径小于 0.5mm）状时，与空气充分混合，经引燃可能发生燃爆，在封闭空间中，爆炸可能很猛烈。

有些化学物质在贮存时生成过氧化物，蒸发或加热后的残渣可能自燃爆炸，如醚类化合物。

聚合是一种物质的分子结合成大分子的化学反应。聚合反应通常放出较大的热量，使温度急剧升高，反应速率加快，有着火或爆炸的危险。

有些化学物加热可能引起猛烈燃烧或爆炸，如：自身受热或局部受热时发生反应，将导致燃烧，在封闭空间内可能导致猛烈爆炸。

有些化学物质在与其他物质混合或燃烧时产生有毒气体释放到空间，如：几乎所有有机物的燃烧都会产生有毒气体如（CO）；再如：还有一些气体本身无毒，但大量充满在封闭空间，造成空气中氧含量减少而导致人员窒息。

强酸、强碱在与其他物质接触时常发生剧烈反应，产生侵蚀等作用。

3. 中毒危险性

在突发的化学事故中，有毒化学物质能引起人员中毒，其危险性会大大增加。有关化学物质的毒性作用详见第四章第一节、第二节。

第二节　危险化学品的贮存安全

化学危险品仓库是贮存易燃易爆等化学危险品的场所，仓库选址必须适当，建筑物必须符合《建筑设计防火规范》（GB 50016）、《石油化工企业设计防火规范》（GB 50160）、《工业企业设计卫生标准》（GBZ 1）和《石油化工储运系统罐区设计规范》（SH/T 3007）等相关标准的最新版本的要求；储存放射性物质时，应符合《电离辐射防护与辐射源安全基本标准》（GB 18871）的最新版本的相关规定；做到科学管理，确保其贮存、保管安全。上述标准的现行版本分别为 GB 50016—2014、GB 50160—2008、GBZ 1—2010、SH/T 3007—2014 和 GB 18871—2002。

一、危险化学品贮存的安全要求

在危险化学品的贮存、保管中要把安全放在首位，其贮存保管的安全要求如下：

① 化学物质的贮存限量，由当地主管部门与公安部门规定；

② 交通运输部门应在车站、码头等地修建专用贮存危险化学品的仓库；

③ 贮存危险化学品的地点及建筑结构，应根据国家有关规定设置，并充分考虑对周围居民区的影响；

④ 危险化学品露天存放时应符合防火、防爆的安全要求；

⑤ 安全消防卫生设施，应根据物品危险性质设置相应的防火、防爆、防静电、防雷、泄压、通风、温度调节、防潮防雨等安全设施；

⑥ 必须加强出入库验收，避免出现差错。特别是对爆炸物质、剧毒物质和放射性物质，

应采取双人收发、双人记账、双人双锁、双人运输和双人使用的"五双制"方法加以管理；

⑦ 经常检查，发现问题及时处理，根据危险化学品库房物性及灭火办法的不同，应严格按表 2-3 的规定分类贮存。

表 2-3　危险化学品分类贮存原则

组　别	物　质　名　称	贮存原则	附　注
爆炸性物质	叠氮铅、雷汞、三硝基甲苯、硝化棉（含氮量在12.5％以上）、硝铵炸药等	不准与任何其他种类的物质共同贮存，必须单独贮存	
易燃和可燃气液体	汽油、苯、二硫化碳、丙酮、甲苯、乙醇、石油醚、乙醚、甲乙醚、环氧乙烷、甲酸甲酯、甲酸乙酯、乙酸乙酯、煤油、丁烯醇、乙醛、丁醛、氯苯、松节油、樟脑油等	不准与其他种类的物质共同贮存	如数量很少，允许与固体易燃物质隔开后共存
压缩气体和液化气体	可燃气体：氢、甲烷、乙烯、丙烯、乙炔、丙烷、甲醚、氯乙烷、一氧化碳、硫化氢等	除不燃气体外，不准与其他种类的物质共同贮存	氯兼有毒害性
	不燃气体：氮、二氧化碳、氖、氩、氟利昂等	除可燃气体、助燃气体、氧化剂和有毒物质外，不准与其他种类物质共同贮存	
	助燃气体：氧、压缩空气、氯等	除不燃气体和有毒物质外，不准与其他种类的物质共同贮存	
遇水或空气时能自燃的物质	钾、钠、磷化钙、锌粉、铝粉、黄磷、三乙基铝等	不准与其他种类的物质共同贮存	钾、钠须浸入石油中，黄磷须浸入水中
易燃固体	赛璐珞、赤磷、萘、樟脑、硫黄、三硝基苯、二硝基甲苯、二硝基萘、三硝基苯酚等	不准与其他种类的物质共同贮存	赛璐珞须单独贮存
氧化剂	① 能形成爆炸性混合物的氧化剂：氯酸钾、氯酸钠、硝酸钾、硝酸钠、硝酸钡、次氯酸钙、亚硝酸钠、过氧化钠、过氧化钡、30％的过氧化氢等 ② 能引起燃烧的氧化剂：溴、硝酸、硫酸、铬酸、高锰酸钾、重铬酸钾等	除惰性气体外，不准与其他种类的物质共同贮存	过氧化物、有分解爆炸危险，应单独贮存。过氧化氢应贮存在阴凉处，表中的两类氧化剂应隔离贮存
毒害物质	氯化苦、光气、五氧化二砷、氰化钾、氰化钠等	除不燃气体和助燃气体外，不准与其他种类的物质共同贮存	

二、危险化学品分类贮存的安全要求

1. 爆炸性物质贮存的安全要求

① 爆炸性物质必须存放在专用仓库内。贮存爆炸性物质的仓库禁止设在城镇、市区和居民聚居的地方。并且应当与周围建筑、交通要道、输电线路等保持一定的安全距离。

② 存放爆炸性物质的仓库，不得同时存放相抵触的爆炸物质。并不得超过规定的贮存数量。如雷管不得与其他炸药混合贮存。

③ 一切爆炸性物质不得与酸、碱、盐类以及某些金属、氧化剂等同库贮存。

④ 为了通风、装卸和便于出入检查，爆炸性物质堆放时，堆垛不应过高过密。

⑤ 贮存爆炸性物质的仓库其温度、湿度应加强控制和调节。

2. 压缩气体和液化气体贮存的安全要求

① 压缩气体和液化气体不得与其他物质共同贮存；易燃气体不得与助燃气体、剧毒

气体共同贮存；易燃气体和剧毒气体不得与腐蚀性物质混合贮存；氧气不得与油脂混合贮存。

② 液化石油气贮罐区的安全要求。液化石油气贮罐区，应布置在通风良好且远离明火或散发火花的露天地带。不宜与易燃、可燃液体贮罐同组布置，更不应设在一个土堤内。压力卧式液化气罐的纵轴，不宜以对着重要建筑物、重要设备、交通要道及人员集中的场所。

液化石油气罐既可单独布置，也可成组布置。成组布置时，组内贮罐不应超过两排。一组贮罐的总容量不应超过 $6000m^3$。

贮罐与贮罐组的四周可设防火堤。两相邻防火堤外侧的基脚线之间的距离不应小于 $7m$，堤高不超过 $0.6m$。

液化石油气贮罐的罐体基础的外露部分及贮罐组的地面应为非燃烧材料，罐上应设有安全阀、压力计、液面计、温度计以及超压报警装置。无绝热措施时，应设淋水冷却设施。贮罐的安全阀及放空管应接入全厂性火炬。独立贮罐的放空管应通往安全地点放空。安全阀和贮罐之间安装有截止阀，应常开并加铅封。贮罐应设置静电接地及防雷设施，罐区内的电气设备应防爆。

③ 对气瓶贮存的安全要求。贮存气瓶的仓库应为单层建筑，设置易揭开的轻质屋顶，地坪可用沥青砂浆混凝土铺设，门窗都向外开启，玻璃涂以白色。库温不宜超过 $35℃$，有通风降温措施。气瓶贮存库应用防火墙分隔为若干单独分间，每一分间有安全出入口。气瓶仓库的最大贮存量应按有关规定执行。

对直立放置的气瓶应设有栅栏或支架加以固定，以防止倾倒。卧放气瓶应加以固定，以防滚动。盛气瓶的头尾方向在堆放时应一致。高压气瓶的堆放高度不宜超过五层。气瓶应远离热源并旋紧安全帽。对盛装易发生聚合反应的气体的气瓶，必须规定贮存限期。随时检查有无漏气和堆垛不稳的情况，如检查中发现有漏气时，应首先做好人身保护，站立在上风处，向气瓶倾浇冷水，使其冷却后再去旋紧阀门。若发现气瓶燃烧，可以根据所盛气体的性质，使用相应的灭火器具。但最主要的是用雾状水去喷射，使其冷却再进行扑灭。

扑灭有毒气体气瓶的燃烧，应注意站在上风向，并使用防毒面具，切勿靠近气瓶的头部或尾部，以防发生爆炸造成伤害。

3. 易燃液体贮存的安全要求

① 易燃液体应贮存于通风阴凉处，并与明火保持一定的距离，在一定区域内严禁烟火。

② 沸点低于或接近夏季气温的易燃液体，应贮存于有降温设施的库房或贮罐内。盛装易燃液体的容器应保留不少于 5% 容积的空隙，夏季不可曝晒。易燃液体的包装应无渗漏，封口要严密。铁桶包装不宜堆放太高，防止发生碰撞、摩擦而产生火花。

③ 闪点较低的易燃液体，应注意控制库温。气温较低时容易凝结成块的易燃液体，受冻后易使容器胀裂，故应注意防冻。

④ 易燃、可燃液体贮罐分地上、半地上和地下三种类型。地上贮罐不应与地下或半地下贮罐布置在同一贮罐组内，且不宜与液化石油气贮罐布置在同一贮罐组内。贮罐组内贮罐的布置不应超过两排。在地上和半地下的易燃、可燃液体贮罐的四周应设置防火堤。

⑤ 贮罐高度超过 $17m$ 时，应设置固定的冷却和灭火设备；低于 $17m$ 时，可采用移动式灭火设备。

⑥ 闪点低、沸点低的易燃液体贮罐应设置安全阀并有冷却降温设施。

⑦ 贮罐的进料管应从罐体下部接入，以防止液体冲击飞溅产生静电火花引起爆炸。贮罐及其有关设施必须设有防雷击、防静电设施，并采用防爆电气设备。

⑧ 易燃、可燃液体桶装库应设计为单层仓库，可采用钢筋混凝土排架结构，设防火墙分隔数间，每间应有安全出口。桶装的易燃液体不宜于露天堆放。

4. 易燃固体贮存的安全要求

① 贮存易燃固体的仓库要求阴凉、干燥，要有隔热措施，忌阳光照射，易挥发、易燃固体应密封堆放，仓库要求严格防潮。

② 易燃固体多属于还原剂，应与氧和氧化剂分开贮存。有很多易燃固体有毒，故贮存中应注意防毒。

5. 自燃物质贮存的安全要求

① 自燃物质不能与易燃液体、易燃固体、遇水燃烧物质混放贮存，也不能与腐蚀性物质混放贮存。

② 自燃物质在贮存中，对温度、湿度的要求比较严格，必须贮存于阴凉、通风干燥的仓库中，并注意做好防火、防毒工作。

6. 遇水燃烧物质贮存的安全要求

① 遇水燃烧物质的贮存应选用地势较高的地方，在夏令暴雨季节保证不进水，堆垛时要用干燥的枕木或垫板。

② 贮存遇水燃烧物质的库房要求干燥，要严防雨雪的侵袭。库房的门窗可以密封。库房的相对湿度一般保持在75%以下，最高不超过80%。

③ 钾、钠等应贮存于不含水分的矿物油或石蜡油中。

7. 氧化剂贮存的安全要求

① 一级无机氧化剂与有机氧化剂不能混放贮存；不能与其他弱氧化剂混放贮存；不能与压缩气体、液化气体混放贮存；氧化剂与有毒物质不得混放贮存。有机氧化剂不能与溴、过氧化氢、硝酸等酸性物质混放贮存。硝酸盐与硫酸、发烟硫酸、氯磺酸接触时都会发生化学反应，不能混放贮存。

② 贮存氧化剂应严格控制温度、湿度。可以采取整库密封、分垛密封与自然通风相结合的方法。在不能通风的情况下，可以采用吸潮和人工降温的方法。

8. 有毒物质贮存的安全要求

① 有毒物质应贮存在阴凉通风的干燥场所，要避免露天存放，不能与酸类物质接触。

② 严禁与食品同存一库。

③ 包装封口必须严密，无论是瓶装、盒装、箱装或其他包装，外面均应贴（印）有明显名称和标志。

④ 工作人员应按规定穿戴防毒用具，禁止用手直接接触有毒物质。贮存有毒物质的仓库应有中毒急救、清洗、中和、消毒用的药物等备用。

9. 腐蚀性物质贮存的安全要求

① 腐蚀性物质均须贮存在冬暖夏凉的库房里，保持通风、干燥，防潮、防热。

② 腐蚀性物质不能与易燃物质混合贮存，可用墙分隔同库贮存不同的腐蚀性物质。

③ 采用相应的耐腐蚀容器盛装腐蚀性物质，且包装封口要严密。

④ 贮存中应注意控制腐蚀性物质的贮存温度，防止受热或受冻造成容器胀裂。

此外，放射性物质的储存，应设计专用仓库。

第三节　危险化学品的运输安全

化工生产的原料和产品通常是采用铁路、水路和公路运输的，使用的运输工具是火车、船舶和汽车等。由于运输的物质多数具有易燃、易爆的特征，运输中往往还会受到气候、地形及环境等的影响，因此，运输安全一般要求较高。

装运易燃易爆，剧毒、易燃液体，可燃气体等危险化学品时，应采用专用运输工具，同时配备专用工具，专用工具应符合防火、防爆要求。

一、危险化学品运输的配装原则

危险化学品的危险性各不相同，性质相抵触的物品相遇后往往会发生燃烧爆炸事故，发生火灾时，使用的灭火剂和扑救方法也不完全一样，因此为保证装运中的安全，应遵守有关配装原则。

有毒、有害液体的装卸应采用密闭操作技术，并加强作业现场的通风，配置局部通风和净化系统以及残液回收系统。

包装要符合要求，运输应佩戴相应的劳动保护用品和配备必要的紧急处理工具。搬运时必须轻装轻卸，严禁撞击、震动和倒置。

二、危险化学品运输的安全事项

1. 公路运输

汽车装运危险化学品时，应悬挂运送危险货物的标志。在行驶、停车时要与其他车辆、高压线、人口稠密区、高大建筑物和重点文物保护区保持一定的安全距离，按当地公安机关指定的路线和规定时间行驶。严禁超车、超速、超重，防止摩擦、冲击，车上应设置相应的安全防护设施。

2. 铁路运输

铁路是运输化工原料和产品的主要工具。通常对易燃、可燃液体采用槽车运输，装运其他危险货物使用专用危险品货车。

装卸易燃、可燃液体等危险物品的栈台应为非燃烧材料建造。栈台每隔60m设安全梯，以便人员疏散和扑救火灾。电气设备应为防爆型。栈台应备有灭火设备和消防给水设施。

蒸汽机车不宜进入装卸台，如必须进入时应在烟囱上安装火星熄灭器，停车时应用木垫，而不用刹车，以防止打出火花。牵引车头与罐车之间应有隔离车。

装车用的易燃液体管道上应装设紧急切断阀。

槽车不应漏油。装卸油管流速也不易过快，连接管应良好接地，以防止静电火花的产生。雷雨时应停止装卸作业，夜间检查不能用明火或普通手电筒照明。

3. 水路运输

船舶在装运易燃易爆物品时应悬挂危险货物标志，严禁在船上动用明火，燃煤拖轮应装设火星熄灭器，且拖船尾至驳船首的安全距离不应小于50m。

装运闪点小于28℃的易燃液体的机动船舶，要经当地检查部门的认可，木船不可装运散装的易燃液体、剧毒物质和放射性等危险性物质。在封闭水域严禁运输剧毒品。

装卸易燃液体时，应将岸上输油管与船上输油管连接紧密，并将船体与油泵船（油泵站）的金属体用直径不小于 2.5mm 的导线连接起来。装卸油时，应先接导线，后接管装卸；当装卸完毕，先卸油管，后拆导线。

还应注意，卸货完毕后必须彻底进行清扫。对装过剧毒物品的船和车，卸货结束应立即洗刷消毒，否则严禁使用。

三、危险化学品的包装及标志

1. 包装

危险化学品的包装应遵照《危险货物运输包装通用技术条件》（GB 12463—2009）、《道路危险货物运输管理规定》（交通运输部令 2013 年第 2 号）、《气瓶安全技术监察规程》（TSG R0006—2014）和《液化气体铁路罐车》（GB/T 10478—2017）等有关要求办理。

2. 包装标志

为了给人们以醒目的提示和指令，便于安全管理，凡是出厂的易燃、易爆、有毒等产品，应在包装好的物品上牢固、清晰印贴专用包装标志。包装标志的名称、适用范围、图形、颜色和尺寸等基本要求，应符合《危险货物包装标志》（GB 190—2009）的规定。

3. 化学品标签与危险货物编号

化学品标签应按现行的 GB 30000 系列国家标准《化学品分类和标签规范》的要求执行。

2013 年 10 月，国家标准化管理委员会分别以国标委公告 2013 年第 20 号和第 21 号发布了《化学品分类和标签规范》系列国家标准（GB 30000.2—2013～GB 30000.29—2013），替代《化学品分类、警示标签和警示性说明安全规范》系列标准（GB 20576—2006～GB 20599—2006、GB 20601—2006、GB 20602—2006），并于 2014 年 11 月 1 日起正式实施。GB 30000 系列国家标准采纳了联合国《全球化学品统一分类和标签制度》（第四版）（GHS）中大部分内容。

《危险货物分类和品名编号》（GB 6944—2012）规定了"危险货物编号"采用联合国"UN 号"。"UN 号"是联合国危险货物运输专家委员会给危险货物运输时所分配的一个编号，由 4 位阿拉伯数字组成，用以简单快速识别其危险性，通常每两年会做一次修订。事实上，"UN 号"与化学品的运输状态、组分含量、理化特性有关，需经实验检测和专家判断才可确定，无法与化学品名做到一一对应。基于上述原因，2015 年版《危险化学品目录》删除了"UN 号"，实践中，应由化学品的生产单位或贸易企业自行去委托专业机构进行鉴定后再确定"UN 号"。

有关危险化学品运输安全管理规定详见《危险化学品安全管理条例》（国务院令第 591 号）中第三章运输安全的内容。

事故案例

[案例 2-1]　1993 年 8 月 5 日，广东省深圳市安贸公司清水河危险化学品仓库发生特大火灾爆炸事故，造成 15 人死亡，141 人受伤住院治疗，其中重伤 34 人，直接经济损失 2.5 亿元。

专家认定，清水河的干杂仓库被违章改作化学危险品仓库，仓库内化学危险品存放严重违章是事故的主要原因，教训极为深刻。

[案例 2-2]　2007 年 2 月 25 日 16 时 30 分，安徽省太和县某液化气公司一辆装载丙烯的罐车在西安市境内穿行路桥涵洞时，罐车上部的安全阀与涵洞顶部挤撞，造成泄漏，导致易燃、易爆丙烯气体外泄，致使西潼高速临潼至渭南西段中断交通 28 小时，紧急疏散周边居民 7000 余人。

导致该起事故的直接原因是运输丙烯的罐车没有按照规定路线行驶，穿行高速公路路桥涵洞时，罐体顶部安全阀与涵洞相撞损坏，导致丙烯泄漏。

[案例 2-3]　2009 年 9 月 1 日，山东省临沂市某物流公司的一辆货车（一般运输资质，无危险货物运输资质）装载了 3t 耐火泥、200 套茶具和 2 套机械设备后，又从江苏省宜兴市某化工厂装载了 8t H 型发泡剂（属危险化学品，易燃固体，受撞击、摩擦、遇明火或其他点火源极易爆炸）后运往临沂。

9 月 2 日 7 时，该货车将上述货物运至物流公司在临沂市的货物托运部，11 时起开始卸货，14 时左右所有货物卸完，然后驶离。卸下的混装货物堆积在托运部营业室门口，仅留 60cm 左右宽的通道进出。15 时 30 分左右，堆积的 H 型发泡剂起火，火势迅速扩大并发生爆燃，造成正在该货物托运部营业室内领取工资、提货和收款的 18 人死亡，另有 10 人受伤。

导致该起事故的直接原因是该物流公司只有道路运输经营许可证，而其管辖的货物托运部实际从事危险货物配送和贮存活动，运输车辆本身无危险货物运输资质，承运的货物却为危险货物，且与普通货物（耐火泥、茶具、机械设备）混装。

[案例 2-4]　1986 年 10 月，河南省某化肥厂从邻县用汽车运输液氨回厂，返程中氨罐爆炸。司机与押运员当场死亡。吸入氨者达 56 人。

此液氨槽车上的氨罐是陈旧的非正规设备，从未检验过，使用前也未按规定检验就盲目使用，爆炸后现场勘察表明此设备质量很差。事故发生时正逢一辆长途客车经过，致使伤亡扩大。

[案例 2-5]　1987 年 6 月，安徽省某镇集市发生一起液氨槽车恶性爆炸事故，当场死亡 4 人，陆续死亡 10 人，受伤接受治疗者 62 人。

该省某化肥厂外借一台氨罐，去邻县化肥厂购买液氨，充装后在返回途中路经某个集市，氨罐尾部突然冒烟，接着一声巨响，氨罐爆炸，重 74.4kg 的后封头向后偏右飞出 64.4m，直径 800mm、长 3000mm、重约 770kg 的罐体挣断固定索链，向前冲出 95.7m，此过程前后死亡 3 人。罐内 790kg 液氨喷出，致使 87 名赶集的农民灼伤、中毒。附近树木、庄稼遭到不同程度的毁坏。

事故的主要原因：①液氨罐本体质量差，材质选用沸腾钢板，全部焊缝未开坡口，漏焊严重，经测量断裂的焊缝，10mm 厚的钢板只熔合 4mm；封头无直边，封头与筒体错边 7.5～15mm；焊后未经退火处理；②该罐是固定盛装贮罐，不应做运输式贮罐，不符合国家有关液化气体汽车槽车的规定；③该化肥厂在使用液氨贮罐前，没有进行必要的检查；④行车路线和时间没有向当地公安部门申请。

[案例 2-6]　1985 年 12 月，印度新德里什里拉姆化肥厂发生一起严重的发烟硫酸泄漏事故。

该厂一台直径为 8m、贮有 40t 发烟硫酸的高位贮槽，因一根 5m 的金属支架腐蚀折断而突然倒塌，致使一根硫酸输送管折断，大量硫酸从管道断裂处喷出，流入下水道放出大量热，形成 100 多米高的蒸气柱，飘散数小时，扩散距离 40 余千米。虽然消防队迅速控制了局势，但数万居民仍处于不知所措的混乱状态。有 60 余人住院治疗，1 人死亡。

课堂讨论

如何预防危险化学品事故?

 思考题

1. 危险化学品按其危险性质划分为哪几类?
2. 危险化学品贮存的安全要求是什么?
3. 危险化学品的安全运输有哪些要求?

能力测试题 ··

如何利用危险化学品的物理化学性质分析其危险性?

第三章
防火防爆技术

 知识目标

1. 掌握燃烧与爆炸的基础知识。
2. 了解火灾危险性的分类及爆炸性环境危险区域划分。
3. 熟悉化工生产中常见点火源的控制方法。
4. 掌握工艺参数的安全控制方法。
5. 熟悉火灾爆炸危险物质的处理方法。
6. 了解火灾爆炸蔓延的控制方法。

能力目标

1. 初步具有通过工艺参数的控制来防范火灾爆炸事故的能力。
2. 初步具有初起火灾扑救的能力。

化工生产中使用的原料、中间体和产品很多都是易燃、易爆的物质，而化工生产过程又多为高温、高压，若工艺与设备设计不合理、设备制造不合格、操作不当或管理不善，极易发生火灾爆炸事故，造成人员伤亡及财产损失。因此，防火防爆对于化工生产的安全运行是十分重要的。

第一节　燃烧与爆炸基础知识

一、燃烧的基础知识

燃烧是一种复杂的物理化学过程。燃烧过程具有发光、发热、生成新物质的三个特征。

1. 燃烧条件

燃烧是有条件的，它必须在可燃物质、助燃物质和点火源这三个基本条件同时具备时才能发生。

（1）可燃物质　通常把所有物质分为可燃物质、难燃物质和不可燃物质三类。可燃物质是指在火源作用下能被点燃，并且当点火源移去后能继续燃烧直至燃尽的物质；难燃物质为在火源作用下能被点燃，当点火源移去后不能维持继续燃烧的物质；不可燃物质是指在正常情况下不能被点燃的物质。可燃物质是防火防爆的主要研究对象。

凡能与空气、氧气或其他氧化剂发生剧烈氧化反应的物质，都可称为可燃物质。可燃物质种类繁多，按物理状态可分为气态、液态和固态三类。化工生产中使用的原料、生产中的中间体和产品很多都是可燃物质。气态如氢气、一氧化碳、液化石油气等；液态如汽油、甲醇、酒精等；固态如煤、木炭等。

（2）助燃物质　凡是具有较强的氧化能力，能与可燃物质发生化学反应并引起燃烧的物质均称为助燃物质。例如，空气、氧气、氯气、氟和溴等物质。

（3）点火源　凡是能引起可燃物质燃烧的能源均可称为点火源。常见的点火源有明火、电火花、炽热物体等。

可燃物质、助燃物质和点火源是导致燃烧的三要素，缺一不可，是必要条件。上述"三要素"同时存在，燃烧能否实现，还要看是否满足数值上的要求。在燃烧过程中，当"三要素"的数值发生改变时，也会使燃烧速度改变甚至停止燃烧。例如，空气中氧的含量降到 16%～14% 时，木柴的燃烧立即停止。如果在可燃气体与空气的混合物中，减少可燃气体的比例，则燃烧速度会减慢，甚至停止燃烧。例如氢气在空气中的含量小于 4% 时就不能被点燃。点火源如果不具备一定的温度和足够的热量，燃烧也不会发生。例如飞溅的火星可以点燃油棉丝或刨花，但火星如果溅落在大块的木柴上，它会很快熄灭，不能引起木柴的燃烧。这是因为这种点火源虽然有超过木柴着火的温度，但却缺乏足够热量。因此，对于已经进行着的燃烧，若消除"三要素"中的一个条件，或使其数量有足够的减少，燃烧便会终止，这就是灭火的基本原理。

2. 燃烧过程

可燃物质的燃烧都有一个过程，这个过程随着可燃物质的状态不同，其燃烧过程也不同。气体最容易燃烧，只要达到其氧化分解所需的热量便能迅速燃烧。可燃液体的燃烧并不是液相与空气直接反应而燃烧，而是先蒸发为蒸气，蒸气在与空气混合而燃烧。对于可燃固体，若是简单物质，如硫、磷及石蜡等，受热时经过熔化、蒸发、与空气混合而燃烧；若是复杂物质，如煤、沥青、木材等，则是先受热分解出可燃气体和蒸气，然后与空气混合而燃烧，并留下若干固体残渣。由此可见，绝大多数可燃物质的燃烧是在气态下进行的，并产生火焰。有的可燃固体如焦炭等不能成为气态物质，在燃烧时呈炽热状态，而不呈现火焰。各种可燃物质的燃烧过程如图 3-1 所示。

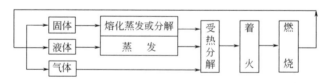

图 3-1　可燃物质的燃烧过程

综上所述，根据可燃物质燃烧时的状态不同，燃烧有气相和固相两种情况。气相燃烧是指在进行燃烧反应过程中，可燃物质和助燃物质均为气体，这种燃烧的特点是有火焰产生。气相燃烧是一种最基本的燃烧形式。固相燃烧是指在燃烧反应过程中，可燃物质为固态，这种燃烧亦称为表面燃烧，特征是燃烧时没有火焰产生，只呈现光和热，如焦炭的燃烧。一些物质的燃烧既有气相燃烧，也有固相燃烧，如煤的燃烧。

3. 燃烧类型

根据燃烧的起因不同，燃烧可分为闪燃、着火和自燃三类。

（1）闪燃和闪点　可燃液体的蒸气（包括可升华固体的蒸气）与空气混合后，遇到明火而引起瞬间（延续时间少于 5s）燃烧，称为闪燃。液体能发生闪燃的最低温度，称为该液体的闪点。闪燃往往是着火先兆，可燃液体的闪点越低，越易着火，火灾危险性越大。某些可燃液体的闪点见表 3-1。

表 3-1　某些可燃液体的闪点

液 体 名 称	闪点/℃	液 体 名 称	闪点/℃	液 体 名 称	闪点/℃
戊烷	<-40	乙醚	-45	乙酸甲酯	-10
己烷	-21.7	苯	-11.1	乙酸乙酯	-4.4
庚烷	-4	甲苯	4.4	氯苯	28
甲醇	11	二甲苯	30	二氯苯	66
乙醇	11.1	丁醇	29	二硫化碳	-30
丙醇	15	乙酸	40	氰化氢	-17.8
乙酸丁酯	22	乙酸酐	49	汽油	-42.8
丙酮	-19	甲酸甲酯	<-20		

应当指出，可燃液体之所以会发生一闪即灭的闪燃现象，是因为它在闪点温度下蒸发速率较慢，所蒸发出来的蒸气仅能维持短时间的燃烧，而来不及提供足够的蒸气补充维持稳定的燃烧。

除了可燃液体以外，某些能蒸发出蒸气的固体，如石蜡、樟脑、萘等，其表面上所产生的蒸气可以达到一定的浓度，与空气混合而成为可燃的气体混合物，若与明火接触，也能出现闪燃现象。

（2）着火与燃点　可燃物质在有足够助燃物质（如充足的空气、氧气）的情况下，有点火源作用引起的持续燃烧现象，称为着火。使可燃物质发生持续燃烧的最低温度，称为燃点或着火点。燃点越低，越容易着火。一些可燃物质的燃点见表 3-2。

表 3-2　一些可燃物质的燃点

物 质 名 称	燃点/℃	物 质 名 称	燃点/℃	物 质 名 称	燃点/℃
赤磷	160	聚丙烯	400	吡啶	482
石蜡	$158\sim195$	醋酸纤维	482	有机玻璃	260
硝酸纤维	180	聚乙烯	400	松香	216
硫黄	255	聚氯乙烯	400	樟脑	70

可燃液体的闪点与燃点的区别是，在燃点时燃烧的不仅是蒸气，还有液体（即液体已达到燃烧温度，可提供保持稳定燃烧的蒸气）。另外，在闪点时移去火源后闪燃即熄灭，而在燃点时移去火源后则能继续燃烧。

控制可燃物质的温度在燃点以下是预防发生火灾的措施之一。在火场上，如果有两种燃点不同的物质处在相同的条件下，受到火源作用时，燃点低的物质首先着火。用冷却法灭火，其原理就是将燃烧物质的温度降到燃点以下，使燃烧停止。

（3）自燃和自燃点　可燃物质受热升温而不需明火作用就能自行着火燃烧的现象，称为自燃。可燃物质发生自燃的最低温度，称为自燃点。自燃点越低，则火灾危险性越大。一些可燃物质的自燃点见表 3-3。

化工生产中，由于可燃物质靠近蒸气管道，加热或烘烤过度，化学反应的局部过热，在密闭容器中加热温度高于自燃点的可燃物一旦泄漏，均可发生可燃物质自燃。

表 3-3　一些可燃物质的自燃点

物质名称	自燃点/℃	物质名称	自燃点/℃	物质名称	自燃点/℃
二硫化碳	102	苯	555	甲烷	537
乙醚	170	甲苯	535	乙烷	515
甲醇	455	乙苯	430	丙烷	466
乙醇	422	二甲苯	465	丁烷	365
丙醇	405	氯苯	590	水煤气	550～650
丁醇	340	黄磷	30	天然气	550～650
乙酸	485	萘	540	一氧化碳	605
乙酸酐	315	汽油	280	硫化氢	260
乙酸甲酯	475	煤油	380～425	焦炉气	640
乙酸戊酯	375	重油	380～420	氨	630
丙酮	537	原油	380～530	半水煤气	700
甲胺	430	乌洛托品	685	煤	320

4. 热值和燃烧温度

（1）热值　指单位质量或单位体积的可燃物质完全燃烧时所放出的总热量。可燃性固体和可燃性液体的热值以"J/kg"表示，可燃气体（标准状态）的热值以"J/m^3"表示。可燃物质燃烧爆炸时所达到的最高温度、最高压力及爆炸力等均与物质的热值有关。部分物质的热值见表 3-4。

（2）燃烧温度　可燃物质燃烧时所放出的热量，一部分被火焰辐射散失，大部分消耗在加热燃烧上，由于可燃物质所产生的热量是在火焰燃烧区域内析出的，因而火焰温度也就是燃烧温度。部分可燃物质的热值和燃烧温度见表 3-4。

表 3-4　部分物质的热值和燃烧温度

物质名称	热值		燃烧温度/℃	物质名称	热值		燃烧温度/℃
	$J/kg(\times 10^6)$	$J/m^3(\times 10^6)$			$J/kg(\times 10^6)$	$J/m^3(\times 10^6)$	
甲烷	—	39.4	1800	氢气	—	10.8	1600
乙烷	—	69.3	1895	一氧化碳	—	12.7	1680
乙炔	—	58.3	2127	二硫化碳	14.0	12.7	2195
甲醇	23.9	—	1100	硫化氢	—	25.5	2110
乙醇	31.0	—	1180	液化气	—	10.5～11.4	2020
丙酮	30.9	—	1000	天然气	—	35.5～39.5	2120
乙醚	36.9	—	2861	硫	10.4	—	1820
原油	44.0	—	1100	磷	25.0	—	—
汽油	46.9	—	1200				
煤油	41.4～46.0	—	700～1030				

二、爆炸的基础知识

爆炸是物质在瞬间以机械功的形式释放出大量气体和能量的现象。由于物质状态的急剧变化，爆炸发生时会使压力猛烈增高并产生巨大的声响。其主要特征是压力的急剧升高。

上述所谓"瞬间"，就是说爆炸发生于极短的时间内。例如乙炔罐里的乙炔与氧气混合发生爆炸时，大约是在 1/100s 内完成下列化学反应

$$2C_2H_2 + 5O_2 \Longrightarrow 4CO_2 + 2H_2O \qquad +Q$$

反应同时释放出大量热量和二氧化碳、水蒸气等气体，使罐内压力升高10～13倍，其爆炸威力可以使罐体升空20～30m。这种克服地心引力将重物举高一段距离，就是所说的机械功。

在化工生产中，一旦发生爆炸，就会酿成伤亡事故，造成人身和财产的巨大损失，使生

产受到严重影响。

1. 爆炸的分类

（1）按照爆炸能量来源的不同分类

① 物理性爆炸。是由物理因素（如温度、体积、压力等）变化而引起的爆炸现象。在物理性爆炸的前后，爆炸物质的化学成分不改变。

锅炉的爆炸就是典型的物理性爆炸，其原因是过热的水迅速蒸发出大量蒸汽，使蒸汽压力不断提高，当气压超过锅炉的极限强度时，就会发生爆炸。又如氧气钢瓶受热升温，引起气体压力增高，当气压超过钢瓶的极限强度时即发生爆炸。发生物理性爆炸时，气体或蒸汽等介质潜藏的能量在瞬间释放出来，会造成巨大的破坏和伤害。

② 化学性爆炸。使物质在短时间内完成化学反应，同时产生大量气体和能量而引起的爆炸现象。化学性爆炸前后，物质的性质和化学成分均发生了根本的变化。

例如用来制造炸药的硝化棉在爆炸时放出大量热量，同时生成大量气体（CO、CO_2、H_2 和水蒸气等），爆炸时的体积竟会突然增大 47 万倍，燃烧在万分之一秒内完成。因而会对周围物体产生毁灭性的破坏作用。

（2）按照爆炸的瞬时燃烧速度分类

① 轻爆。物质爆炸时的燃烧速度为每秒数米，爆炸时无多大破坏力，声响也不大。如无烟火药在空气中的快速燃烧，可燃气体混合物在接近爆炸浓度上限或下限时的爆炸即属于此类。

② 爆炸。物质爆炸时的燃烧速度为每秒十几米至数百米，爆炸时能在爆炸点引起压力激增，有较大的破坏力，有震耳的声响。可燃气体混合物在多数情况下的爆炸，以及被压火药遇火源引起的爆炸即属于此类。

③ 爆轰。物质爆炸的燃烧速度为 $1000\sim7000m/s$。爆轰时的特点是突然引起极高压力，并产生超声速的"冲击波"。由于在极短时间内发生的燃烧产物急剧膨胀，像活塞一样挤压其周围气体，反应所产生的能量有一部分传给被压缩的气体层，于是形成的冲击波由它本身的能量所支持，迅速传播并能远离爆轰的发源地而独立存在，同时可引起该处的其他爆炸性气体混合物（火炸药）发生爆炸，从而发生一种"殉爆"现象。

2. 化学性爆炸物质

根据爆炸时所进行的化学反应，化学性爆炸物质可分为以下几种。

（1）简单分解的爆炸物　这类物质在爆炸时分解为元素，并在分解过程中产生热量。属于此类的物质有乙炔铜、乙炔银、碘化氮、叠氮铅等，这类容易分解的不稳定物质，其爆炸危险性是很大的，受摩擦、撞击、甚至轻微震动即可能发生爆炸。如乙炔银受摩擦或撞击时的分解爆炸

$$Ag_2C_2 \Longrightarrow 2Ag + 2C \qquad +Q$$

（2）复杂分解的爆炸物　这类物质包括各种含氧炸药，其危险性较简单分解的爆炸物稍低，含氧炸药在发生爆炸时伴有燃烧反应，燃烧所需的氧由物质本身分解供给。如苦味酸、梯恩梯、硝化棉等都属于此类。

（3）可燃性混合物　是指由可燃物质与助燃物质组成的爆炸物质。所有可燃气体、蒸气和可燃粉尘与空气（或氧气）组成的混合物均属此类。如一氧化碳与空气混合的爆炸反应

$$2CO + O_2 + 3.76N_2 \Longrightarrow 2CO_2 + 3.76N_2 \qquad +Q$$

这类爆炸实际上是在火源作用下的一种瞬间燃烧反应。通常称可燃性混合物为有爆炸危险的物质，它们只是在适当的条件下，才会成为危险的物质。这些条件包括可燃物质的浓度、氧化剂浓度以及点火能量等。

3. 爆炸极限

（1）爆炸极限　可燃性气体、蒸气或粉尘与空气组成的混合物，并不是在任何浓度下都会发生燃烧或爆炸，而是必须在一定的浓度比例范围内才能发生燃烧和爆炸。而且混合的比例不同，其爆炸的危险程度亦不同。例如，由 CO 与空气构成的混合物在火源作用下的燃爆试验情况如下。

CO 在混合气中所占体积/%	燃爆情况	CO 在混合气中所占体积/%	燃爆情况
＜12.5	不燃不爆	30	燃爆最强烈
12.5	轻度燃爆	30～80	燃爆逐渐减弱
12.5～30	燃爆逐步加强	＞80	不燃不爆

上述试验情况说明：可燃性混合物有一个发生燃烧和爆炸的含量范围，即有一个最低含量和最高含量。混合物中的可燃物只有在这两个含量之间，才会有燃爆危险。通常将最低含量称为爆炸下限，最高含量称为爆炸上限。混合物含量低于爆炸下限时，由于混合物含量不够及过量空气的冷却作用，阻止了火焰的蔓延；混合物含量高于爆炸上限时，则由于氧气不足，使火焰不能蔓延。可燃性混合物的爆炸下限越低、爆炸极限范围越宽，其爆炸的危险性越大。

必须指出，含量在爆炸上限以上的混合物决不能认为是安全的，因为一旦补充进空气就具有危险性了。一些气体和液体蒸气的爆炸极限见表 3-5。

表 3-5　一些气体和液体蒸气的爆炸极限

物 质 名 称	爆炸极限（体积分数）/%		物 质 名 称	爆炸极限（体积分数）/%	
	下限	上限		下限	上限
天然气	4.5	13.5	丙醇	1.7	48.0
城市煤气	5.3	32	丁醇	1.4	10.0
氢气	4.0	75.6	甲烷	5.0	15.0
氨	15.0	28.0	乙烷	3.0	15.5
一氧化碳	12.5	74.0	丙烷	2.1	9.5
二硫化碳	1.0	60.0	丁烷	1.5	8.5
乙炔	1.5	82.0	甲醛	7.0	73.0
氰化氢	5.6	41.0	乙醚	1.7	48.0
乙烯	2.7	34.0	丙酮	2.5	13.0
苯	1.2	8.0	汽油	1.4	7.6
甲苯	1.2	7.0	煤油	0.7	5.0
邻二甲苯	1.0	7.6	乙酸	4.0	17.0
氯苯	1.3	11.0	乙酸乙酯	2.1	11.5
甲醇	5.5	36.0	乙酸丁酯	1.2	7.6
乙醇	3.5	19.0	硫化氢	4.3	45.0

（2）可燃气体、蒸气爆炸极限的影响因素　爆炸极限受许多因素的影响，表 3-5 给出的爆炸极限数值对应的条件是常温常压。当温度、压力及其他因素发生变化时，爆炸极限也会发生变化。

① 温度。一般情况下爆炸性混合物的原始温度越高，爆炸极限范围也越大。因此温度升高会使爆炸的危险性增大。

② 压力。一般情况下压力越高，爆炸极限范围越大，尤其是爆炸上限显著提高。因此，

减压操作有利于减小爆炸的危险性。

③ 惰性介质及杂物。一般情况下惰性介质的加入可以缩小爆炸极限范围，当其浓度高到一定数值时可使混合物不发生爆炸。杂物的存在对爆炸极限的影响较为复杂，如少量硫化氢的存在会降低水煤气在空气混合物中的燃点，使其更易爆炸。

④ 容器。容器直径越小，火焰在其中越难于蔓延，混合物的爆炸极限范围则越小。当容器直径或火焰通道小到一定数值时，火焰不能蔓延，可消除爆炸危险，这个直径称为临界直径或最大灭火间距。如甲烷的临界直径为 0.4～0.5mm，氢和乙炔为 0.1～0.2mm。

⑤ 氧含量。混合物中含氧量增加，爆炸极限范围扩大，尤其是爆炸上限显著提高。可燃气体在空气中和纯氧中的爆炸极限范围的比较见表 3-6。

表 3-6　可燃气体在空气中和纯氧中的爆炸极限范围

物质名称	在空气中的爆炸极限/%	在纯氧中的爆炸极限/%	物质名称	在空气中的爆炸极限/%	在纯氧中的爆炸极限/%
甲烷	5.0～15.0	5.0～61.0	乙炔	1.5～82.0	2.8～93.0
乙烷	3.0～15.5	3.0～66.0	氢	4.0～75.6	4.0～95.0
丙烷	2.1～9.5	2.3～55.0	氨	15.0～28.0	13.5～79.0
丁烷	1.5～8.5	1.8～49.0	一氧化碳	12.5～74.0	15.5～94.0
乙烯	2.7～34.0	3.0～80.0			

⑥ 点火源。点火源的能量、热表面的面积、点火源与混合物的作用时间等均对爆炸极限有影响。

各种爆炸性混合物都有一个最低引爆能量，即点火能量。它是混合物爆炸危险性的一项重要参数。爆炸性混合物的点火能量越小，其燃爆危险性就越大。

4. 粉尘爆炸

（1）粉尘爆炸的含义　人们很早就发现某些粉尘具有发生爆炸的危险性。如煤矿里的煤尘爆炸，磨粉厂、谷仓里的粉尘爆炸，镁粉、碳化钙粉尘等与水接触后引起的自燃或爆炸等。

粉尘爆炸是粉尘粒子表面和氧作用的结果。当粉尘表面达到一定温度时，由于热分解或干馏作用，粉尘表面会释放出可燃性气体，这些气体与空气形成爆炸性混合物，而发生粉尘爆炸。因此，粉尘爆炸的实质是气体爆炸。使粉尘表面温度升高的原因主要是热辐射的作用。

（2）粉尘爆炸的影响因素

① 物理化学性质。燃烧热越大的粉尘越易引起爆炸，例如煤尘、碳、硫等；氧化速率越大的粉尘越易引起爆炸，如煤、燃料等；越易带静电的粉尘越易引起爆炸；粉尘所含的挥发分越大越易引起爆炸，如当煤粉中的挥发分低于 10% 时不会发生爆炸。

② 粉尘颗粒大小。粉尘的颗粒越小，其比表面积越大（比表面积是指单位质量或单位体积的粉尘所具有的总表面积），化学活性越强，燃点越低，粉尘的爆炸下限越小，爆炸的危险性越大。爆炸粉尘的粒径范围一般为 0.1～100μm 左右。

③ 粉尘的悬浮性。粉尘在空气中停留的时间越长，其爆炸的危险性越大。粉尘的悬浮性与粉尘的颗粒大小、粉尘的密度、粉尘的形状等因素有关。

④ 空气中粉尘的浓度。粉尘的浓度通常用单位体积中粉尘的质量来表示，其单位为 mg/m³。空气中粉尘只有达到一定的浓度，才可能会发生爆炸。因此粉尘爆炸也有一定的浓度范围，即有爆炸下限和爆炸上限。由于通常情况下，粉尘的浓度均低于爆炸浓度下限，因此粉尘的爆炸上限浓度很少使用。表 3-7 列出了一些粉尘的爆炸下限。

表 3-7　一些粉尘的爆炸下限

粉尘名称	云状粉尘的引燃温度/℃	云状粉尘的爆炸下限/(g/m³)	粉尘名称	云状粉尘的引燃温度/℃	云状粉尘的爆炸下限/(g/m³)
铝	590	37～50	聚丙烯酸酯	505	35～55
铁粉	430	153～240	聚氯乙烯	595	63～86
镁	470	44～59	酚醛树脂	520	36～49
炭黑	>690	36～45	硬质橡胶	360	36～49
锌	530	212～284	天然树脂	370	38～52
萘	575	28～38	砂糖粉	360	77～99
萘酚染料	415	133～184	褐煤粉	—	49～68
聚苯乙烯	475	27～37	有烟煤粉	595	41～57
聚乙烯醇	450	42～55	煤焦炭粉	>750	37～50

第二节　火灾爆炸危险性分析

一、生产和储存的火灾危险性分类

为防止火灾和爆炸事故，首先必须了解生产或储存的物质的火灾危险性，发生火灾爆炸事故后火势蔓延扩大的条件等，这是采取行之有效的防火、防爆措施的重要依据。

生产和储存物品的火灾危险性分类见表 3-8。分类的依据是生产和储存中物质的理化性质。

表 3-8　生产和储存物品的火灾危险性分类

生产物品的火灾危险性类别	使用或产生下列物品或物质的火灾危险性特征	储存物品的火灾危险性类别	储存物品的火灾危险性特征
甲	①闪点小于28℃的液体 ②爆炸下限小于10%的气体 ③常温下能自行分解或在空气中氧化能迅速自燃或爆炸的物质 ④常温下受到水或空气中水蒸气的作用，能产生可燃气体并能引起燃烧或爆炸的物质 ⑤遇酸、受热、撞击、摩擦、催化以及遇有机物或硫黄等易燃无机物，极易引起燃烧或爆炸的强氧化剂 ⑥受撞击、摩擦或与氧化剂、有机物接触时能引起燃烧或爆炸的物质 ⑦在密闭设备内操作温度不小于物质本身自燃点的生产	甲	①闪点小于28℃的液体 ②爆炸下限小于10%的气体，受到水或空气中的水蒸气的作用能产生爆炸下限小于10%的气体的固体物质 ③常温下能自行分解或在空气中氧化能迅速自燃或爆炸的物质 ④常温下受到水或空气中水蒸气的作用，能产生可燃气体并能引起燃烧或爆炸的物质 ⑤遇酸、受热、撞击、摩擦以及遇有机物或硫黄等易燃的无机物，极易引起燃烧或爆炸的强氧化剂 ⑥受撞击、摩擦或与氧化剂、有机物接触时能引起燃烧或爆炸的物质
乙	①闪点不小于28℃，但小于60℃的液体 ②爆炸下限不小于10%的气体 ③不属于甲类的氧化剂 ④不属于甲类的易燃固体 ⑤助燃气体 ⑥能与空气形成爆炸性混合物的浮游状态的粉尘、纤维及闪点不小于60℃的液体雾滴	乙	①闪点在28～60℃之间的液体 ②爆炸下限不小于10%的气体 ③不属于甲类的氧化剂 ④不属于甲类的易燃固体 ⑤助燃气体 ⑥常温下与空气接触能缓慢氧化，积热不散引起自燃的物品
丙	①闪点不小于60℃的液体 ②可燃固体	丙	①闪点不小于60℃的液体 ②可燃固体

续表

生产物品的火灾危险性类别	使用或产生下列物品或物质的火灾危险性特征	储存物品的火灾危险性类别	储存物品的火灾危险性特征
丁	①对不燃烧物质进行加工,并在高温或熔化状态下经常产生强辐射热、火花或火焰的生产 ②利用气体、液体、固体作为燃料或将气体、液体进行燃烧作为其他用的生产 ③常温下使用或加工难燃烧物质的生产	丁	难燃烧物品
戊	常温下使用或加工不燃烧物质的生产	戊	不燃烧物品

生产和储存物品的火灾危险性分类是确定建（构）筑物的耐火等级、布置工艺装置、选择电气设备类型以及采取防火防爆措施的重要依据。

二、爆炸性环境危险区域划分

1. 爆炸性气体环境和爆炸性粉尘环境分区

爆炸性环境包括爆炸性气体环境和爆炸性粉尘环境。爆炸性气体环境是指可燃性物质以气体或蒸气的形式与空气形成的混合物，被点燃后，能够保持燃烧自行传播的环境。爆炸性粉尘环境是指在大气条件下，可燃性物质以粉尘、纤维或飞絮的形式与空气形成的混合物，被点燃后，能够保持燃烧自行传播的环境。

爆炸性环境危险区域划分见表 3-9。

表 3-9 爆炸性环境危险区域划分

类别	分级	特 征
爆炸性气体环境	0 区	连续出现或长期出现爆炸性气体混合物的环境
	1 区	在正常运行时可能出现爆炸性气体混合物的环境
	2 区	在正常运行时不太可能出现爆炸性气体混合物的环境，或即使出现也仅是短时存在的爆炸性气体混合物的环境
爆炸性粉尘环境	20 区	空气中的可燃性粉尘云持续地或长期地或频繁地出现于爆炸性环境中的区域
	21 区	在正常运行时，空气中的可燃性粉尘云很可能偶尔出现于爆炸性环境中的区域
	22 区	正常运行时，空气中的可燃性粉尘云一般不可能出现于爆炸性粉尘环境中的区域，即使出现，持续时间也是短暂的

爆炸性气体环境危险区域的划分应根据爆炸性气体混合物出现的频繁程度及通风条件确定。

符合下列条件之一时，可划为非气体爆炸性环境危险区域：

① 没有可燃物质释放源且不可能有可燃物质侵入的区域；

② 可燃物质可能出现的最高浓度不超过爆炸下限值的 10% 的区域；

③ 在生产过程中使用明火的设备附近区域，或炽热部件的表面温度超过区域内可燃物质引燃温度的设备附近区域；

④ 在生产装置区外，露天或开敞设置的输送可燃物质的架空管道地带，但其阀门处区域按具体情况确定。

爆炸性粉尘环境危险区域的划分应按爆炸性粉尘的量、爆炸极限和通风条件确定。符合下列条件之一时，可划为非粉尘爆炸性环境危险区域：

① 装有良好的除尘效果的除尘装置，当该除尘装置停车时，工艺机组能联锁停车；

② 设有为爆炸性粉尘环境服务，并用墙隔绝的送风机室，其通向爆炸性粉尘环境的风道设有能防止爆炸性粉尘混合物侵入的安全装置；

③ 区域内使用爆炸性粉尘的量不大，且在排风柜内或风罩下进行操作。

2. 爆炸性气体混合物的分级、分组

依据国家标准《爆炸危险环境电力装置设计规范》（GB 50058—2014）的规定，爆炸性气体混合物按其最大试验安全间隙（MESG）或最小点燃电流比（MICR）进行分级，按其引燃温度进行分组。详见表 3-10、表 3-11。

表 3-10　爆炸性气体混合物分级

级别	最大试验安全间隙（MESG）/mm	最小点燃电流比（MICR）
ⅡA	≥0.9	>0.8
ⅡB	0.5<MESG<0.9	0.45≤MICR≤0.8
ⅡC	≤0.5	<0.45

注：1. 分级的级别应符合国家标准《爆炸性环境　第 11 部分：气体和蒸气物质特性分类　试验方法和数据》（GB/T 3836.11—2017）的有关规定。

2. 最小点燃电流比为各种可燃物质的最小点燃电流值与实验室甲烷的最小点燃电流值之比。

表 3-11　爆炸性气体混合物分组

组别	T1	T2	T3	T4	T5	T6
引燃温度 t/℃	450<t	300<t≤450	200<t≤300	135<t≤200	100<t≤135	85<t≤100

常见可燃性气体或蒸汽（气）爆炸性混合物分级、分组可查阅《爆炸危险环境电力装置设计规范》（GB 50058—2014）的附录 C。

3. 爆炸性粉尘环境中粉尘的分级

依据国家标准《爆炸危险环境电力装置设计规范》（GB 50058—2014）的规定，在爆炸性粉尘环境中的粉尘可分为下列三级：①ⅢA 级为可燃性飞絮；②ⅢB 级为非导电性粉尘；③ⅢC 级为导电性粉尘。

常见可燃性粉尘特性可查阅《爆炸危险环境电力装置设计规范》（GB 50058—2014）的附录 E。

第三节　点火源控制

如前所述，点火源的控制是防止燃烧和爆炸的重要环节。在化工生产中的点火源主要包括：明火、高温表面、电火花及电弧、静电、摩擦与撞击、化学反应热、光线及射线等。对上述部分点火源进行分析，并采取适当措施，是安全管理工作的重要内容。

一、明火

化工生产中的明火主要是指生产过程中的加热用火、维修用火及其他火源。

1. 加热用火的控制

加热易燃液体时，应尽量避免采用明火，而采用蒸汽、过热水、中间载热体或电热等；如果必须采用明火，则设备应严格密闭，并定期检查，防止泄漏。工艺装置中明火设备的布置，应远离可能泄漏的可燃气体或蒸汽（气）的工艺设备及贮罐区；在积存有可燃气体、蒸气的地沟、深坑、下水道内及其附近，没有消除危险之前，不能进行明火作业。

在确定的禁火区内，要加强管理，杜绝明火的存在。

2. 维修用火的控制

维修用火主要是指焊割、喷灯、熬炼用火等。在有火灾爆炸危险的厂房内，应尽量避免焊割作业，必须进行切割或焊接作业时，应严格执行动火安全规定；在有火灾爆炸危险场所使用喷灯进行维修作业时，应按动火制度进行并将可燃物清理干净；对熬炼设备要经常检查，防止烟道串火和熬锅破漏，同时要防止物料过满而溢出。在生产区熬炼时，应注意熬炼地点的选择。

此外，烟囱飞火，机动车的排气管喷火，都可以引起可燃气体、蒸气的燃烧爆炸。要加强对上述火源的监控与管理。

二、高温表面

在化工生产中，加热装置、高温物料输送管线及机泵等，其表面温度均较高，要防止可燃物落在上面，引燃着火。可燃物的排放要远离高温表面。如果高温管线及设备与可燃物装置较接近，高温表面应有隔热措施。加热温度高于物料自燃点的工艺过程，应严防物料外泄或空气进入系统。

照明灯具的外壳或表面都有很高温度。白炽灯泡表面温度见表 3-12；高压汞灯的表面温度和白炽灯相差不多，为 150～200℃；1000W 卤钨灯管表面温度可达 500～800℃。灯泡表面的高温可点燃附近的可燃物品，因此在易燃易爆场所，严禁使用这类灯具。

表 3-12　白炽灯泡表面温度

灯泡功率/W	灯泡表面温度/℃	灯泡功率/W	灯泡表面温度/℃
40	50～60	100	170～220
60	130～180	150	150～230
75	140～200	200	160～300

各种电气设备在设计和安装时，应考虑一定的散热或通风措施，使其在正常稳定运行时，它们的放热与散热平衡，其最高温度和最高温升（即最高温度和周围环境温度之差）符合规范所规定的要求，从而防止电气设备因过热而导致火灾、爆炸事故。

三、电火花及电弧

电火花是电极间的击穿放电，电弧则是大量的电火花汇集的结果。一般电火花的温度均很高，特别是电弧，温度可达 3600～6000℃。电火花和电弧不仅能引起绝缘材料燃烧，而且可以引起金属熔化飞溅，构成危险的火源。

电火花分为工作火花和事故火花。工作火花是指电气设备正常工作时或正常操作过程中产生的火花。如直流电机电刷与整流片接触处的火花，开关或继电器分合时的火花，短路、保险丝熔断时产生的火花等。

除上述电火花外，电动机转子和定子发生摩擦或风扇叶轮与其他部件碰撞会产生机械性质的火花；灯泡破碎时露出温度高达 2000～3000℃的灯丝，都可能成为引发电气火灾的火源。

1. 防爆电气设备类型

在爆炸性环境中，必须防止设备的电火花成为点燃源，必须采用爆炸性环境用电气设备。爆炸性环境用电气设备分为Ⅰ类、Ⅱ类和Ⅲ类，其中Ⅰ类电气设备用于煤矿瓦斯气体环境，Ⅱ类电气设备用于除煤矿瓦斯气体之外的其他爆炸性气体环境（ⅡA类适用于丙烷等气体、ⅡB类适用于乙烯等气体、ⅡC类适用于氢气等气体，标志ⅡB的设备可适用于标志ⅡA类设备的使用条件，标志ⅡC的设备可适用于标志ⅡA类和ⅡB类设备的使用条件），Ⅲ类电气设备用于除煤矿以外的爆炸性粉尘环境（ⅢA类适用于可燃性飞絮、ⅢB类适用于非导电性粉尘、ⅢC类适用于导电性粉尘，标志ⅢB的设备可适用于标志ⅢA类设备的使用条件，标志ⅢC的设备可适用于标志ⅢA类和ⅢB类设备的使用条件）。由此可见，爆炸性环境的化工作业场所主要采用Ⅱ类和Ⅲ类的电气设备。

防爆电气设备的选择还要依据设备保护级别和电气设备的防爆类型。

设备保护级别（equipment protection level，EPL）是指根据设备成为点燃源的可能性和与爆炸性气体环境、爆炸性粉尘环境及煤矿瓦斯环境所具有的不同特征而对设备进行规定的保护级别。EPL与爆炸性环境危险区域的对应关系见表3-13（未包括煤矿瓦斯环境）。

表3-13 EPL与爆炸性环境危险区域的对应关系

设备保护级别	Ga(很高)	Gb(较高)	Gc(一般)	Da(很高)	Db(较高)	Dc(一般)
爆炸性环境危险区域	0	1	2	20	21	22

为了满足化工生产的防爆要求，必须了解并正确选择防爆电气的结构类型。

各种防爆电气设备结构类型及其标志见表3-14。

表3-14 防爆电气设备结构类型及其标志

电气设备防爆结构	标志	电气设备防爆结构	标志
隔爆型	d	油浸型	o
增安型	e	充砂型	q
正压外壳型	p	浇封型	m
本质安全型	i	无火花型	n
外壳保护型	t		

防爆电气设备在标志中除了标出类型外，还标出适用的分级分组。防爆电气标志（Ex之后）一般由五部分组成，以字母或数字表示。由左至右依次为：①防爆电气类型的标志；②Ⅱ或Ⅲ；③爆炸混合物的级别；④爆炸混合物的组别；⑤设备保护级别。如Exd ia Ⅱ C T4 Gb。

2. 防爆电气设备的选型

在爆炸性环境内，电气设备应根据下列因素进行选择：①爆炸危险区域的分区；②可燃性物质和可燃性粉尘的分级；③可燃性物质的引燃温度；④可燃性粉尘云、可燃性粉尘层的最低引燃温度。

爆炸性环境危险区域内电气设备类型及设备保护级别（EPL）的选择见表3-15。电气设备保护级别（EPL）与电气设备防爆结构的关系见表3-16。

表3-15 爆炸性环境危险区域内电气设备类型及设备保护级别（EPL）的选择

爆炸性环境危险区域	0	1	2	20	21	22
设备类型	Ⅱ	Ⅱ	Ⅱ	Ⅲ	Ⅲ	Ⅲ
设备保护级别	Ga	Ga、Gb	Ga、Gb、Gc	Da	Da、Db	Da、Db、Dc

表 3-16 电气设备保护级别（EPL）与电气设备防爆结构的关系

EPL	电气设备防爆结构	防爆形式	EPL	电气设备防爆结构	防爆形式
Ga	本质安全型	"ia"	Gc	限制呼吸	"nR"
	浇封型	"ma"		限能	"nL"
	由两种独立的防爆类型组成的设备，每一种类型达到保护级别"Gb"要求	—		火花保护	"nC"
				正压型	"pz"
	光辐射式设备和传输系统的保护	"op is"		非可燃现场总线概念（FNICO）	—
Gb	隔爆型	"d"		光辐射式设备和传输系统的保护	"op sh"
	增安型	"e"	Da	本质安全型	"ia"
	本质安全型	"ib"		浇封型	"ma"
	浇封型	"mb"		外壳保护型	"ta"
	油浸型	"o"	Db	本质安全型	"ib"
	正压型	"px""py"		浇封型	"mb"
	充砂型	"q"		外壳保护型	"tb"
	本质安全现场总线概念（FISCO）	—		正压型	"pb"
	光辐射式设备和传输系统的保护	"op pr"	Dc	本质安全型	"ic"
Gc	本质安全型	"ic"		浇封型	"mc"
	浇封型	"mc"		外壳保护型	"tc"
	无火花	"n""nA"		正压型	"pc"

注：在1区中使用的增安型"e"电气设备仅限于如下电气设备。正常运行中不产生火花、电弧或无效温度的接线盒和接线箱，包括主体为"d"或"m"，接线部分为"e"的电气产品。按现行国家标准《爆炸性环境 第3部分：由增安型"e"保护的设备》（GB 3836.3—2010）附录D配置的合适热保护装置的"e"低压异步电动机，启动频繁和环境恶劣者除外。"e"荧光灯。"e"测量仪表和仪表用电流互感器。

特别注意，所选防爆电气设备的级别和组别不应低于该爆炸性气体环境内爆炸性气体混合物的级别和组别，应符合表 3-17 和表 3-18 的规定以及《爆炸危险环境电力装置设计规范》（GB 50058—2014）中 5.2.3 和 5.2.4 的其他规定。

表 3-17 气体、蒸气或粉尘分级与电气设备类别的关系

气体、蒸气或粉尘分级	ⅡA	ⅡB	ⅡC	ⅢA	ⅢB	ⅢC
设备类别	ⅡA、ⅡB、ⅡC	ⅡB、ⅡC	ⅡC	ⅢA、ⅢB、ⅢC	ⅢB、ⅢC	ⅢC

表 3-18 Ⅱ类电气设备的温度组别、最高表面温度和气体、蒸气引燃温度之间的关系

电气设备的温度组别	电气设备的最高表面温度	气体、蒸气引燃温度	适用的设备的温度级别
T1	450	＞450	T1～T6
T2	300	＞300	T2～T6
T3	200	＞200	T3～T6
T4	135	＞135	T4～T6
T5	100	＞100	T5～T6
T6	85	＞85	T6

为了正确选择防爆电气设备，下面将表 3-14 中所列的防爆型电气设备的特点做一简要介绍。

(1) 隔爆型电气设备　有一个隔爆外壳，是应用缝隙隔爆原理，使设备外壳内部产生的爆炸火焰不能传播到外壳的外部，从而点燃周围环境中爆炸性介质的电气设备。

隔爆型电气设备的安全性较高，可用于除 0 区之外的各级危险场所，但其价格及维护要求也较高，因此在危险性级别较低的场所使用不够经济。

(2) 增安型电气设备　是在正常运行情况下不产生电弧、火花或危险温度的电气设备。它可用于 1 区和 2 区危险场所，价格适中，可广泛使用。

(3) 正压外壳型电气设备　具有保护外壳，壳内充有保护性气体，其压力高于周围爆炸性气体的压力，能阻止外部爆炸性气体进入设备内部引起爆炸。p 型可用于 1 区和 2 区危险场所，pd 型可用于爆炸性粉尘环境。

(4) 本质安全型电气设备　是由本质安全电路构成的电气设备。在正常情况下及事故时产生的火花、危险温度不会引起爆炸性混合物爆炸。ia 型可用于 0 区危险场所，ib 型可用于 1 区和 2 区的危险场所，id 型用于爆炸性粉尘环境。

(5) 外壳保护型电气设备　适用于在可燃性粉尘环境中用外壳和限制表面温度保护的电气设备。在该环境中，可燃性粉尘存在的数量能够导致火灾或爆炸危险。不适用于无氧气存在即可燃烧的火炸药粉尘或自燃物质。

(6) 油浸型电气设备　是应用隔爆原理将电气设备全部或一部分浸没在绝缘油面以下，使得产生的电火花和电弧不会点燃油面以上及容器外壳外部的燃爆型介质。运行中经常产生电火花以及有活动部件的电气设备可以采用这种防爆形式。可用于除 0 区之外的危险场所。

(7) 充砂型电气设备　是应用隔爆原理将可能产生火花的电气部位用砂粒充填覆盖，利用覆盖层砂粒间隙的熄火作用，使电气设备的火花或过热温度不致引燃周围环境中的爆炸性物质。可用于除 0 区之外的危险场所。

(8) 浇封型电气设备　是将电气设备或其部件浇封在浇封剂中，使其在正常运行和认可的过载或认可的故障下不能点燃周围的爆炸性混合物的防爆电气设备。

(9) 无火花型电气设备　在正常运行时不会产生火花、电弧及高温表面的电气设备。它只能用于 2 区危险场所，但由于在爆炸性危险场所中 2 区危险场所占绝大部分，所以该类型设备使用面很广。

四、静电

化工生产中，物料、装置、器材、构筑物以及人体所产生的静电积累，对安全已构成严重威胁。据资料统计，日本 1965～1973 年间，由静电引起的火灾平均每年达 100 次以上，仅 1973 年就多达 139 起，损失巨大，危害严重。

静电能够引起火灾爆炸的根本原因，在于静电放电火花具有点火能量。许多爆炸性蒸气、气体和空气混合物点燃的最小能量约为 0.009～7mJ。当放电能量小于爆炸性混合物最小点燃能量的四分之一时，则认为是安全的。

静电防护主要是设法消除或控制静电的产生和积累的条件，主要有工艺控制法、泄漏法和中和法。工艺控制法就是采取选用适当材料，改进设备和系统的结构，限制流体的速度以及净化输送物料，防止混入杂质等措施，控制静电产生和积累的条件，使其不会达到危险程度。泄漏法就是采取增湿、导体接地，采用抗静电添加剂和导电性地面等措施，促使静电电荷从绝缘体上自行消散。中和法是在静电电荷密集的地方设法产生带电离子，使该处静电电荷被中和，从而消除绝缘体上的静电。

为防止静电放电火花引起的燃烧爆炸，可根据生产过程中的具体情况采取相应的防静电措施。例如将容易积聚电荷的金属设备、管道或容器等安装可靠的接地装置，以导除静电，是防止静电危害的基本措施之一。下列生产设备应有可靠的接地装置：输送可燃气体和易燃液体的管道以及各种闸门、灌油设备和油槽车；通风管道上的金属过滤网；生产或加工易燃液体和可燃气体的设备贮罐；输送可燃粉尘的管道和生产粉尘的设备以及其他能够产生静电的生产设备。防静电接地的每处接地电阻不宜超过规定的数值。

五、摩擦与撞击

化工生产中，摩擦与撞击也是导致火灾爆炸的原因之一。如机器上轴承等转动部件因润滑不均或未及时润滑而引起的摩擦发热起火、金属之间的撞击而产生的火花等。因此在生产过程中，特别要注意以下几个方面的问题。

① 设备应保持良好的润滑，并严格保持一定的油位；

② 搬运盛装可燃气体或易燃液体的金属容器时，严禁抛掷、拖拉、震动，防止因摩擦与撞击而产生火花；

③ 防止铁器等落入粉碎机、反应器等设备内因撞击而产生火花；

④ 防爆生产场所禁止穿带铁钉的鞋；

⑤ 禁止使用铁制工具。

第四节 火灾爆炸危险物质的处理

化工生产中存在火灾爆炸危险物质时，可考虑采取以下措施。

一、用难燃或不燃物质代替可燃物质

选择危险性较小的液体时，沸点及蒸气压很重要。沸点在110℃以上的液体，常温下（18～20℃）不能形成爆炸浓度。例如20℃时蒸气压为6mmHg（800Pa）的醋酸戊酯，其质量浓度 c 为

$$c = MpV/(760RT) = 130 \times 6 \times 1000/(760 \times 0.08 \times 293) = 44(g/m^3)$$

醋酸戊酯的爆炸浓度范围为119～541 g/m^3。常温下的质量浓度仅为爆炸下限的三分之一。

二、根据物质的危险特性采取措施

对本身具有自燃能力的油脂以及遇空气自燃、遇水燃烧爆炸的物质等，应采取隔绝空气、防水、防潮或通风、散热、降温等措施。以防止物质自燃或发生爆炸。

相互接触能引起燃烧爆炸的物质不能混存，遇酸、碱有分解爆炸的物质应防止与酸、碱接触，对机械作用比较敏感的物质要轻拿轻放。

易燃、可燃气体和液体蒸气要根据它们的密度采取相应的排污方法。根据物质的沸点、饱和蒸气压考虑设备的耐压强度、贮存温度、保温降温措施等。根据它们的闪点、爆炸范围、扩散性等采取相应的防火防爆措施。

某些物质如乙醚等，受到阳光作用可生成危险的过氧化物，因此，这些物质应存放于金属桶或暗色的玻璃瓶中。

三、密闭与通风措施

1. 密闭措施

为防止易燃气体、蒸气和可燃性粉尘与空气构成爆炸性混合物，应设法使设备密闭。对于有压设备更须保证其密闭性，以防气体或粉尘逸出。在负压下操作的设备，应防止进入空气。

为了保证设备的密闭性，对危险设备或系统应尽量少用法兰连接，但要保证安装和检修方便。输送危险气体、液体的管道应采用无缝管。盛装腐蚀性介质的容器底部尽可能不装开关和阀门，腐蚀性液体应从顶部抽吸排出。

如设备本身不能密闭，可采用液封。负压操作可防止系统中有毒或爆炸危险性气体逸入生产场所。例如在焙烧炉、燃烧室及吸收装置中都是采用这种方法。

2. 通风措施

实际生产中，完全依靠设备密闭，消除可燃物在生产场所的存在是不大可能的。往往还要借助于通风措施来降低车间空气中可燃物的含量。

通风按动力来源可分为机械通风和自然通风，机械通风按换气方式又可分为排风和送风（详见第四章第四节）。

四、惰性介质保护

化工生产中常用的惰性介质有氮气、二氧化碳、水蒸气及烟道气等。这些气体常用于以下几个方面：

① 易燃固体物质的粉碎、研磨、筛分、混合以及粉状物料输送时，可用惰性介质保护；

② 可燃气体混合物在处理过程中可加入惰性介质保护；

③ 具有着火爆炸危险的工艺装置、贮罐、管线等配备惰性介质，以备在发生危险时使用，可燃气体的排气系统尾部用氮封；

④ 采用惰性介质（氮气）压送易燃液体；

⑤ 爆炸性危险场所中，非防爆电气、仪表等的充氮保护以及防腐蚀等；

⑥ 有着火危险的设备的停车检修处理；

⑦ 危险物料泄漏时用惰性介质稀释。

使用惰性介质时，要有固定贮存输送装置。根据生产情况、物料危险特性，采用不同的惰性介质和不同的装置。例如，氢气的充填系统最好备有高压氮气，地下苯贮罐周围应配有高压蒸气管线等。

化工生产中惰性介质的需用量取决于系统中氧浓度的下降值。部分可燃物质最高允许含氧量见表 3-19。

表 3-19　部分可燃物质最高允许含氧量　　　　　　　　　单位：%

可燃物质	用二氧化碳	用氮	可燃物质	用二氧化碳	用氮
甲烷	11.5	9.5	丁二醇	10.5	8.5
乙烷	10.5	9	氢	5	4
丙烷	11.5	9.5	一氧化碳	5	4.5
丁烷	11.5	9.5	丙酮	12.5	11
汽油	11	9	苯	11	9
乙烯	9	8	煤粉	12～15	—
丙烯	11	9	麦粉	11	—
乙醚	10.5	—	硫黄粉	9	—
甲醇	11	8	铝粉	2.5	7
乙醇	10.5	8.5	锌粉	8	8

使用惰性气体时必须注意防止使人窒息。

第五节 工艺参数安全控制

化工生产过程中的工艺参数主要包括温度、压力、流量及物料配比等。按工艺要求严格控制工艺参数在安全限度以内，是实现化工安全生产的基本保证。实现这些参数的自动调节和控制是保证化工安全生产的重要措施。

一、温度控制

温度是化工生产中的主要控制参数之一。不同的化学反应都有其自己最适宜的反应温度。化学反应速率与温度有着密切关系。如果超温，反应物有可能加剧反应，造成压力升高，导致爆炸，也可能因为温度过高产生副反应，生成新的危险物质。升温过快、过高或冷却降温设施发生故障，还可能引起剧烈反应发生冲料或爆炸。温度过低有时会造成反应速率减慢或停滞，而一旦反应温度恢复正常时，则往往会因为未反应的物料过多而发生剧烈反应引起爆炸。温度过低还会使某些物料冻结，造成管路堵塞或破裂，致使易燃物泄漏而发生火灾爆炸。液化气体和低沸点液体介质都可能由于温度升高汽化，发生超压爆炸。因此必须防止工艺温度过高或过低。在操作中必须注意以下几个问题。

1. 控制反应温度

化学反应一般都伴随有热效应，放出或吸收一定热量。例如基本有机合成中的各种氧化反应、氯化反应、聚合反应等均是放热反应；而各种裂解反应、脱氢反应、脱水反应等则为吸热反应。为使反应在一定温度下进行，必须向反应系统中加入或除去一定的热量，通常利用热交换装置来实现。

2. 防止搅拌中断

化学反应过程中，搅拌可以加速热量的传递，使反应物料温度均匀，防止局部过热。反应时一般应先投入一种物料再开始搅拌，然后按规定的投料速度投入另一种物料。如果将两种反应物料投入反应釜后再开始搅拌，就有可能引起两种物料剧烈反应而造成超温、超压。生产过程中如果由于停电、搅拌器脱落而造成搅拌中断时，可能造成散热不良或发生局部剧烈反应而导致危险。因此必须采取措施防止搅拌中断，例如采取双路供电、增设人工搅拌装置、自动停止加料设置及有效的降温手段等。

3. 正确选择传热介质

化工生产中常用的传热介质（热载体）有水蒸气、热水、过热水、碳氢化合物（如矿物油、二苯醚等）、熔盐、汞、烟道气及熔融金属等。充分了解热载体性质，进行正确选择，对加热过程的安全十分重要。

① 避免使用和反应物料性质相抵触的介质作为传热介质。例如，不能用水来加热或冷却环氧乙烷，因为极微量的水也会引起液体环氧乙烷自聚发热而爆炸。此种情况可选用液体石蜡作为传热介质。

② 防止传热面结疤。在化工生产中，设备传热面结疤现象是普遍存在的。结疤不仅影响传热效率，更危险的是因物料分解而引起爆炸。结疤的原因：可以是由于水质不好而结成水垢；还可由物料聚合、缩合、凝聚、碳化等原因引起结疤。其中后者危险性更大。换热器内的流体宜采用较高流速，不仅可以提高传热效率，而且可以减少污垢在换热管表面的

沉积。

二、投料控制

投料控制主要是指对投料速度、投料配比、投料顺序、原料纯度以及投料量的控制。

1. 投料速度

对于放热反应，投料速度不能超过设备的传热能力。投料速度过快会引起温度急剧升高而造成事故。投料速度若突然降低，会导致温度降低，使一部分反应物料因温度过低而不反应。因此必须严格控制投料速度。

2. 投料配比

对于放热反应，投入物料的配比十分重要。如松香钙皂的生产，是把松香投入反应釜内加热至240℃，缓慢加入氢氧化钙，其反应式为

$$2C_{19}H_{29}COOH + Ca(OH)_2 \longrightarrow Ca(C_{19}H_{29}COO)_2 + 2H_2O\uparrow$$

反应生成的水在高温下变成蒸汽。由反应可以看出，投入的氢氧化钙量增大，蒸汽的生成量也增大，如果控制不当会造成物料溢出，一旦与火源接触就会造成着火。

对于连续化程度较高、危险性较大的生产，更要特别注意反应物料的配比关系。例如环氧乙烷生产中乙烯和氧的混合反应，其浓度接近爆炸范围，尤其在开停车过程中，乙烯和氧的浓度都在发生变化，且开车时催化剂活性较低，容易造成反应器出口氧浓度过高，为保证安全，应设置连锁装置，经常核对循环气的组成，尽量减少开停车的次数。

3. 投料顺序

化工生产中，必须按照一定的顺序投料。例如，氯化氢合成时，应先通氢后通氯；三氯化磷的生产应先投磷后通氯；磷酸酯与甲胺反应时，应先投磷酸酯，再滴加甲胺。反之，就容易发生爆炸事故。而用2,4-二氯酚和对硝基氯苯加碱生产除草醚时，三种原料必须同时加入反应罐，在190℃下进行缩合反应。假如忘加对硝基氯苯，只加2,4-二氯酚和碱，结果会生成二氯酚钠盐，在240℃下能分解爆炸。如果只加对硝基氯苯和碱，则反应生成对硝基钠盐，在200℃下分解爆炸。

4. 原料纯度

许多化学反应，由于反应物料中含有过量杂质，以致引起燃烧爆炸。如用于生产乙炔的电石，其含磷量不得超过0.08%，因为电石中的磷化钙遇水后生成易自燃的磷化氢，磷化氢与空气燃烧易导致乙炔-空气混合物的爆炸。此外，在反应原料气中，如果有害气体不清除干净，在物料循环过程中，就会越聚越多，最终导致爆炸。因此，对生产原料、中间产品及成品应有严格的质量检验制度，以保证原料的纯度。

有时有害杂质来源于未清除干净的设备，例如"六六六"生产中，由于合成塔中可能留有少量的水，通氯后，水与氯反应生成次氯酸，次氯酸受光照射产生氧气，与苯混合发生爆炸。所以对此类设备，一定要清除干净，符合要求后才能投料生产。

5. 投料量

化工反应设备或贮罐都有一定的安全容积，带有搅拌器的反应设备要考虑搅拌开动时的液面升高；贮罐、气瓶要考虑温度升高后液面或压力的升高。若投料量过多，超过安全容积系数，往往会引起溢料或超压。投料量过少，也可能发生事故。投料量过少，可能使温度计接触不到液面，导致温度出现假象，由于判断错误而发生事故；投料量过少，也可能使加热设备的加热面与物料的气（汽）相接触，使易于分解的物料分解，从而引起爆炸。

三、溢料和泄漏的控制

化工生产中，发生溢料情况并不鲜见，然而若溢出的是易燃物，则是相当危险的，必须予以控制。

造成溢料的原因很多，它与物料的构成、反应温度、投料速度以及消泡剂用量、质量有关。投料速度过快，产生的气泡大量溢出，同时夹带走大量物料；加热速度过快，也易产生这种现象；物料黏度大也容易产生气泡。

化工生产中的大量物料泄漏，通常是由设备损坏、人为操作错误和反应失去控制等原因造成的，一旦发生可能会造成严重后果，因此必须在工艺指标控制、设备结构形式等方面采取相应的措施。比如重要的阀门采取两级控制；对于危险性大的装置，应设置远距离遥控断路阀，以备一旦装置异常，立即和其他装置隔离；为了防止误操作，重要控制阀的管线应涂色或挂标志、加锁等，以示区别；此外，仪表配管也要以各种颜色加以区别，各管道上的阀门要保持一定距离。

在化工生产中还存在着反应物料的跑、冒、滴、漏现象，产生此现象的原因较多，加强维护管理是非常重要的。因为易燃物的跑、冒、滴、漏可能会引起火灾爆炸事故。

特别要防止易燃、易爆物料渗入保温层。由于保温材料多数为多孔和易吸附性材料，容易渗入易燃、易爆物，在高温下达到一定浓度或遇到明火时，就会发生燃烧爆炸。在苯酐的生产中，就曾发生过由于物料漏入保温层中，引起爆炸事故。因此对于接触易燃物的保温材料要采取防渗漏措施。

四、自动控制与安全保护装置

1. 自动控制

化工自动化生产中，大多是对连续变化的参数进行自动调节。对于在生产控制中要求一组机构按一定的时间间隔做周期性动作，如合成氨生产中原料气的制造，要求一组阀门按一定的要求作周期性切换，就可采用自动程序控制系统来实现。它主要是由程序控制器按一定时间间隔发出信号，驱动执行机构动作。

2. 安全保护装置

（1）信号报警装置　化工生产中，在出现危险状态时信号报警装置可以警告操作者，及时采取措施消除隐患。发出信号的形式一般为声、光等，通常都与测量仪表相联系。需要说明的是，信号报警装置只能提醒操作者注意已发生的不正常情况或故障，但不能自动排除故障。

（2）保险装置　保险装置在发生危险状况时，则能自动消除不正常状况。如锅炉、压力容器上装设的安全阀和防爆片等安全装置。

（3）安全联锁装置　所谓联锁就是利用机械或电气控制依次接通各个仪器及设备，并使之彼此发生联系，达到安全生产的目的。

安全联锁装置是对操作顺序有特定安全要求、防止误操作的一种安全装置，有机械联锁和电气联锁。例如，需要经常打开的带压反应器，开启前必须将器内压力排除，而经常连续操作容易出现疏忽，因此可将打开孔盖与排除器内压力的阀门进行联锁。

化工生产中，常见的安全联锁装置有以下几种情况：

① 同时或依次放入两种液体或气体时；

② 在反应终止需要惰性气体保护时；

③ 打开设备前要预先解除压力或需要降温时；

④ 当两个或多个部件、设备、机器由于操作错误容易引起事故时；

⑤ 当工艺控制参数达到某极限值，开启处理装置时；

⑥ 某危险区域或部位禁止人员入内时。

例如，在硫酸与水的混合操作中，必须首先往设备中注入水再注入硫酸，否则将会发生喷溅和灼伤事故。将注水阀门和注酸阀门依次联锁起来，就可达到此目的。如果只凭工人记忆操作，很可能因为疏忽使顺序颠倒，发生事故。

第六节 火灾及爆炸蔓延的控制

安全生产首先应当强调防患于未然，把预防放在第一位。一旦发生事故，就要考虑如何将事故控制在最小的范围，使损失最小化。因此火灾及爆炸蔓延的控制在开始设计时就应重点考虑。对工艺装置的布局设计、建筑结构及防火区域的划分，不仅要有利于工艺要求、运行管理，而且要符合事故控制要求，以便把事故控制在局部范围内。

例如，出于投资考虑，布局紧凑为好，但这样对防止火灾爆炸蔓延不力，有可能使事故后果扩大。所以两者要统筹兼顾，一定要留有必要的防火间距。

一、正确选址与安全间距

为了限制火灾蔓延及减少爆炸损失，厂址选择及防爆厂房的布局和结构应按照相关要求建设，如根据所在地区主导风的风向，把火源置于易燃物质可能释放点的上风侧；为人员、物料和车辆流动提供充分的通道；厂址应靠近水量充足、水质优良的水源等。化工企业应根据我国《建筑设计防火规范》（GB 50016），建设相应等级的厂房；采用防火墙、防火门、防火堤对易燃易爆的危险场所进行防火分离，并确保防火间距。

二、分区隔离、露天布置、远距离操纵

化工生产中，因某些设备与装置危险性较大，应采取分区隔离、露天布置和远距离操纵等措施。

（1）分区隔离 在总体设计时，应慎重考虑危险车间的布置位置。按照国家的有关规定，危险车间与其他车间或装置应保持一定的间距，充分估计相邻车间建（构）筑物可能引起的相互影响。对个别危险性大的设备，可采用隔离操作和防护屏的方法使操作人员与生产设备隔离。例如，合成氨生产中，合成车间压缩岗位的布置。

在同一车间的各个工段，应视其生产性质和危险程度而予以隔离，各种原料成品、半成品的贮藏，亦应按其性质、贮量不同而进行隔离。

（2）露天布置 为了便于有害气体的散发，减少因设备泄漏而造成易燃气体在厂房内积聚的危险性，宜将这类设备和装置布置在露天或半露天场所。如氮肥厂的煤气发生炉及其附属设备，加热炉、炼焦炉、气柜、精馏塔等。石油化工生产中的大多数设备都是在露天放置的。在露天场所，应注意气象条件对生产设备、工艺参数和工作人员的影响，如应有合理的夜间照明，夏季防晒防潮气腐蚀，冬季防冻等措施。

（3）远距离操纵 在化工生产中，大多数的连续生产过程，主要是根据反应进行情况和程度来调节各种阀门，而某些阀门操作人员难以接近，开闭又较费力，或要求迅速启闭，上述情况都应进行远距离操纵。操纵人员只需在操纵室进行操作，记录有关数据。对于热辐射

高的设备及危险性大的反应装置，也应采取远距离操纵。远距离操纵的方法有机械传动、气压传动、液压传动和电动操纵。

三、防火与防爆安全装置

1. 阻火装置

阻火装置的作用是防止外部火焰蹿入有火灾爆炸危险的设备、管道、容器，或阻止火焰在设备或管道间蔓延。主要包括阻火器、安全液封、单向阀、阻火闸门等。

（1）阻火器 阻火器的工作原理是使火焰在管中蔓延的速度随着管径的减小而减小，最后可以达到一个火焰不蔓延的临界直径。

阻火器常用在容易引起火灾爆炸的高热设备和输送可燃气体、易燃液体蒸气的管道之间，以及可燃气体、易燃液体蒸气的排气管上。

阻火器有金属网、砾石和波纹金属片等形式。

① 金属网阻火器。其结构如图 3-2 所示，是用若干具有一定孔径的金属网把空间分隔成许多小孔隙。对一般有机溶剂采用 4 层金属网即可阻止火焰蔓延，通常采用 6～12 层。

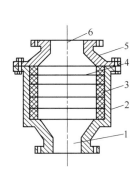

图 3-2 金属网阻火器

1—进口；2—壳体；3—垫圈；

4—金属网；5—上盖；6—出口

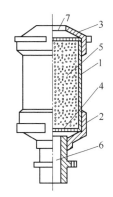

图 3-3 砾石阻火器

1—壳体；2—下盖；3—上盖；4—网格；

5—砂粒；6—进口；7—出口

② 砾石阻火器。其结构如图 3-3 所示，是用砂粒、卵石、玻璃球等作为填料，这些阻火介质使阻火器内的空间被分隔成许多非直线性小孔隙，当可燃气体发生燃烧时，这些非直线性微孔能有效地阻止火焰的蔓延，其阻火效果比金属网阻火器更好。阻火介质的直径一般为 3～4mm。

③ 波纹金属片阻火器。其结构如图 3-4 所示，壳体由铝合金铸造而成，阻火层由 0.1～0.2mm 厚的不锈钢带压制而成波纹型。两波纹带之间加一层同厚度的平带缠绕成圆形阻火层，阻火层上形成许多三角形孔隙，孔隙尺寸在 0.45～1.5mm，其尺寸大小由火焰速度的大小决定，三角形孔隙有利于阻止火焰通过，阻火层厚度一般不大于 50mm。

（2）安全液封 安全液封的阻火原理是液体封在进出口之间，一旦液封的一侧着火，火焰都将在液封处被熄灭，从而阻止火焰蔓延。安全液封一般安装在气体管道与生产设备或气柜之间。一般用水作为阻火介质。

安全液封的结构形式常用的有敞开式和封闭式两种，其结构如图 3-5 所示。

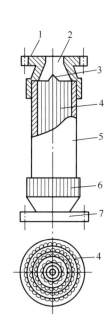

图 3-4　波纹金属片
阻火器

1—上盖；2—出口；3—轴芯；
4—波纹金属片；5—外壳；
6—下盖；7—进口

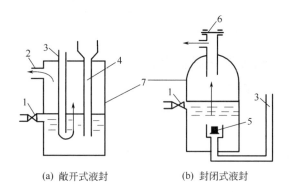

(a) 敞开式液封　　　　(b) 封闭式液封

图 3-5　安全液封的结构示意图

1—验水栓；2—气体出口；3—进气管；
4—安全管；5—单向阀；6—爆破片；7—外壳

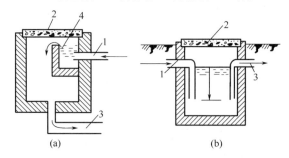

(a)　　　　　　　　　(b)

图 3-6　水封井的结构示意图

1—污水进口；2—井盖；3—污水出口；4—溢水槽

水封井是安全液封的一种，设置在有可燃气体、易燃液体蒸气或油污的污水管网上，以防止燃烧或爆炸沿管网蔓延，水封井的结构如图 3-6(a)、(b) 所示。

安全水封的使用安全要求如下。

① 使用安全水封时，应随时注意水位不得低于水位阀门所标定的位置。但水位也不应过高，否则除了可燃气体通过困难外，水还可能随可燃气体一道进入出气管。每次发生火焰倒燃后，应随时检查水位并补足。安全水封应保持垂直位置。

② 冬季使用安全水封时，在工作完毕后应把水全部排出、洗净，以免冻结。如发现冻结现象，只能用热水或蒸汽加热解冻，严禁用明火烘烤。为了防冻，可在水中加少量食盐以降低冰点。

③ 使用封闭式安全水封时，由于可燃气体中可能带有黏性杂质，使用一段时间后容易黏附在阀和阀座等处，所以需要经常检查逆止阀的气密性。

（3）单向阀　又称止逆阀、止回阀，其作用是仅允许流体向一定方向流动，遇有回流即自动关闭。常用于防止高压物料窜入低压系统，也可用作防止回火的安全装置。如液化石油气瓶上的调压阀就是单向阀的一种。

生产中用的单向阀有升降式、摇板式、球式等，参见图 3-7～图 3-9。

（4）阻火闸门　阻火闸门是为防止火焰沿通风管道蔓延而设置的阻火装置。图 3-10 所示为跌落式自动阻火闸门。

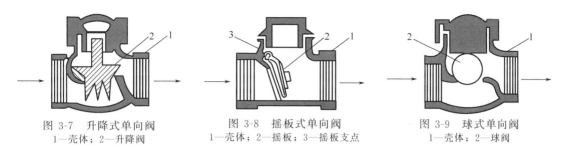

图 3-7　升降式单向阀
1—壳体；2—升降阀

图 3-8　摇板式单向阀
1—壳体；2—摇板；3—摇板支点

图 3-9　球式单向阀
1—壳体；2—球阀

正常情况下，阻火闸门受易熔合金元件控制处于开启状态，一旦着火，温度高，会使易熔金属熔化，此时闸门失去控制，受重力作用自动关闭。也有的阻火闸门是手动的，在遇火警时由人迅速关闭。

2. 防爆泄压装置

防爆泄压装置包括安全阀、防爆片、防爆门和放空管等。系统内一旦发生爆炸或压力骤增时，可以通过这些设施释放能量，以减小巨大压力对设备的破坏或爆炸事故的发生。

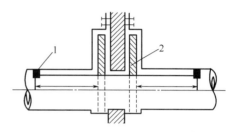

图 3-10　跌落式自动阻火闸门
1—易熔合金元件；2—阻火闸门

（1）安全阀　是为了防止设备或容器内非正常压力过高引起物理性爆炸而设置的。当设备或容器内压力升高超过一定限度时安全阀能自动开启，排放部分气体，当压力降至安全范围内再自行关闭，从而实现设备和容器内压力的自动控制，防止设备和容器的破裂爆炸。

常用的安全阀有弹簧式、杠杆式，其结构如图 3-11、图 3-12 所示。

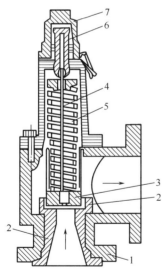

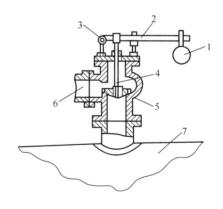

图 3-11　弹簧式安全阀
1—阀体；2—阀座；3—阀芯；4—阀杆；
5—弹簧；6—螺帽；7—阀盖

图 3-12　杠杆式安全阀
1—重锤；2—杠杆；3—杠杆支点；4—阀芯；
5—阀座；6—排出管；7—容器或设备

工作温度高而压力不高的设备宜选杠杆式，高压设备宜选弹簧式。一般多用弹簧式安全阀。设置安全阀时应注意以下几点。

① 压力容器的安全阀直接安装在容器本体上。容器内有气、液两相物料时，安全阀应

装于气相部分，防止排出液相物料而发生事故。

② 一般安全阀可就地放空，放空口应高出操作人员 1m 以上且不应朝向 15m 以内的明火或易燃物。室内设备、容器的安全阀放空口应引出房顶，并高出房顶 2m 以上。

③ 安全阀用于泄放可燃及有毒液体时，应将排泄管接入事故贮槽、污油罐或其他容器；用于泄放与空气混合能自燃的气体时，应接入密闭的放空塔或火炬。

④ 当安全阀的入口处装有隔断阀时，隔断阀应为常开状态。

⑤ 安全阀的选型、规格、排放压力的设定应合理。

（2）防爆片（又称防爆膜、爆破片） 是通过法兰装在受压设备或容器上。当设备或容器内因化学爆炸或其他原因产生过高压力时，防爆片作为人为设计的薄弱环节自行破裂，高压流体即通过防爆片从放空管排出，使爆炸压力难以继续升高，从而保护设备或容器的主体免遭更大的损坏，使在场的人员不致遭受致命的伤害。

防爆片一般应用在以下几种场合。

① 存在爆燃危险或异常反应使压力骤然增加的场合，这种情况下弹簧安全阀由于惯性而不适应。

② 不允许介质有任何泄漏的场合。

③ 内部物料易因沉淀、结晶、聚合等形成黏附物，妨碍安全阀正常动作的场合。

凡有重大爆炸危险性的设备、容器及管道，例如气体氧化塔、进焦煤炉的气体管道、乙炔发生器等，都应安装防爆片。

防爆片的安全可靠性取决于防爆片的材料、厚度和泄压面积。

正常生产时压力很小或没有压力的设备，可用石棉板、塑料片、橡皮或玻璃片等作为防爆片；微负压生产情况的可采用 2～3cm 厚的橡胶板作为防爆片；操作压力较高的设备可采用铝板、铜板。铁片破裂时能产生火花，存在燃爆性气体时不宜采用。

防爆片的爆破压力一般不超过系统操作压力的 1.25 倍。若防爆片在低于操作压力时破裂，就不能维持正常生产；若操作压力过高而防爆片不破裂，则不能保证安全。

（3）防爆门 防爆门一般设置在燃油、燃气或燃烧煤粉的燃烧室外壁上，以防止燃烧爆炸时，设备遭到破坏。防爆门的总面积一般按燃烧室内部净容积 1m³ 不少于 250cm³ 计算。为了防止燃烧气体喷出时将人烧伤，防爆门应设置在人们不常到的地方，高度不低于 2m。图 3-13、图 3-14 为两种不同类型的防爆门。

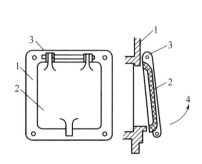

图 3-13 向上翻开的防爆门
1—防爆门的门框；2—防爆门；
3—转轴；4—防爆门动作方向

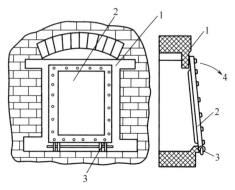

图 3-14 向下翻开的防爆门
1—燃烧室外壁；2—防爆门；
3—转轴；4—防爆门动作方向

（4）放空管　在某些极其危险的设备上，为防止可能出现的超温、超压而引起爆炸的恶性事故的发生，可设置自动或手控的放空管以紧急排放危险物料。

第七节　消防安全

一、灭火方法及其原理

灭火方法主要包括窒息灭火法、冷却灭火法、隔离灭火法和化学抑制灭火法。

1. 窒息灭火法

窒息灭火法即阻止空气进入燃烧区或用惰性气体稀释空气，使燃烧因得不到足够的氧气而熄灭的灭火方法。

运用窒息法灭火时，可考虑选择以下措施：

① 用石棉布、浸湿的棉被、帆布、沙土等不燃或难燃材料覆盖燃烧物或封闭孔洞；

② 用水蒸气、惰性气体通入燃烧区域内；

③ 利用建筑物上原来的门、窗以及生产、贮运设备上的盖、阀门等，封闭燃烧区；

④ 在万不得已且条件许可的条件下，采取用水淹没（灌注）的方法灭火。

采用窒息灭火法，必须注意以下几个问题：

① 此法适用于燃烧部位空间较小或容易堵塞封闭的房间、生产及贮运设备内发生的火灾，而且燃烧区域内应没有氧化剂存在；

② 在采用水淹方法灭火时，必须考虑水与可燃物质接触后是否会产生不良后果，如会则不能采用；

③ 采用此法时，必须在确认火已熄灭后，方可打开孔洞进行检查。严防因过早打开封闭的房间或设备，导致"死灰复燃"。

2. 冷却灭火法

冷却灭火法即将灭火剂直接喷洒在燃烧着的物体上，将可燃物质的温度降到燃点以下，终止燃烧的灭火方法。也可将灭火剂喷洒在火场附近未燃的易燃物上起冷却作用，防止其受辐射热作用而起火。冷却灭火法是一种常用的灭火方法。

3. 隔离灭火法

隔离灭火法即将燃烧物质与附近未燃的可燃物质隔离或疏散开，使燃烧因缺少可燃物质而停止。隔离灭火法也是一种常用的灭火方法。这种灭火方法适用于扑救各种固体、液体和气体火灾。

隔离灭火法常用的具体措施有：

① 将可燃、易燃、易爆物质和氧化剂从燃烧区移出至安全地点；

② 关闭阀门，阻止可燃气体、液体流入燃烧区；

③ 用泡沫覆盖已燃烧的易燃液体表面，把燃烧区与液面隔开，阻止可燃蒸气进入燃烧区；

④ 拆除与燃烧物相连的易燃、可燃建筑物；

⑤ 用水流或用爆炸等方法封闭井口，扑救油气井喷火灾。

4. 化学抑制灭火法

化学抑制灭火法是使灭火剂参与到燃烧反应中去，起到抑制反应的作用。具体而言就是使燃烧反应中产生的自由基与灭火剂中的卤素离子相结合，形成稳定分子或低活性的自由基，从而切断了氢自由基与氧自由基的联锁反应链，使燃烧停止。

需要指出的是，窒息、冷却、隔离灭火法，在灭火过程中，灭火剂不参与燃烧反应，因而属于物理灭火方法。而化学抑制灭火法则属于化学灭火方法。

还需指出：上述四种灭火方法所对应的具体灭火措施是多种多样的；在灭火过程中，应根据可燃物的性质、燃烧特点、火灾大小、火场的具体条件以及消防技术装备的性能等实际情况，选择一种或几种灭火方法。一般情况下，综合运用几种灭火法效果较好。

二、灭火剂

灭火剂是能够有效地破坏燃烧条件，终止燃烧的物质。选择灭火剂的基本要求是灭火效能高、使用方便、来源丰富、成本低廉、对人和物基本无害。灭火剂的种类很多，下面介绍常见的几种。

1. 水（及水蒸气）

水的来源丰富，取用方便，价格便宜，是最常用的天然灭火剂。它可以单独使用，也可与不同的化学剂组成混合液使用。

（1）水的灭火原理　主要包括冷却作用、窒息作用和隔离作用。

① 冷却作用。水的比热容较大，蒸发潜热达 539.9cal[●]/(g·℃)。当常温水与炽热的燃烧物接触时，在被加热和汽化过程中，就会大量吸收燃烧物的热量，使燃烧物的温度降低而灭火。

② 窒息作用。在密闭的房间或设备中，此作用比较明显。水汽化成水蒸气，体积能扩大 1700 倍，可稀释燃烧区中的可燃气与氧气，使它们的浓度下降，从而使可燃物因"缺氧"而停止燃烧。

③ 隔离作用。在密集水流的机械冲击作用下，将可燃物与火源分隔开而灭火。此外水对水溶性的可燃气体（蒸气）还有吸收作用，这对灭火也有意义。

（2）灭火用水的几种形式　①普通无压力水。用容器盛装，人工浇到燃烧物上。②加压的密集水流。采用专用设备喷射，灭火效果比普通无压力水好。③雾化水。采用专用设备喷射，因水成雾滴状，吸热量大，灭火效果更好。

（3）水灭火剂的优缺点

优点：①与其他灭火剂相比，水的比热容及汽化潜热较大，冷却作用明显；②价格便宜；③易于远距离输送；④水在化学上呈中性，对人无毒、无害。

缺点：①水在 0℃下会结冰，当泵暂时停止供水时会在管道中形成冰冻造成堵塞；②水对很多物品如档案、图书、珍贵物品等，有破坏作用；③用水扑救橡胶粉、煤粉等火灾时，由于水不能或很难浸透燃烧介质，因而灭火效率很低。必须向水中添加润湿剂才能弥补以上不足。

（4）水灭火剂的适用范围　除以下情况，都可以考虑用水灭火。

① 忌水性物质，如轻金属、电石等不能用水扑救。因为它们能与水发生化学反应，生成可燃性气体并放热，会扩大火势甚至导致爆炸。

② 不溶于水，且密度比水小的易燃液体。如汽油、煤油等着火时不能用水扑救。但原

---

❶ 1cal＝4.1868J。

油、重油等可用雾状水扑救。

③ 密集水流不能扑救带电设备火灾，也不能扑救可燃性粉尘聚集处的火灾。

④ 不能用密集水流扑救贮存大量浓硫酸、浓硝酸场所的火灾，因为水流能引起酸的飞溅、流散，遇可燃物质后，又有引起燃烧的危险。

⑤ 高温设备着火不宜用水扑救，因为这会使金属机械强度受到影响。

⑥ 精密仪器设备、贵重文物档案、图书着火，不宜用水扑救。

2. 泡沫灭火剂

凡能与水相溶，并可通过化学反应或机械方法产生灭火泡沫的灭火药剂称为泡沫灭火剂。

（1）泡沫灭火剂分类　根据泡沫生成机理，泡沫灭火剂可以分为化学泡沫灭火剂和空气泡沫灭火剂。

① 化学泡沫是由酸性或碱性物质及泡沫稳定剂相互作用而生成的膜状气泡群，气泡内主要是二氧化碳气。化学泡沫虽然具有良好的灭火性能，但由于化学泡沫设备较为复杂、投资大、维护费用高，近年来多采用灭火简单、操作方便的空气机械泡沫。

② 空气泡沫又称机械泡沫，是由一定比例的泡沫液、水和空气在泡沫生成器中进行机械混合搅拌而生成的膜状气泡群，泡内一般为空气。

空气泡沫灭火剂按泡沫的发泡倍数，又可分为低倍数泡沫（发泡倍数小于 20 倍）、中倍数泡沫（发泡倍数在 20～200 倍）和高倍数泡沫（发泡倍数在 200～1000 倍）三类。

（2）泡沫灭火原理

① 由于泡沫中充填大量气体，相对密度小（0.001～0.5），可漂浮于液体的表面或附着于一般可燃固体表面，形成一个泡沫覆盖层，使燃烧物表面与空气隔绝，同时阻断了火焰的热辐射，阻止燃烧物本身或附近可燃物质的蒸发，起到隔离和窒息作用。

② 泡沫析出的水和其他液体有冷却作用。

③ 泡沫受热蒸发产生的水蒸气可降低燃烧物附近的氧浓度。

（3）泡沫灭火剂适用范围　泡沫灭火剂主要用于扑救不溶于水的可燃、易燃液体，如石油产品等的火灾；也可用于扑救木材、纤维、橡胶等固体物的火灾；高倍数泡沫可有特殊用途，如消除放射性污染等；由于泡沫灭火剂中含有一定量的水，所以不能用来扑救带电设备及忌水性物质引起的火灾。

3. 二氧化碳及惰性气体灭火剂

（1）灭火原理　二氧化碳灭火剂在消防工作中有较广泛的应用。二氧化碳是以液态形式加压充装于钢瓶中。当它从灭火器中喷出时，由于突然减压，一部分二氧化碳绝热膨胀、汽化，吸收大量的热量，另一部分二氧化碳迅速冷却成雪花状固体（即"干冰"）。"干冰"温度为 -78.5°C，喷向着火处时，立即汽化，起到稀释氧浓度的作用；同时又起到冷却作用；而且大量二氧化碳气笼罩在燃烧区域周围，还能起到隔离燃烧物与空气的作用。因此，二氧化碳的灭火效率也较高，当二氧化碳占空气浓度的 30%～35% 时，燃烧就会停止。

（2）二氧化碳灭火剂的优点及适用范围

① 不导电、不含水，可用于扑救电气设备和部分忌水性物质的火灾。

② 灭火后不留痕迹，可用于扑救精密仪器、机械设备、图书、档案等火灾。

③ 价格低廉。

（3）二氧化碳灭火剂的缺点

① 冷却作用较差，不能扑救阴燃火灾，且灭火后火焰有复燃的可能。

② 二氧化碳与碱金属（钾、钠）和碱土金属（镁）在高温下会起化学反应，引起爆炸

$$2Mg+CO_2 \longrightarrow 2MgO+C$$

③ 二氧化碳膨胀时，能产生静电而可能成为点火源。

④ 二氧化碳能导致救火人员窒息。

除二氧化碳外，其他惰性气体如氮气、水蒸气，也可用作灭火剂。

4. 七氟丙烷灭火剂

七氟丙烷灭火剂具有清洁、低毒、良好的电绝缘性、灭火效率高、不破坏大气臭氧层的特点，是可替代淘汰的卤代烷灭火剂的洁净气体，且效果良好。

（1）灭火原理

① 七氟丙烷灭火剂是以液态的形式喷射到保护区域内，在喷出喷头时，液态灭火剂迅速转变为气态，需要吸收大量的热量，降低了保护区域及火焰周围的温度。

② 七氟丙烷灭火剂是由大分子组成的，灭火时分子中的键断裂也会吸收热量，起到冷却作用。

③ 七氟丙烷在接触到高温表面或火焰时，分解产生活性自由基，大量捕捉、消耗燃烧链式反应中产生的自由基，破坏和抑制燃烧的链式反应，起到迅速将火焰扑灭的作用。

（2）七氟丙烷灭火剂的优点及适用范围

① 七氟丙烷灭火剂无色、无味、低毒，无毒性反应浓度为 9%，有毒性反应浓度为10.5%，七氟丙烷的设计浓度一般小于 10%，对人体安全。

② 具有良好的清洁性，在大气中完全汽化不留残渣。

③ 良好的气相电绝缘性。

④ 适用于以全淹没灭火方式扑救电气火灾、液体火灾或可熔固体火灾、固体表面火灾、灭火前能切断气源的气体火灾。

⑤ 可用于保护计算机房、通信机房、变配电室、精密仪器室、发电机房、油库、化学易燃品库房及图书库、资料库、档案库、金库等场所。

⑥ 灭火速度极快，有利于抢救性保护精密电子设备及贵重物品。

5. 干粉灭火剂

干粉灭火剂是一种干燥的、易于流动的微细固体粉末，由能灭火的基料和防潮剂、流动促进剂、结块防止剂等添加剂组成。灭火时，干粉在气体压力的作用下从容器中喷出，以粉雾的形式灭火。

（1）干粉灭火剂分类　干粉灭火剂及适用范围，主要分为普通和多用两大类。

普通干粉灭火剂主要是适用于扑救可燃液体、可燃气体及带电设备的火灾。目前，它的品种最多，生产、使用量最大。共包括：

① 以碳酸氢钠为基料的小苏打干粉（钠盐干粉）；

② 以碳酸氢钠为基料，又添加增效基料的改性钠盐干粉；

③ 以碳酸氢钾为基料的钾盐干粉；

④ 以硫酸钾为基料的钾盐干粉；

⑤ 以氯化钾为基料的钾盐干粉；

⑥ 以尿素和以碳酸氢钾或以碳酸氢钠反应产物为基料的氨基干粉。

多用类型的干粉灭火剂不仅适用于扑救可燃液体、可燃气体及带电设备的火灾，还适用于扑救一般固体火灾。它包括：

① 以磷酸盐为基料的干粉；

② 以硫酸铵与磷酸铵盐的混合物为基料的干粉；

③ 以聚磷酸铵为基料的干粉。

（2）干粉灭火原理 主要包括化学抑制作用、隔离作用、冷却与窒息作用。

① 化学抑制作用。当粉粒与火焰中产生的自由基接触时，自由基被瞬时吸附在粉粒表面，并发生如下反应

$$M(粉粒)+OH \cdot \longrightarrow MOH$$
$$MOH+H \cdot \longrightarrow M+H_2O$$

由反应式可以看出，借助粉粒的作用，消耗了燃烧反应中的自由基（OH· 和 H·），使自由基的数量急剧减少而导致燃烧反应中断，使火焰熄灭。

② 隔离作用。喷出的粉末覆盖在燃烧物表面上，能构成阻碍燃烧的隔离层。

③ 冷却与窒息作用。粉末在高温下，将放出结晶水或发生分解，这些都属于吸热反应，而分解生成的不活泼气体又可稀释燃烧区内的氧气浓度，起到冷却与窒息作用。

（3）干粉灭火的优缺点与适用范围

优点：

① 干粉灭火剂综合了泡沫、二氧化碳、卤代烷等灭火剂的特点，灭火效率高；

② 化学干粉的物理化学性质稳定，无毒性，不腐蚀、不导电，易于长期贮存；

③ 干粉适用温度范围广，能在 $-50 \sim 60 ℃$ 温度条件下贮存与使用；

④ 干粉雾能防止热辐射，因而在大型火灾中，即使不穿隔热服也能进行灭火；

⑤ 干粉可用管道进行输送。

由于干粉具有上述优点，它除了适用于扑救易燃液体、忌水性物质火灾外，也适用于扑救油类、油漆、电气设备的火灾。

缺点：

① 在密闭房间中，使用干粉时会形成强烈的粉雾，且灭火后留有残渣，因而不适于扑救精密仪器设备、旋转电机等的火灾；

② 干粉的冷却作用较弱，不能扑救阴燃火灾，不能迅速降低燃烧物品的表面温度，容易发生复燃。因此，干粉若与泡沫或喷雾水配合使用，效果更佳。

6. 其他

用砂、土等作为覆盖物也可进行灭火，它们覆盖在燃烧物上，主要起到与空气隔离的作用，其次砂、土等也可从燃烧物吸收热量，起到一定的冷却作用。

三、消防设施

1. 消防站

大中型化工厂及石油化工联合企业均应设置消防站。消防站是专门用于消除火灾的专业性机构，拥有相当数量的灭火设备和经过严格训练的消防队员。消防站的服务范围按行车距离计，不得大于 2.5km，且应保证在接到火警后，消防车到达火场的时间不超过 5min。超过服务范围的场所，应建立消防分站或设置其他消防设施，如泡沫发生站、手提式灭火器等。属于丁、戊类危险性场所的，消防站的服务范围可加大到 4km。

消防站的规模应根据发生火灾时消防用水量、灭火剂用量、采用灭火设施的类型、高压或低压消防供水以及消防协作条件等因素综合考虑。

采用半固定或移动式消防设施时，消防车辆应按扑救工厂最大火灾需要的用水量及泡沫、干粉等用量进行配备。当消防车超过六辆时，宜设置一辆指挥车。

协作单位可供使用的消防车辆是指临近企业或城镇消防站在接到火警后，10min 内能对相邻贮罐进行冷却或 20min 内能对着火贮罐进行灭火需要的消防车辆。特殊情况下，可向当地政府领导下的消防队报警，报警电话 119，报警时应说清以下情况：火灾发生的单位和详细地址；燃烧物的种类名称；火势程度；附近有无消防给水设施；报警者姓名和单位。

2. 消防给水设施

专门为消防灭火而设置的给水设施，主要有消防给水管道和消火栓两种。

（1）消防给水管道　简称消防管道。是一种能保证消防所需用水量的给水管道，一般可与生活用水或生产用水的上水管道合并。

消防管道有高压和低压两种。高压消防管道灭火时所需的水压是由固定的消防水泵提供的；低压消防管道灭火时所需的水压是从室外消火栓用消防车或人力移动的水泵提供的。

室外消防管道应布置成环状，输水干管不应少于两条。环状管道应用阀门分为若干独立管段，每段内消火栓数量不宜超过 5 个。地下水管为闭合的系统，水可以在管内朝各个方向流动，如管网的任何一段损坏，不会导致断水。室内消防管道应有通向室外的支管，支管上应带有消防速合螺母，以备万一发生故障时，可与移动式消防水泵的水龙带连接。

（2）消火栓　消火栓可供消防车吸水，也可直接连接水带放水灭火，是消防供水的基本设备。消火栓按其装置地点可分为室外和室内两类。室外消火栓又可分为地上式和地下式两种。

室外消火栓应沿道路设置，距路边不宜小于 0.5m，不得大于 2m，设置的位置应便于消防车吸水。室外消火栓的数量应按消火栓的保护半径和室外消防用水量确定，间距不应超过 120m。室内消火栓的配置，应保证两个相邻消火栓的充实水柱能够在建筑物最高、最远处相遇。室内消火栓一般设置在明显、易于取用的地点，离地面的距离应为 1.2m。

（3）化工生产装置区消防给水设施

① 消防供水竖管。用于框架式结构的露天生产装置区内，竖管沿梯子一侧装设。每层平台上均设有接口，并就近设有消防水带箱，便于冷却和灭火使用。

② 冷却喷淋设备。高度超过 30m 的炼制塔、蒸馏塔或容器，宜设置固定喷淋冷却设备，可用喷水头，也可用喷淋管，冷却水的供给强度可采用 $5L/(min \cdot m^2)$。

③ 消防水幕。设置于化工露天生产装置区的消防水幕，可对设备或建筑物进行分隔保护，以阻止火势蔓延。

④ 带架水枪。在火灾危险性较大且高度较高的设备周围，应设置固定式带架水枪，并备移动式带架水枪，以保护重点部位金属设备免受火灾热辐射的威胁。

四、灭火器材

灭火器材即移动式灭火机，是扑救初期火灾常用的有效的灭火设备。在化工生产区域内，应按规范设置一定的数量。常用的灭火机包括：泡沫灭火机、二氧化碳灭火机、干粉灭火机、1211 灭火机等。灭火机应放置在明显、取用方便、又不易被损坏的地方，并应定期检查，过期更换，以确保正常使用。常用灭火机的性能及用途等见表 3-20。

表 3-20 常用灭火机的性能及用途

灭火机类型	泡沫灭火机	二氧化碳灭火机	干粉灭火机	1211 灭火机
规格	10L 65～130L	<2kg;2～3kg 5～7kg	8kg 50kg	1kg;2kg 3kg
药剂	桶内装有碳酸氢钠、发泡剂和硫酸铝溶液	瓶内装有压缩成液体的二氧化碳	钢桶内装有钾盐(或钠盐)干粉并备有盛装压缩气体的小钢瓶	钢桶内充装二氟一氯一溴甲烷,并充填压缩氮气
用途	扑救固体物质或其他易燃液体火灾	扑救电器、精密仪器、油类及酸类火灾	扑救石油、石油产品、油漆、有机溶剂、天然气设备火灾	扑救油类、电气设备、化工化纤原料等初期火灾
性能	10L 喷射时间 60s,射程8m;65L 喷射时间 170s,射程 13.5m	接近着火地点保持 3m 距离	8kg 喷射时间 14～18s,射程 4.5m;50kg 喷射时间50～55s,射程 6～8m	1kg 喷射时间 6～8s,射程 2～3m
使用方法	倒置稍加摇动,打开开关,药剂即可喷出	一手拿喇叭筒对准火源,另一手打开开关即可喷出	提起圈环,干粉即可喷出	拔出铅封或横销,用力压下压把即可喷出
保养及检查	放在使用方便的地方,注意使用期限,防止喷嘴堵塞,防冻防晒;一年检查一次,泡沫低于 4 倍应换药	每月检查一次,当小于原量 1/10 应充气	置于干燥通风处,防潮防晒,一年检查一次气压,若质量减少 1/10 应充气	置于干燥处,勿碰撞,每年检查一次质量

化工厂需要的小型灭火机的种类及数量,应根据化工厂内燃烧物料性质、火灾危险性、可燃物数量、厂房和库房的占地面积以及固定灭火设施对扑救初期火灾的可能性等因素,综合考虑决定。一般情况下,灭火机的设置可参照表 3-21。

表 3-21 灭火机的设置

场 所	设置数量/(个/m²)	备 注
甲、乙类露天生产装置 丙类露天生产装置 甲、乙类生产建筑物 丙类生产建筑物 甲、乙类仓库 丙类仓库	1/50～1/100 1/200～1/150 1/50 1/80 1/80 1/100	① 装置占地面积大于 1000m² 时选用小值,小于 1000m² 时选用大值 ② 不足一个单位面积,但超过其 50% 时,可按一个单位面积计算
易燃和可燃液体装卸栈台	按栈台长度每 10～15m 设置 1 个	可设置干粉灭火机
液化石油气、可燃气体罐区	按贮罐数量每贮罐设置两个	可设置干粉灭火机

五、初起火灾的扑救

从小到大、由弱到强是大多数火灾的规律。在生产过程中,及时发现并扑救初起火灾,对保障生产安全及生命财产安全具有重大意义。因此,在化工生产中,训练有素的现场人员一旦发现火情,除迅速报告火警之外,应果断地运用配备的灭火器材把火灾消灭在初起阶段,或使其得到有效的控制,为专业消防队赶到现场赢得时间。

1. 生产装置初起火灾的扑救

当生产装置发生火灾爆炸事故时,在场人员应迅速采取如下措施。

① 迅速查清着火部位、着火物质的来源,及时准确地关闭阀门,切断物料来源及各种加热源;开启冷却水、消防蒸汽等,进行有效冷却或有效隔离;关闭通风装置,防止风助火势或沿通风管道蔓延。从而有效地控制火势以利于灭火。

② 带有压力的设备物料泄漏引起着火时,应切断进料并及时开启泄压阀门,进行紧急

放空，同时将物料排入火炬系统或其他安全部位，以利于灭火。

③ 现场当班人员应迅速果断地做出是否停车的决定，并及时向厂调度室报告情况和向消防部门报警。

④ 装置发生火灾后，当班的班长应对装置采取准确的工艺措施，并充分利用现有的消防设施及灭火器材进行灭火。若火势一时难以扑灭，则要采取防止火势蔓延的措施，保护要害部位，转移危险物质。

⑤ 在专业消防人员到达火场时，生产装置的负责人应主动向消防指挥人员介绍情况，说明着火部位、物质情况、设备及工艺状况，以及已采取的措施等。

2. 易燃、可燃液体贮罐初起火灾的扑救

① 易燃、可燃液体贮罐发生着火、爆炸，特别是罐区某一贮罐发生着火、爆炸是非常危险的。一旦发现火情，应迅速向消防部门报警，并向厂调度室报告。报警和报告中需说明罐区的位置、着火罐的位号及贮存物料的情况，以便消防部门迅速赶赴火场进行扑救。

② 若着火罐尚在进料，必须采取措施迅速切断进料。如无法关闭进料阀，可在消防水枪的掩护下进行抢关，或通知送料单位停止送料。

③ 若着火罐区有固定泡沫发生站，则应立即启动该装置。开通着火罐的泡沫阀门，利用泡沫灭火。

④ 若着火罐为压力装置，应迅速打开水喷淋设施，对着火罐和邻近贮罐进行冷却保护，以防止升温、升压引起爆炸，打开紧急放空阀门进行安全泄压。

⑤ 火场指挥员应根据具体情况，组织人员采取有效措施防止物料流散，避免火势扩大，并注意对邻近贮罐的保护以及减少人员伤亡和火势的扩大。

3. 电气初起火灾的扑救

（1）电气火灾的特点　电气设备着火时，着火场所的很多电气设备可能是带电的。扑救带电电气设备时，应注意现场周围可能存在着较高的接触电压和跨步电压；同时还有一些设备着火时是绝缘油在燃烧。如电力变压器、多油开关等设备内的绝缘油，受热后可能发生喷油和爆炸事故，进而使火灾事故扩大。

（2）扑救时的安全措施　扑救电气火灾时，应首先切断电源。切断电源时应严格按照规程要求操作。

① 火灾发生后，电气设备绝缘已经受损，应用绝缘良好的工具操作。

② 选好电源切断点。切断电源地点要选择适当。夜间切断要考虑临时照明问题。

③ 若需剪断电线时，应注意非同相电线应在不同部位剪断，以免造成短路。剪断电线部位应有支撑物支撑电线的地方，避免电线落地造成短路或触电事故。

④ 切断电源时如需电力等部门配合，应迅速联系，报告情况，提出断电要求。

（3）带电扑救时的特殊安全措施　为了争取灭火时间，来不及切断电源或因生产需要不允许断电时，要注意以下几点。

① 带电体与人体保持必要的安全距离。一般室内应大于4m，室外不应小于8m。

② 选用不导电灭火剂对电气设备灭火。机体喷嘴与带电体的最小距离：10kV及以下，大于0.4m；35kV及以下，大于0.6m。

用水枪喷射灭火时，水枪喷嘴处应有接地措施。灭火人员应使用绝缘护具，如绝缘手套、绝缘靴等并采用均压措施。其喷嘴与带电体的最小距离：110kV及以下，大于3m；220kV及以下，大于5m。

③ 对架空线路及空中设备灭火时，人体位置与带电体之间的仰角不超过45°，以防电线断落伤人。如遇带电导体断落地面时要划清警戒区，防止跨步电压伤人。

（4）充油设备的灭火

① 充油设备中，油的闪点多在 130～140℃ 之间，一旦着火，危险性较大。如果在设备外部着火，可用二氧化碳、1211、干粉等灭火器带电灭火。如油箱破坏，出现喷油燃烧，且火势很大时，除切断电源外，有事故油坑的，应设法将油导入油坑。油坑中及地面上的油火，可用泡沫灭火。要防止油火进入电缆沟。如油火顺沟蔓延，这时电缆沟内的火，只能用泡沫扑灭。

② 充油设备灭火时，应先喷射边缘，后喷射中心，以免油火蔓延扩大。

4. 人身着火的扑救

人身着火多数是由于工作场所发生火灾、爆炸事故或扑救火灾引起的。也有因用汽油、苯、酒精、丙酮等易燃油品和溶剂擦洗机械或衣物，遇到明火或静电火花而引起的。当人身着火时，应采取如下措施。

① 若衣服着火又不能及时扑灭，则应迅速脱掉衣服，防止烧坏皮肤。若来不及或无法脱掉应就地打滚，用身体压灭火种。切记不可跑动，否则风助火势会造成严重后果。就地用水灭火效果会更好。

② 如果人身溅上油类而着火，其燃烧速度很快。人体的裸露部分，如手、脸和颈部最易烧伤。此时伤痛难忍，神经紧张，会本能地以跑动逃脱。在场的人应立即制止其跑动，将其搂倒，用石棉布、海草、棉衣、棉被等物覆盖，用水浸湿后覆盖效果更好。用灭火器扑救时，注意不要对着脸部。

在现场抢救烧伤患者时，应特别注意保护烧伤部位，不要碰破皮肤，以防感染。大面积烧伤患者往往会因为伤势过重而休克，此时伤者的舌头易收缩而堵塞咽喉，发生窒息而死亡。在场人员将伤者的嘴撬开，将舌头拉出，保证呼吸畅通。同时用被褥将伤者轻轻裹起，送往医院治疗。

事故案例

[案例 3-1]　某年 8 月，广西壮族自治区某县氮肥厂，2 名工人上班时间脱岗，坐在 90m² 废氨水池上吸烟，引起爆炸，死亡 1 人，重伤 1 人。

[案例 3-2]　某年 3 月，云南省某化工厂停车检修期间，5 名操作工人跟汽车到县里运汽油。汽油运到本厂油库后，工人将大油桶里的汽油往贮槽里倒。倒完几桶后，油库空间汽油蒸气在空气中达到爆炸极限，当用铁扳手打开第 6 桶时，摩擦产生火花，导致爆炸。油库顶盖被掀，围墙炸倒，5 名操作工当场被炸死，在围墙外玩耍的儿童被砸死 2 人，伤 3 人。

[案例 3-3]　某年 9 月，山西省某氮肥厂因煤气洗气塔水垢严重，决定停车修理。停车后未经置换，就派人戴着长管式面具进塔清理污垢，在敲击污垢时，铁器撞击产生火花，引起爆炸，在塔内工作的工人被炸死。

[案例 3-4]　某年 4 月，江苏省某化工厂甲苯贮槽发生着火爆炸，死亡 1 人。查其原因是：当时正在向贮槽内输送甲苯，用的是一个临时泵出口接一根塑料软管，由贮槽顶部采光孔送入，并用采光孔盖板盖住。值班长到顶部检查移动此盖板时，孔口部位形成甲苯-空气混合气已达到爆炸范围，由于震动塑料软管，塑料软管上积累的静电在孔口放电，引起孔口着火并引入贮槽内，导致贮槽着火爆炸。

[案例 3-5]　某年 1 月，山东省济南市某化工厂银粉车间筛干粉工序，由于皮带轮

与螺丝相摩擦产生火花，引起地面散落的银粉燃烧。由于车间狭窄人多，职工又缺乏安全知识，扑救方法不当，而使银粉粉尘飞扬起来，造成空间银粉粉尘浓度增大，达到爆炸极限，引起粉尘爆炸，并形成大火，酿成灾害。死亡 17 人，重伤 11 人，轻伤 33 人，烧毁车间 116m² 以及大量银粉和机器设备，直接经济损失 15 万元，全厂停产 32 天。

[案例 3-6] 某年 6 月，英国尼波洛公司在弗利克斯波洛的年产 70kt 己内酰胺装置发生爆炸。爆炸发生在环己烷空气氧化工段，爆炸威力相当于 45t 梯恩梯（TNT）。死亡 28 人，重伤 36 人，轻伤数百人。厂区及周围遭到重大破坏。经调查是由一根破裂管道中泄漏天然气引起燃烧而发生的。

事故教训：①该厂在拆除 5 号氧化反应器时，为了使 4 号与 6 号连通，要重新接管。原来物料管径 700mm，因缺货而改用 500mm 管径，且用三节组焊成弧形跨管，重新组焊的连通管产生集中应力；②组焊好的管子未经严格检查和试验；③与阀门连接的法兰螺栓未拧紧；④厂内贮存 1500m³ 环己烷、3000m³ 石油、500m³ 甲苯、120m³ 苯和 2m³ 汽油，大大超过安全贮存标准，使事故扩大。

[案例 3-7] 某年 10 月，日本新越化学工业公司直津江化工厂氯乙烯单体生产装置发生了一起重大爆炸火灾事故。伤亡 24 人，其中死亡 1 人。建筑物被毁 7200m²，损坏各种设备 1200 台，烧掉氯乙烯等各种气体 170t。由于燃烧产生氯化氢气体，造成农作物受害面积约 160000m²。

当时生产装置正处于检修状态，要检修氯乙烯单体过滤器，引入口阀门关闭不严，单体由贮罐流入过滤器，无法进行检修，又用扳手去关阀门，因用力过大，阀门支撑筋被拧断。阀门杆被液体氯乙烯单体顶起呈全开状态，4t 氯乙烯单体从贮罐经过过滤器开口处全部喷出，弥漫 12000m² 厂区。值班班长在切断电源时产生火花引起爆炸。

事故教训：①电气设备不防爆；②检修设备时无隔绝、置换措施，以至设备拆开敞口后发现阀门泄漏，实际上阀门已被腐蚀，应更换阀门。

课堂讨论

1. 在化工生产过程中如何避免火灾事故的发生？
2. 在化工生产过程中如何避免爆炸事故的发生？

思考题

1. 何谓燃烧的"三要素"？它们之间的关系如何？
2. 何谓闪燃、着火、自燃？三者有何区别？
3. 何谓轻爆、爆炸、爆轰？三者有何区别？
4. 在化工生产中，工艺参数的安全控制主要指哪些内容？

能力测试题 ▶▶

1. 如何正确选择防爆电气设备？
2. 生产装置的初起火灾应如何扑救？
3. 电气设备火灾如何扑救？

知识目标

1. 掌握工业毒物的分类、毒性影响因素及国家相关标准。
2. 掌握常见工业毒物的危害及其防护措施。
3. 掌握急性中毒现场救护的方法。
4. 熟悉综合防毒措施的基本内容。

能力目标

1. 具有正确使用个体防护设施进行个体防护的能力。
2. 初步具有急性中毒现场急救的能力。

第一节　工业毒物分类及毒性

一、工业毒物及其分类

1. 工业毒物与职业中毒

广而言之，凡作用于人体并产生有害作用的物质都可称之为毒物。而狭义的毒物概念是指少量进入人体即可导致中毒的物质。通常所说的毒物主要是指狭义的毒物。而工业毒物是指在工业生产过程中所使用或产生的毒物。如化工生产中所使用的原材料，生产过程中的产品、中间产品、副产品以及含于其中的杂质，生产中的"三废"排放物中的毒物等均属于工业毒物。

毒物侵入人体后与人体组织发生化学或物理化学作用，并在一定条件下破坏人体的正常生理机能，引起某些器官和系统发生暂时性或永久性的病变，这种病变称之为中毒。在生产过程中由工业毒物引起的中毒即为职业中毒。因此判断是否为"职业中毒"首先应看三个要素是否同时具备，即"生产过程中""工业毒物"和"中毒"，上述三要素是必要条件。

应该指出，毒物的含义是相对的。首先，物质只有在特定条件下作用于人体才具有毒性。其次，物质只要具备了一定的条件，就可能出现毒害作用。如职业中毒的发生，不仅与毒物本身的性质有关，还与毒物侵入人体的途径及数量、接触时间及身体状况、防护条件等多种因素有关。因此在研究毒物的毒性影响时，必须考虑这些相关因素。再次，具体讲某种物质是否有毒，则与它的数量及作用条件有直接关系。例如，在人体内，含有一定数量的铅、汞等物质，但不能说由于这些物质的存在就判定发生了中毒。通常一种物质只有达到中毒剂量时，才能称之为毒物。如氯化钠日常可作为食用，但人一次服用200～250g就可能会致死。此外，毒物的作用条件也很重要，当条件改变时，甚至一般非毒性的物质也会具有毒性。如氯化钠溅到鼻黏膜上会引起溃疡，甚至使鼻中隔穿孔；氮在9.1MPa下有显著的麻醉作用。

2. 工业毒物的分类

化工生产中，工业毒物是广泛存在的。据世界卫生组织的估计，全世界工农业生产中的化学物质约有60多万种。据国际潜在有毒化学物登记中心统计，1976～1979年该中心就登记了33万种化学物，其中许多物质对人体有毒害作用。由于毒物的化学性质各不相同，因此分类的方法很多。以下介绍几种常用的分类。

（1）按物理形态分类

① 气体。指在常温常压下呈气态的物质。如常见的一氧化碳、氯气、氨气、二氧化硫等。

② 蒸气。指液体蒸发、固体升华而形成的气体。前者如苯、汽油蒸气等，后者如熔磷时的磷蒸气等。

③ 烟。又称烟尘或烟气，为悬浮在空气中的固体微粒，其直径一般小于$1\mu m$。有机物加热或燃烧时可产生烟，如塑料、橡胶热加工时产生的烟；金属冶炼时也可产生烟，如炼钢、炼铁时产生的烟尘。

④ 雾。为悬浮于空气中的液体微粒，多为蒸气冷凝或液体喷射所形成。如铬电镀时产生的铬酸雾，喷漆作业时产生的漆雾等。

⑤ 粉尘。为悬浮于空气中的固体微粒，其直径一般大于$1\mu m$，多为固体物料经机械粉碎、研磨时形成或粉状物料在加工、包装、贮运过程中产生。如制造铅丹颜料时产生的铅尘，水泥、耐火材料加工过程中产生的粉尘等。

（2）按化学类属分类

① 无机毒物。主要包括金属与金属盐、酸、碱及其他无机化合物。

② 有机毒物。主要包括脂肪族碳氢化合物、芳香族碳氢化合物及其他有机物。随着化学合成工业的迅速发展，有机化合物的种类日益增多，因此有机毒物的数量也随之增加。

（3）按毒作用性质分类　按毒物对机体的毒作用结合其临床特点大致可分为以下4类。

① 刺激性毒物。酸的蒸气、氯、氨、二氧化硫等均属此类毒物。

② 窒息性毒物。常见的如一氧化碳、硫化氢、氰化氢等。

③ 麻醉性毒物。芳香族化合物、醇类、脂肪族硫化物、苯胺、硝基苯等均属此类毒物。

④ 全身性毒物。其中以金属为多，如铅、汞等。

二、工业毒物的毒性及其危害程度分级

1. 毒性及其评价指标

毒物的剂量与反应之间的关系，用"毒性"一词来表示，毒性反映了化学物质对人体产生有害作用的能力。毒性的计算单位一般以化学物质引起实验动物某种毒性反应所需的剂量表示。对于吸入中毒，则用空气中该物质的浓度表示。某种毒物的剂量（浓度）越小，表示该物质毒性越大。通常用实验动物的死亡数来反映物质的毒性。常用的评价指标有以下

几种。

（1）绝对致死剂量或浓度（LD_{100} 或 LC_{100}） 是指使全组染毒动物全部死亡的最小剂量或浓度；

（2）半数致死剂量或浓度（LD_{50} 或 LC_{50}） 是指使全组染毒动物半数死亡的剂量或浓度，是将动物实验所得的数据经统计处理而得的；

（3）最小致死剂量或浓度（MLD 或 MLC） 是指使全组染毒动物中有个别动物死亡的剂量或浓度；

（4）最大耐受剂量或浓度（LD_0 或 LC_0） 是指使全组染毒动物全部存活的最大剂量或浓度。

上述各种"剂量"通常是以毒物的质量（mg）与动物的体重（kg）之比（即 mg/kg）来表示。"浓度"常用每立方米（或升）空气中所含毒物的量 mg 或 g（即 mg/m^3、g/m^3、mg/L）来表示。

除了上述的毒性评价指标外，下面的指标也反映了物质毒性的某些特点。

（1）慢性阈剂量（或浓度） 是指多次、小剂量染毒而导致慢性中毒的最小剂量（或浓度）。

（2）急性阈剂量（或浓度） 是指一次染毒而导致急性中毒的最小剂量（或浓度）。

（3）毒作用带 是指从生理反应阈剂量到致死剂量的剂量范围。

2. 毒物的急性毒性分级

毒物的急性毒性可根据动物染毒实验资料 LD_{50} 进行分级，据此将毒物分为剧毒、高毒、中等毒、低毒、微毒五级，见表 4-1。

表 4-1 毒物的急性毒性分级

毒物分级	大鼠一次经口 LD_{50}/(mg/kg)	6 只大鼠吸入 4h 死亡 2～4 只的浓度/(μg/g)	兔涂皮时 LD_{50}/(mg/kg)	对人可能致死剂量	
				单位体重剂量/(g/kg)	总量/g(60kg 体重)
剧毒	<1	<10	<5	<0.05	0.1
高毒	1～50	10～100	5～44	0.05～0.5	3
中等毒	50～500	100～1000	44～340	0.5～5	30
低毒	500～5000	1000～10000	340～2810	5～15	250
微毒	5000～15000	10000～100000	2810～22590	>15	>1000

3. 影响毒性的因素

工业毒物的毒性大小或作用特点常因其本身的理化特性、毒物间的联合作用、环境条件及个体的差异等许多因素而异。

（1）物质的化学结构对毒性影响 各种毒物的毒性之所以存在差异，主要是基于其分子化学结构的不同。如在碳氢化合物中，存在以下规律：

① 在脂肪族烃类化合物中，其麻醉作用随分子中碳原子数的增加而增加；

② 化合物分子结构中的不饱和键数量越多，其毒性越大；

③ 一般分子结构对称的化合物，其毒性大于不对称的化合物；

④ 在碳烷烃化合物中，一般而言，直链比支链的毒性大；

⑤ 毒物分子中某些元素或原子团对其毒性大小有显著影响。如在脂肪族碳氢化合物中带入卤族元素、芳香族碳氢化合物中带入氨基或硝基、苯胺衍生物中以氧、硫或羟基置换氢时，毒性显著增大。

（2）物质的物理化学性质对毒性的影响　物质的物理化学性质是多方面的，其中影响人体的毒性作用主要有三个方面。

① 可溶性。毒物（如在体液中）的可溶性越大，其毒性作用越大。如三氧化二砷在水中的溶解度比三硫化二砷大3万倍，故前者毒性大，后者毒性小。应注意，毒物在不同液体中的溶解度不同；不溶于水的物质，有可能溶解于脂肪和类脂肪中。如硫化铅虽不溶于水，但在胃液中却能溶解2.5%；又如氯气易溶于上呼吸道的黏液中，因而氯气对上呼吸道可产生损害；黄丹微溶于水，但易溶于血清中等。

② 挥发性。毒物的挥发性越大，其在空气中的浓度越大，进入人体的量越大，对人体的危害也就越大，毒作用越大。如苯、乙醚、三氯甲烷、四氯化碳等都是挥发性大的物质，它们对人体的危害也严重。而乙二醇的毒性虽高但挥发性小，只为乙醚的1/2625，故严重中毒的事故很少发生。有些物质的毒性本不大，但因为挥发性大，也会具有较大的危害性。

③ 分散度。毒物的颗粒越小，即分散度越大，则其化学活性越强，更易于随人的呼吸进入人体，因而毒作用越大。如锌等金属物质本身并无毒，但加热形成烟状氧化物时，可与体内蛋白质作用，产生异性蛋白而引起发烧，称为"铸造热"。

（3）毒物的联合作用　在生产环境中，现场人员接触到的毒物往往不是单一的，而是多种毒物共存。所以我们必须了解多种毒物对人体的联合作用。毒物联合作用的综合毒性有以下三种情况。

① 相加作用。当两种以上的毒物同时存在于作业场所环境中时，它们的综合毒性为各个毒物毒性作用的总和。如碳氢化合物在麻醉方面的联合作用即属此种情况。

② 相乘作用。即多种毒物联合作用的毒性大大超过各个毒物毒性的总和，又称增毒作用。例如二氧化硫被单独吸入时，多数引起上呼吸道炎症，如果将二氧化硫混入含锌烟雾气溶胶中，就会使其毒性加大一倍以上。一氧化碳和二氧化硫、一氧化碳和氮氧化物共存时也都属于相乘作用。

③ 拮抗作用。即多种毒物联合作用的毒性低于各个毒物毒性的总和。如氨和氯的联合作用即属此类。

此外，生产性毒物与生活性毒物的联合作用也很常见。如嗜酒的人易引起中毒，因为酒精可增加铅、汞、砷、四氯化碳、甲苯、二甲苯、氨基和硝基苯、硝化甘油、氮氧化物以及硝基氯苯等毒物的吸收能力，故接触这类物质的人不宜饮酒。

（4）生产环境和劳动强度与毒性的关系　不同的生产方法影响毒物产生的数量和存在状态，不同的操作方法影响人与毒物的接触机会；生产环境如温度、湿度、气压等的不同也能影响毒物作用。如高温条件可促进毒物的挥发，使空气中毒物的浓度增加；环境中较高的湿度，也会增加某些毒物的毒性，如氯化氢、氟化氢等即属此例；高气压可使溶解于体液中的毒物量增多。

劳动强度对毒物的吸收、分布、排泄均有明显的影响。劳动强度大，则呼吸量也大，能促进皮肤充血，排汗量增多，吸收毒物的速度加快；耗氧量增加，使工人对某些毒物所致的缺氧更加敏感。

（5）个体因素与毒性的关系　在同样条件下接触同样的毒物，往往有些人长期不中毒，而有些人却发生中毒，这是由于人体对毒物的耐受性不同所致。

未成年人由于各器官尚处于发育阶段，抵抗力弱，故不应参加有毒作业；妇女在经期、孕期、哺乳期生理功能发生变化，对某些毒物的敏感性增强。如在经期对苯、苯胺的敏感性就会增强，而在孕期、哺乳期参加接触汞、铅的作业，会对胎儿及婴儿的健康产生不利影响，因此应暂时做其他工作。

患有代谢功能障碍、肝脏及肾脏疾病的人解毒功能大大降低，因此较易中毒。如贫血者接触铅，肝脏疾病患者接触四氯化碳、氯乙烯，肾病患者接触砷，有呼吸系统病变的人接触刺激性气体都较易中毒。

总之，接触毒物后能否中毒受多种因素影响，了解这些因素间相互制约、相互联系的规律，有助于控制不利因素，防止中毒事故的发生。

4. 职业性接触毒物危害程度分级

以毒物的急性毒性、扩散性、蓄积性、致癌性、生殖毒性、致敏性、刺激与腐蚀性、实际危害后果等指标为依据，职业性接触毒物的危害程度分为四级，即极度危害（Ⅰ级）、高度危害（Ⅱ级）、中度危害（Ⅲ级）和轻度危害（Ⅳ级）。

三、工作场所空气中有害因素职业接触限值及其应用

1. 工作场所空气中有害因素职业接触限值

防止职业中毒，关键是控制工作场所即劳动者进行职业活动的全部地点的空气中有害因素职业接触限值。职业接触限值（occupational exposure limit，OEL）是职业性有害因素的接触限制量值，指劳动者在职业活动过程中长期反复接触对机体不引起急性或慢性有害健康影响的容许接触水平。化学因素的职业接触限值可分为时间加权平均容许浓度、最高容许浓度和短时间接触容许浓度三类。

（1）时间加权平均容许浓度（permissible concentration-time weighted average，PC-TWA）　指以时间为权数规定的 8h 工作日 40h 工作周的平均容许接触水平。

（2）最高容许浓度（maximum allowable concentration，MAC）　指工作地点、在一个工作日内、任何时间均不应超过的有毒化学物质的浓度。

定义中的工作地点是指劳动者从事职业活动或进行生产管理过程而经常或定时停留的地点。

（3）短时间接触容许浓度（permissible concentration-short term exposure limit，PC-STEL）　指一个工作日内，在遵守 PC-TWA 前提下任何一次接触不得超过 15min 的时间加权平均的容许接触水平。

需要指出的是，职业接触限值不是一成不变的。在制定以后，随着有关毒理学和工业卫生学资料的积累，结合实施过程中毒物接触者健康状况观察的结果，以及国民经济的发展，技术水平的提高，还会不断地进行修订。我国现行的工作场所空气中有毒物质容许浓度详见《工作场所有害因素职业接触限值第一部分：化学有害因素》GBZ 2.1—2007。

2. 应用职业接触限值时的注意事项

有毒物质的职业接触限值，是用来防止劳动者的过量接触，监测生产装置的泄漏及工作环境污染状况，是评价工作场所卫生状况的重要依据，以保障劳动者免受有害因素的危害。在应用职业接触限值浓度标准对工作场所环境进行危害性评价时，应注意以下问题。

（1）在评价工作场所的污染或个人接触状况时，应按照国家颁布的标准测定方法和有关采样规范进行检测，在无上述规定时，也可用国内外公认的测定方法，使其全面反映工作场所有害因素的污染状况，并正确运用时间加权平均容许浓度、最高容许浓度或短时间接触容许浓度，做出恰当的评价。

（2）时间加权平均容许浓度的应用　要求采集有代表性的样品，按 8h 工作日内各个接

触持续时间与其相应浓度的乘积之和除以8，得出8h的时间加权平均容许浓度。应用个体采样器采样所得到的浓度值，主要适用于评价个人接触状况；工作场所的定点采样（区域采样），主要适用于工作环境卫生状况的评价。

时间加权平均浓度可按下式计算，工作时间不足8h者，仍以8h计

$$E=(C_aT_a+C_bT_b+\cdots+C_nT_n)/8 \tag{4-1}$$

式中，E 为8h工作日接触有毒物质的时间加权平均浓度，mg/m^3；8为一个工作日的工作时间，h；$C_a,C_b,\cdots,C_n$ 为 $T_a,T_b,\cdots,T_n$ 时间段接触的相应浓度；$T_a,T_b,\cdots,T_n$ 为 $C_a,C_b,\cdots,C_n$ 浓度下的相应接触持续时间。

【例4-1】 乙酸乙酯的时间加权平均容许浓度为 $200mg/m^3$，劳动者接触状况为：浓度 $300 mg/m^3$，接触2h；浓度 $160mg/m^3$，接触2h；浓度 $120mg/m^3$，接触4h。代入公式(4-1)，得

$$E=(2\times300+2\times160+4\times120)mg/m^3\div8=175mg/m^3$$

此结果 $<200mg/m^3$，未超过该物质的时间加权平均容许浓度。

【例4-2】 同样是乙酸乙酯，如劳动者接触状况为：浓度 $300mg/m^3$，接触2h；浓度 $200 mg/m^3$，接触2h；浓度 $180mg/m^3$，接触2h；不接触，2h。代入公式(4-1)，得

$$E=(2\times300+2\times200+2\times180+2\times0)mg/m^3\div8=170mg/m^3$$

结果 $<200mg/m^3$，未超过该物质的时间加权平均容许浓度。

（3）短时间接触容许浓度的应用

① 该职业接触限值旨在防止劳动者接触过高的波动浓度，避免引起刺激、急性作用或有害健康影响，要求在监测时间加权平均容许浓度的同时，对浓度变化较大的工作地点，进行监测评价（一般采集接触15min的空气样品；接触时间短于15min时，以15min的时间加权平均浓度计算）。

② 该职业接触限值是与8h时间加权平均容许浓度相配套的一种短时间接触限值，必须符合制定的接触限值或推算出的接触限值。当评价该限值时，即使当日的8h时间加权平均容许浓度符合要求时，仍不应超过短时间接触容许浓度。

③ 对现有毒理学和工业卫生学资料不足以制定短时间接触容许浓度值时，按表4-2推算短时间接触容许浓度（PC-STEL）值。

表 4-2　时间加权平均容许浓度大小与超限倍数关系

PC-TWA 值/(mg/m^3)	<1	$1\sim9$	$10\sim99$	$\geqslant100$
超限倍数	3	2.5	2.0	1.5

【例4-3】 某物质的 PC-TWA 为 $5mg/m^3$，从表4-2查出超限倍数为2.5，则 PC-STEL为 $12.5mg/m^3$。

（4）最高容许浓度的应用　最高容许浓度是对急性作用大、刺激作用强和（或）危害性较大的有毒物质而制定的最高容许接触限值。应根据不同工种和操作地点采集有代表性的空气样品。该职业接触限值要求，工作场所中有毒物质的浓度必须控制在最高容许浓度以下，而不容许超过此限值。

（5）对于标以（皮）字的有毒物质，应积极防止皮肤污染。某些化学物质（如有机磷化

合物、三硝基甲苯等）在工作场所中经皮肤吸收是重要的侵入途径，应采用个人防护措施，防止皮肤的污染。

（6）当工作场所中存在两种或两种以上有毒物质时，若缺乏联合作用资料，应测定各自物质的浓度，并分别按各个物质的职业接触限值进行评价。

（7）当两种或两种以上有毒物质共同作用于同一器官、系统或具有相同的毒性作用（如刺激作用等），或已知这些物质可产生相加作用时，则应按下列公式计算结果，进行评价。

$$\frac{C_1}{L_1} + \frac{C_2}{L_2} + \cdots + \frac{C_n}{L_n} = 1 \tag{4-2}$$

式中，$C_1, C_2, \cdots, C_n$ 为各个物质所测得的浓度；$L_1, L_2, \cdots, L_n$ 为各个物质相应的容许浓度限值。

以此计算出的比值＜1（或＝1）时，表示未超过接触限值，符合卫生要求；反之，当比值＞1时，表示超过接触限值，不符合卫生要求。

【例 4-4】 某生产车间内有苯、甲苯、二甲苯三种物质共存，测出苯的 PC-TWA 浓度为 $3mg/m^3$，甲苯为 $25mg/m^3$，二甲苯为 $30mg/m^3$，这三种物质的 PC-TWA 限值依次为 $6mg/m^3$、$50mg/m^3$ 和 $50mg/m^3$，试判断该车间有毒物质的浓度是否超标。

按式(4-2)计算：

$$(3/6) + (25/50) + (25/50) = 1.6 (>1)$$

结果表明，该车间现有浓度已超过共存物质容许的接触限值。

第二节　工业毒物的危害

毒物对人体的危害不仅取决于毒物的毒性，还取决于毒物的危害程度。毒物的危害程度是指毒物在生产和使用条件下产生损害的可能性，取决于接触方式、接触时间、接触量和防护设备的良好程度等。为了区分工人在进行接触毒物的作业时，有毒物质对工人危害的大小，国家颁布了《有毒作业分级》（GB 12331—90）标准。该标准依据毒物危害程度、有毒作业劳动时间和毒物浓度超标倍数三项指标将有毒作业共分为五级，分别是 0 级（安全作业）、一级（轻度危害作业）、二级（中度危害作业）、三级（高度危害作业）和四级（极度危害作业）。

一、工业毒物进入人体的途径

工业毒物进入人体的途径有三种，即呼吸道、皮肤和消化道，其中最主要的是呼吸道，其次是皮肤，经过消化道进入人体仅在特殊情况下才会发生。

1. 经呼吸道进入

毒物经呼吸道进入人体是最主要、最危险、最常见的途径。因为凡是呈气态、蒸气态或气溶胶状态的毒物均可随时伴随呼吸过程进入人体；而且人的呼吸系统从气管到肺泡都具有相当大的吸收能力，尤其肺泡的吸收能力最强，肺泡壁极薄且总面积大约有 $55\sim120m^2$，其上有丰富的微血管，由肺泡吸收的毒物会随血液循环迅速分布全身；在全部职业中毒者中，大约有 95% 是经呼吸道吸入引起的。

生产性毒物进入人体后，被吸收量的大小取决于毒物的水溶性和血/气分配系数，血/气分配系数是指毒物在血液中的最大浓度与肺泡内气体浓度的比值。毒物的水溶性越大，血/

气分配系数越大，被吸收在血液中的毒物也越多，导致中毒的可能性越大。例如，甲醇的血/气分配系数为1700，乙醇为1300，二硫化碳为5，乙醚为15，苯为6.58。

2. 经皮肤进入

毒物经皮肤进入人体的途径主要有表皮屏障和毛囊，只有少数是通过汗腺导管进入。皮肤本身是人体具有保护作用的屏障，如水溶性物质不能通过无损的皮肤进入人体内。但是当水溶性物质与脂溶性或类脂溶性物质共存时，就有可能通过屏障进入人体。

毒物经皮肤进入人体的数量和速度，除了与毒物的脂溶性、水溶性、浓度和皮肤的接触面积有关外，还与环境中气体的温度、湿度等条件有关，能经过皮肤进入人体的毒物有以下三类。

① 能溶于脂肪或类脂质的物质。此类物质主要是芳香族的硝基、氨基化合物，金属有机铅化合物以及有机磷化合物等，其次是苯、二甲苯、氯化烃类等物质。

② 能与皮肤的脂酸根结合的物质。此类物质如汞及汞盐、砷的氧化物及其盐类等。

③ 具有腐蚀性的物质。此类物质如强酸、强碱、酚类及黄磷等。

3. 经消化道进入

毒物从消化道进入人体，主要是由于不遵守卫生制度，或误服毒物，或发生事故时毒物喷入口腔等所致。这种中毒情况一般比较少见。

二、工业毒物在人体内的分布、生物转化及排出

1. 毒物在人体内的分布

毒物经不同途径进入血液循环，随血液流动分布至全身器官。在最初阶段，血流量丰富的器官，毒物量最高。以后，按不同毒物对各器官的亲和力及对细胞膜的通透能力毒物又重新分布，使某些毒物在某些器官或组织的量相对很高。

毒物在血液中常以不同的状态存在：

① 以物理溶解状态存在于血浆中，其中部分可能以离子状态存在；

② 脂溶性毒物可溶于乳糜粒中或与脂肪酸结合；

③ 毒物与血浆蛋白或血浆内的有机酸结合成复合物；

④ 毒物吸附于红细胞表面或与红细胞某些成分结合；

⑤ 在红细胞内与血红蛋白结合。

有机毒物多属于非电解质，在体内多呈均匀分布，而无机毒物和各种电解质则分布多不均匀。例如，铅主要集中于骨骼，碘对于甲状腺组织具有特殊的亲和力，而一氧化碳则极易与血红蛋白结合。与一氧化碳结合的血红蛋白就是一氧化碳毒作用的部位，而铅集中的骨骼则不是铅毒作用的部位。若毒物对其贮存的部位无明显危害，则该贮存部位被称为贮存库。毒物贮存库对于急性中毒具有保护作用，因为它可避免毒物在毒作用部位浓度升高。贮存库内毒物浓度与血浆内毒物浓度保持相对平衡，当血浆内毒物经生物转化排出时，浓度逐渐降低，此时贮存库内的毒物可释放出来。贮存库能不断地释放毒物，又成为体内提供毒物的来源，这是引起慢性中毒的重要条件。

人体贮存库主要有血浆蛋白、骨骼、脂肪及肝肾。

血浆蛋白 血浆占人体重4%，占血量重53%。血浆中的某些蛋白，特别是白蛋白，能与许多物质结合。结合后所形成的复合物是可逆的，结合部分与游离部分保持动态平衡。如果结合于血浆蛋白上的毒物在短期内大量被置换出来，将引起严重的毒作用。

骨骼　骨骼对外来离子的吸收和释放，主要发生于骨骼的表面，即在羟基磷灰石结晶的表面。这表面与体液内离子进行交换，并且逐步由晶体表面转移到晶格的深部，固定在骨组织内。已知在元素周期表内有半数元素可进入骨组织。存在于骨内的离子一般对骨无害，但有例外，如氟沉积可引起氟骨症。

脂肪　许多毒物及其脂溶性代谢物均可贮存于生物体的脂肪组织。贮存的毒物对脂肪本身无影响，但在一定条件下可重新释放，引起慢性中毒。

肝肾　肝肾是体内主要的代谢和排泄器官，许多毒物在肝肾内均有较高的浓度。这可能和肝肾内的主动运输及细胞内的结合能力有关。例如，锌、镉、汞、铅等都能在肝或肾细胞内与含硫基氨基酸的蛋白结合，所形成的复合物称为金属硫蛋白。它可与多种金属结合，结合后使金属毒性减小。因此当金属硫蛋白有足够贮备量时，对肾有保护作用。

在接触毒物时，由于吸收量超过排泄量，就会出现毒物在体内增多的现象，称蓄积，是引起慢性中毒的物质基础。某些毒物因解毒或排泄较快，故在每次停止接触后不久，在体内就找不到该毒物或其代谢物。但由于多次接触，造成机体功能损害，并缓慢加重，出现慢性中毒。所以，曾把蓄积分为物质蓄积和功能蓄积。

2. 毒物的生物转化

进入体内的毒物，有的可直接损害细胞的正常生理和生化功能，而多数毒物在体内需经过转化才能发挥其毒性作用。所以，一种毒物引起的中毒，可因其本身的毒性，也可因其在体内转化成有毒的代谢产物所致。毒物的生物转化又称代谢转化，是指毒物在体内转化形成某些代谢产物；这些产物一般具有较高的极性和水溶性，容易排出体外。

生物转化过程一般分为两步进行：第一步包括氧化、还原和水解，三者可以任意组合；第二步为结合。经过第一步作用后，许多毒物水溶性增强，在经过第二步反应，与某些极性强的物质（如葡萄糖醛酸、硫酸等）结合，增强其水溶性和极性，以利排出。

一般而言，生物转化是一个解毒过程，但也有些化合物，经转化后的代谢产物比原来物质毒性更大，称为代谢活化。例如，对硫磷经氧化脱硫后，产生的对氧磷抑制胆碱酯酶的能力比对硫磷大 300 倍；四乙基铅经脱烷基形成三乙基铅才发生毒性作用的；硝基苯的还原产物和苯胺的氧化产物都包括有苯基羟胺，它们的毒性比硝基苯和苯胺大得多，是最强的高铁血红蛋白形成剂。

3. 毒物的排出

人体内毒物的排出，有的是以其原型排出，有的则是经过生物转化形成一种或几种代谢产物排出体外。主要排出途径是肾、肝胆、肺，其次是汗腺、唾液腺、乳汁等。

（1）经肾排出　肾是人体内毒物排出的最主要途径。排毒机理有三个过程：肾小球过滤、肾小管扩张及肾小管分泌。其中肾小球过滤对毒物的排出最有意义。

肾小球是多孔性的，依靠由血压所形成的静压力将毒物滤出。一般相对分子质量过大的物质或与蛋白分子结合的毒物不能滤出。因此，毒物从肾小球滤出主要是取决于相对分子质量的大小，其次是肾小球内的静压力。肾小球滤液内毒物的浓度大致等于血浆中游离毒物的浓度。

毒物从肾小球滤出后可能随尿排出，也可能经肾小管细胞被动吸收。这种重吸收是一种简单的扩散，脂/水分配系数较大的物质易于重吸收，而极性物质及离子难于重吸收而随尿液排出。

尿液中毒物浓度与血液中的浓度密切相关。测定尿液中毒物或其代谢物的浓度，可间接衡量毒物的吸收或体内负荷。停止接触毒物后，血液中毒物浓度即可降低，尿液测定结果亦随之下降，而实际上在贮存库中仍可能含有大量毒物，这种情况下尿液中毒物浓度不能代表体内负荷水平。

（2）经肝胆排出　体内毒物及其代谢产物主要以主动运输方式经肝脏排入胆囊。随胆汁排出的物质是一些高极性的化合物，与血浆蛋白结合或与葡萄糖醛酸、硫酸等结合的毒物，即使相对分子质量大于 300 也能排出，铅、锰、镉、砷等均主要从肝脏排至胆汁而随粪便排泄。铅可逆浓度梯度运输，当胆汁/血浆的铅浓度比达 150/50 时，仍可排出。

有些毒物随胆汁进入小肠后，部分随粪便排出体外，部分又可重新经小肠黏膜吸收，入血进入门脉系统回到肝脏，这种现象称为肠肝循环。

粪便中的毒物可来自肝脏排入胆汁的毒物，也可来自经口吞入或从呼吸道排出再咽下的毒物。例如，体内的铅主要经肝胆排出，但粪铅也来自咽下的痰液和铅污染的食物；粪锰除来自胆汁外，也可来自含锰食物。因此，粪铅和粪锰均不能代表职业接触水平和体内的负荷情况。

（3）经肺排出　经呼吸道吸收的有毒气体以及溶解于血液中的挥发性毒物均可经肺排出。排出的方式是简单的扩散。排出的速度取决于血浆和肺泡气内毒物的浓度梯度。血/气分配系数小的毒物排出较快；降低肺泡气中毒物的浓度可加快毒物的排出。因此，当发生有毒气体或挥发性毒物急性中毒时，应立即将病人移至新鲜空气处，不仅能停止继续吸收毒物，而且有利于排毒。

（4）其他排出途径　毒物可经乳汁排除，这种排出途径对后代有重要影响。毒物也可经唾液腺及汗腺排出，但其量甚微。头发和指甲不是身体的排泄器官，但有些毒物如砷、汞、铅、锰等可富集于此，且与接触量有一定关系。因此已有利用毛发中毒物浓度，作为吸收或接触指标。

总之，毒物通过不同途径排出是一种解毒方式，然而在毒物排出时，有时可对排出部位产生毒作用。例如，肾排出镉和汞可引起肾小管的损害，砷从汗腺排出可引起皮炎，汞通过唾液腺排出可引起口腔炎等。

三、职业中毒的类型

1. 急性中毒

急性中毒是由于在短时间内有大量毒物进入人体后突然发生的病变。具有发病急、变化快和病情重的特点。急性中毒可能在当班或下班几个小时内最多 1～2 天内发生，多数是因为生产事故或工人违反安全操作规程所引起的。如一氧化碳中毒。

2. 慢性中毒

慢性中毒是指长时间内有低浓度毒物不断进入人体，逐渐引起的病变。慢性中毒绝大部分是蓄积性毒物所引起的，往往在从事该毒物作业数月、数年或更长时间才出现症状，如慢性铅、汞、锰等中毒。

3. 亚急性中毒

亚急性中毒是介于急性与慢性中毒之间，病变较急性的时间长，发病症状较急性缓和的中毒。如二硫化碳、汞中毒等。

四、职业中毒对人体系统及器官的损害

职业中毒可对人体多个系统或器官造成损害，主要包括神经系统、血液和造血系统、呼

吸系统、消化系统、肾脏及皮肤等。

1. 神经系统

（1）神经衰弱症候群 绝大多数慢性中毒的早期症状是神经衰弱症候群及植物性神经紊乱。患者出现全身无力，易疲劳，记忆力减退，睡眠障碍，情绪激动，思想不集中等症状。

（2）神经症状 如二硫化碳、汞、四乙基铅中毒，可出现狂躁、忧郁、消沉、健谈或寡言等症状。

（3）多发性神经炎 主要损害周围神经，早期症状为手脚发麻疼痛，以后发展到动作不灵活。如二硫化碳、砷或铅中毒，目前已少见。

2. 血液和造血系统

（1）血细胞减少 早期可引起血液中白细胞、红细胞及血小板数量的减少，严重时导致全血降低，形成再生障碍性贫血。经常出现头昏、无力、牙龈出血、鼻出血等症状。如慢性苯中毒、放射病等。

（2）血红蛋白变性 如苯胺、一氧化碳中毒等可使血红蛋白变性，造成血液运氧功能障碍，出现胸闷、气急、紫绀等症状。

（3）溶血性贫血 主要见于急性砷化氢中毒。

3. 呼吸系统

（1）窒息 如一氧化碳、氰化氢、硫化氢等物质导致的中毒。轻者可出现咳嗽、胸闷、气急等症状，重者可出现喉头痉挛、声门水肿等症状，甚至可出现窒息死亡。有的能导致呼吸机能瘫痪窒息，如有机磷中毒。

（2）中毒性水肿 吸入刺激性气体后，改变了肺泡壁毛细血管的通透性而发生肺水肿。如氮氧化物、光气等物质导致的中毒。

（3）中毒性支气管炎、肺炎 某些气体如汽油等可作用于气管、肺泡引起炎症。

（4）支气管哮喘 多为过敏性反应，如苯二胺、乙二胺等导致的中毒。

（5）肺纤维化 某些微粒滞留在肺部可导致肺纤维化，如铍中毒。

4. 消化系统

经消化系统进入人体的毒物可直接刺激、腐蚀胃黏膜产生绞痛、恶心、呕吐、食欲不振等症状。非经消化系统中毒者有时也会出现一些消化道症状，如四氯化碳、硝基苯、砷、磷等物质导致的中毒。

5. 肾脏

由于多种物质是经肾脏排出，对肾脏往往产生不同程度的损害，出现蛋白尿、血尿、浮肿等症状，如砷化氢、四氯化碳等引起的中毒性肾病。

6. 皮肤

皮肤接触毒物后，由于刺激和变态反应可发生瘙痒、刺痛、潮红、瘢丘疹等各种皮炎和湿疹，如沥青、石油、铬酸雾、合成树脂等对皮肤的作用。

五、常见工业毒物及其危害

1. 金属与类金属毒物

（1）铅（Pb） 铅在工业生产中应用广泛，其化合物种类很多，在工业生产中接触铅的人数多，因此铅中毒是主要的职业病之一。

① 理化性质。铅为蓝灰色金属，熔点 327℃，沸点 1525℃，加热至 400～500℃时可产

生大量铅蒸气。PC-TWA 限值：铅烟 $0.03mg/m^3$，铅尘 $0.05mg/m^3$。

② 危害。铅及其化合物主要从呼吸道进入人体，其次为消化道。工业生产中以慢性中毒为主。初期感觉乏力、肌肉、关节酸痛，继而可出现腹隐痛、神经衰弱等症状。严重者可出现腹绞痛、贫血、肌无力和末梢神经炎，病情涉及神经系统、消化系统、造血系统及内脏。由于铅是蓄积性毒物，中毒后对人体造成长期影响。

③ 预防措施。应严格控制车间空气中的铅浓度，使之达到国家卫生标准；生产过程要尽量实现机械化、自动化、密闭化；生产环境及生产设备要采取通风净化措施；注重工艺改革，尽量减少铅物料的使用；生产中要养成良好的卫生习惯，不在车间内吸烟、进食，饭前洗手、班后淋浴，并注意及时更换和清洗工作服。

（2）汞（Hg）　汞在工业中应用广泛，如食盐电解、塑料、染料、毛皮加工等工业中均有接触汞的生产过程。

① 理化性质。汞为银白色液态金属，熔点 $-38.9℃$，沸点 $356.9℃$，在常温下即可蒸发。汞液洒落在桌面或地面上会分散成许多小汞珠，增加了蒸发面积。汞蒸气可吸附于墙壁、地面及衣物等形成二次毒源。汞溶于稀硝酸及类脂质，不溶于水及有机溶剂。PC-TWA 限值：金属汞（蒸气）为 $0.02mg/m^3$，有机汞化合物为 $0.01mg/m^3$。

② 危害。生产过程中金属汞主要以蒸气状态经呼吸道进入人体。可引起急性和慢性中毒。急性中毒多由于意外事故造成大量汞蒸气散逸引起，发病急，有头晕、乏力、发热、口腔炎症及腹痛、腹泻、食欲不振等症状。慢性中毒较为常见，最早出现神经衰弱综合征，表现为易兴奋、激动、情绪不稳定。震颤为汞毒性的典型症状，严重时发展为粗大意向震颤并波及全身。少数患者出现口腔炎、肾脏及肝脏损害。

③ 预防措施。采用无汞生产工艺，如无汞仪表，食盐电解时采用隔膜电极代替汞电极；注意消除流散汞及吸附汞，以降低车间空气中的汞浓度；患有明显口腔炎、慢性肠道炎、肝、肾、神经症状等疾病者均不宜从事汞作业；其他参见铅的预防措施。

（3）锰（Mn）　锰及其化合物在工业中应用广泛。在电焊作业、干电池、塑料、油漆、染料、合成橡胶、鞣皮等工业中均有接触锰的生产过程。

① 理化性质。锰为浅灰色硬而脆的金属。熔点 $1260℃$，沸点 $2097℃$，易溶于稀酸。PC-TWA 限值（换算为二氧化锰）为 $0.15mg/m^3$。

② 危害。锰及其化合物的毒性各不相同，化合物中锰的原子价越低毒性越大。生产中主要以锰烟和锰尘的形式经呼吸道进入人体而引起中毒。工业生产中以慢性中毒为主，多因吸入高浓度锰烟和锰尘所致。在锰粉、锰化合物及干电池生产过程中发病率较高。发病工龄短者半年，长者 10～20 年。轻度及中度中毒者表现为失眠，头痛，记忆力减退，四肢麻木，轻度震颤，易跌倒，举止缓慢，感情淡漠或冲动。重度中毒者出现四肢僵直，动作缓慢笨拙，语言不清，写字不清，智能下降等症状。

③ 预防措施。必要时可戴防尘口罩；其他参见铅的预防措施。

（4）铍（Be）

① 理化性质。银灰色轻金属，熔点 $1284℃$，沸点 $2970℃$，铍质轻、坚硬，难溶于水，可溶于硫酸、盐酸和硝酸。PC-TWA 限值为 $0.0005mg/m^3$，PC-STEL 限值为 $0.001mg/m^3$。

② 危害。铍及其化合物为高毒物质，可溶性化合物毒性大于难溶性铍化合物，毒性最大者为氟化铍和硫酸铍。主要以粉尘或烟雾的形式经呼吸道进入人体，也可经破损的皮肤进入人体而起局部作用。急性铍中毒很少见，多由于短时间内吸入大量可溶性铍化合物引起，

3～6h后出现中毒症状，以急性呼吸道化学炎症为主，严重者出现化学性肺水肿和肺炎。慢性铍中毒主要是吸入难溶性铍化合物所致，接触5～10年后可发展为铍肺，表现为呼吸困难、咳嗽、胸痛，后期可发生肺水肿、肺原性心脏病。铍中毒可引起皮炎，可溶性铍可引起铍溃疡和皮肤肉芽肿。铍及其化合物还可引起黏膜刺激，如眼结膜炎、鼻咽炎等，脱离接触后可恢复。铍及其化合物为确定的人类致癌物。

③ 预防措施。参见铅的预防措施。

2. 有机溶剂

（1）苯（C_6H_6）　苯在工、农业生产中使用广泛，如化工中的香料、合成纤维、合成橡胶、合成洗涤剂、合成染料、酚、氯苯、硝基苯的生产以及使用溶剂和稀释剂如喷漆、制鞋、绝缘材料等行业中均有接触苯的生产过程。

① 理化性质。苯是一种有特殊香味无色透明的液体；沸点80.1℃，闪点−15～10℃；爆炸极限范围1.3%～9.5%；易蒸发，溶于水，易溶于乙醚、乙醇、丙酮等有机溶剂；苯蒸气与空气的相对密度为2.8；PC-TWA限值为$6mg/m^3$，PC-STEL为$10mg/m^3$。煤焦油分馏或石油裂解均可产生苯。

② 危害。生产过程中的苯主要经过呼吸道进入人体，经皮肤仅能进入少量。苯可造成急性中毒和慢性中毒。急性苯中毒是由于短时间内吸入大量苯蒸气引起，主要表现为中枢神经系统的症状。初期有黏膜刺激，随后可出现兴奋或酒醉状态以及头痛、头晕等现象。重症者除上述症状外还可出现昏迷，谵妄，阵发性或强直性抽搐，呼吸浅表，血压下降，严重时可因呼吸和循环衰竭而死亡。慢性苯中毒主要损害神经系统和造血系统，症状为神经衰弱综合征，有头晕、头痛、记忆力减退、失眠等，在造血系统引起的典型症状为白血病和再生障碍性贫血。苯为确定人类致癌物。

③ 预防措施。苯中毒的防治应采取综合措施。有些生产过程可用无毒或低毒的物料代替苯，如使用无苯稀料、无苯溶剂、无苯胶等；在使用苯的场所应注意加强通风净化措施；必要时可使用防苯口罩等防护用品；手接触苯时应注意皮肤防护。

📑 事故案例分析

苯中毒事故

上海市某县××乡××村皮鞋厂女工俞××，21岁，因月经过多，于1985年4月17日至乡卫生院门诊，治疗无效，4月19日至县中心医院就诊后，遵医嘱于4月21日去该院血液病门诊就医。是日因出血不止，收治入院。骨髓检查后诊断为再生障碍性贫血（以下简称"再障"）。5月8日因大出血死亡。

5月9日举行追悼会。与会同车间部分工人联想到自己也有类似症状。其中有两名女工在5月10日到县中心医院就诊，分别诊断为上消化道出血，再生障碍性贫血及白血病（以后诊断为再生障碍性贫血，但仍未考虑到职业危害因素）。

上述两位病员住院后，引起车间工人、乡及厂领导的重视，组织全体工人去乡卫生院体检，发现血白细胞计数减少者较多。乡卫生院即向县卫生防疫站报告。此后由县、市卫生防疫站、有关医院、市劳动卫生职业病研究所等单位组织开展调查研究。调查结果如下。

1. 该厂制帮车间生产过程中，鞋帮坯料用胶水黏合，缝制、制成鞋帮。制帮车间面

积为 $56m^2$，高 $3m$。冬季门窗紧闭。制帮用红胶含纯苯 91.2%，每日消耗苯 $9kg$ 以上，均蒸发在此车间内。调查中用甲苯模拟生产过程，测得车间中甲苯空气浓度为标准（$100mg/m^3$）的 36 倍。而苯比甲苯更易挥发，其卫生标准比甲苯低 2.5 倍。故推测实际生产时，苯的浓度可能更高。

2. 经体检确诊为苯中毒者共 18 人（其中包括生前未被诊断苯中毒的死亡 1 例），其中制帮车间 14 人，重度慢性苯中毒 7 人。

对该厂的职业卫生与职业医学服务情况调查结果如下。

1. 该厂于 1982 年 4 月投产。投产前尚未向卫生防疫站申报，故未获得必要的卫生监督。接触苯作业的工人均未进行就业前体格检查。该厂无职业卫生宣传教育。全厂干部和工人几乎都不知道黏合用的胶水有毒。全部中毒者均有苯中毒的神经或血液系统症状，但仅 7 人在中毒死亡事故发生之前就诊，其余 11 人直至事故发生后由厂组织体检时才就医，致使发生症状至就诊的间隔时间平均长达半年左右。

2. 该厂苯作业工人无定期体检制度。上述 7 名在事故发生前即因苯中毒症状就诊者，平均就诊 2 次，分别被诊断为贫血、再障、白血病或无诊断，只给对症处理药物。

本次重大事故的主要原因归纳起来有以下三方面。

其一，厂方应在投产前未向当地卫生防疫部门申报，未获得必要的卫生监督。由于该厂未作申报，故卫生部门不可能了解其生产原料、生产方式和生产过程中可能存在的职业危害因素。接触苯作业工人都未进行就业前体检和定期体检等医疗服务，也未定期测定作业环境中苯的浓度，致使工人在厂房设备简陋、无任何通风防毒设施的环境中生产。

其二，缺乏职业卫生和安全宣传教育工作，也是本事故的重要原因之一。

其三，乡村人口服务的乡、县医院的医务人员缺乏应有的职业医学知识。如果在较短的时间内连续发现数名来自同一工厂（车间）患同种疾病的职工，就应考虑该疾病可能与职业因素有关。本事故在死亡病例发生前，曾有一医生怀疑此病症状与职业有关，但未能进一步进行现场调查。追悼会后，另有两名职工也去县医院就诊，也分别诊断为上消化道出血、再生障碍性贫血，然而中毒事故仍未能及时发现。

（2）甲苯（$C_6H_5CH_3$）　甲苯大量地用来代替苯作为溶剂和稀释剂，工业上用来制造炸药、苯甲酸、合成涤纶以及作为航空汽油添加剂。

① 理化性质。甲苯为无色具有芳香气味的液体；沸点 $100.6℃$，不溶于水，溶于酒精、乙醚等有机溶剂；闪点 $6\sim30℃$，爆炸极限范围 $1\%\sim7.6\%$。甲苯蒸气与空气的相对密度为 3.9。其 PC-TWA 限值为 $50mg/m^3$。

② 危害。甲苯毒性较低，属低毒类。工业生产中甲苯主要以蒸气态经呼吸道进入人体，皮肤吸收很少。急性中毒表现为中枢神经系统的麻醉作用和植物性神经功能紊乱症状，眩晕、无力、酒醉状、血压偏低、咳嗽、流泪，重者有恶心、呕吐、幻觉甚至神志不清。慢性中毒主要因长期吸入较高浓度的甲苯蒸气所引起，可出现头晕、头痛、无力、失眠、记忆力减退等现象。

③ 预防措施。参见苯的预防措施。

（3）二甲苯 $[C_6H_4(CH_3)_2]$　工业应用同甲苯。

①理化性质。二甲苯沸点 138.2～144.4℃，不溶于水，溶于酒精、乙醚等有机溶剂；闪点 29℃，爆炸极限范围 1%～7.6%。二甲苯蒸气与空气的相对密度为 3.7；二甲苯有三种异构体，且理化性质相似。PC-TWA 限值为 50mg/m³。

②危害。同甲苯。

③预防措施。参见苯的预防措施。

（4）汽油　汽油主要用作交通运输工具的燃料，橡胶、油漆、燃料、印刷、制药、黏合剂等工业中用汽油作为溶剂，在衣物的干洗及机器零件的清洗中作为去油剂。在石油炼制、汽油的运输及贮存过程中均可接触汽油。

①理化性质。汽油为无色或浅黄色具有特殊臭味的液体；易挥发、易燃易爆，闪点 30℃，爆炸极限范围 1%～6%；汽油蒸气与空气的相对密度为 3～3.5；易溶于苯、醇等有机溶剂，难溶于水。

②危害。主要以蒸气形式经呼吸道进入人体，皮肤吸收很少。当汽油中不饱和烃、芳香烃、硫化物等含量增多时，毒性增大。汽油可引起急性和慢性中毒。急性中毒症状较轻时可有头晕、头痛、肢体震颤、精神恍惚、流泪等现象，严重者可出现昏迷、抽搐、肌肉痉挛、眼球震颤等症状。高浓度时可发生"闪电样"死亡。当用口吸入汽油而进入肺部时可导致吸入性肺炎。慢性中毒可引起如倦怠、头痛、头晕、步态不稳、肌肉震颤、手足麻木等症状，也可引起消化道、血液系统的病症。

③预防措施。应采用无毒或低毒的物质代替汽油作溶剂；给汽车加油时应使用抽油器，工作场所应注意通风。

（5）二硫化碳（CS₂）　二硫化碳用于人造纤维、玻璃纸及四氯化碳的生产过程，用作橡胶、脂肪等的溶剂。

①理化性质。二硫化碳纯品为易挥发无色液体，工业品为黄色，有臭味。沸点 46.3℃，易燃易爆，爆炸极限范围 1%～50%，自燃点 100℃。几乎不溶于水，溶于强碱，能与乙醇、醚、苯、氯仿、油脂等混溶。腐蚀性强。二硫化碳蒸气与空气的相对密度为 2.6。PC-TWA 限值为 5mg/m³。二硫化碳是煤焦油的分馏产物。

②危害。主要经呼吸道进入人体，可引起急性和慢性中毒，主要对神经系统造成损害。急性中毒主要由事故引起，轻者表现为酒醉状、头晕、头痛、眩晕、步态蹒跚及精神症状；重者先呈现兴奋状态，后出现谵妄、意识丧失、瞳孔反射消失，乃至死亡。慢性中毒除出现上述较轻症状外，还出现四肢麻木、步态不稳，并可对心血管系统、眼部、消化道系统产生损害。

③预防措施。黏胶纤维生产中使用二硫化碳较多，应采取通风净化措施。在检修设备、处理事故时应戴防毒面具。

（6）四氯化碳（CCl₄）　四氯化碳在工业中用于制造二氯二氟甲烷和三氯甲烷，也可用作漆、脂肪、橡胶、硫黄、树脂的溶剂，在香料制造、电子零件脱脂、纤维脱脂等生产过程中也可接触到四氯化碳。

①理化性质。四氯化碳为无色、透明、易挥发、有微甜味的油状液体，熔点 −22.9℃，沸点 76.7℃，不易燃，遇火或热的表面可分解为二氧化碳、氯化氢、光气和氯气。微溶于水，易溶于有机溶剂。PC-TWA 限值为 15mg/m³。

②危害。四氯化碳蒸气主要经呼吸道进入人体，液体和蒸气均可经皮肤吸收，可引起急性和慢性中毒。乙醇可促进四氯化碳的吸收，故饮酒可以加重中毒症状。吸入高浓度蒸气可引起急性中毒，可迅速出现昏迷、抽搐，严重者可突然死亡。接触较高浓度四氯化碳蒸气可引起眼、鼻、呼吸道刺激症状，也可损害肝、肾、神经系统。长期接触中等浓度四氯化碳可有头昏、眩晕、疲乏无力、失眠、记忆力减退等症状，少数患者可引起肝硬变、视野减

小、视力减退等。皮肤长期接触可引起干燥、脱屑、皲裂。四氯化碳为可疑的人类致癌物。

③ 预防措施。生产设备应加强密闭通风，避免四氯化碳与火焰接触。接触较高浓度四氯化碳时应戴供氧式或过滤式呼吸器，操作中应穿工作服，戴手套。接触四氯化碳的工人不宜饮酒。

3. 苯的硝基、氨基化合物

（1）苯胺（$C_6H_5NH_2$） 苯胺广泛用于印染、染料制造、橡胶、塑料、制药等工业。

① 理化性质。苯胺又称阿尼林油，纯品为无色油状液体，久置成棕色，有特殊臭味。熔点$-6.2℃$，沸点$184.3℃$，闪点$79℃$，爆炸下限1.58%。中等程度溶于水，能与苯、乙醇、乙醚等混溶。PC-TWA限值为$3mg/m^3$。

② 危害。工业生产中苯胺以皮肤吸收而引起中毒为主，液体和蒸气均能经皮肤吸收，此外还可经呼吸道和消化道进入人体。苯胺中毒主要对中枢神经系统和血液造成损害（苯胺进入人体内，可促使高铁血红蛋白的形成，使血红蛋白失去携氧能力，造成缺氧症状），可引起急性和慢性中毒。急性中毒较轻者感觉头痛、头晕、无力、口唇青紫，严重者进而出现呕吐、精神恍惚、步态不稳以至意识消失或昏迷等现象。慢性中毒者最早出现头痛、头晕、耳鸣、记忆力下降等症状。皮肤经常接触苯胺时可引起湿疹、皮炎。

③ 预防措施。生产场所应采取通风净化措施，操作中要注意皮肤防护。

（2）三硝基甲苯〔$CH_3C_6H_2(NO_2)_3$〕 三硝基甲苯作为炸药而广泛用于国防、采矿、隧道工程，在生产及包装过程中均可产生大量粉尘和蒸气。

① 理化性质。三硝基甲苯有六种异构体，通常指2,4,6-三硝基甲苯，简称TNT，常温下为淡黄色针状晶体；熔点$82℃$，沸点$240℃$，易溶于氯仿、四氯化碳、醚等溶剂中；突然受热易爆炸，在$160℃$下生成气态分解产物，接触日光后对摩擦、冲击敏感而更具危险性；PC-TWA限值为$0.2mg/m^3$。

② 危害。在生产过程中三硝基甲苯主要经皮肤和呼吸道进入人体，且以皮肤吸收更为重要。高温环境下皮肤暴露较多并有汗液时，可加速吸收过程。三硝基甲苯的毒作用主要是对眼晶体、肝脏、血液和神经系统的损害。晶体损害以中毒性白内障为主要现象，这是接触该毒物的人最常见、最早出现的症状。对肝脏的损害是使其排泄功能、解毒功能变差。生产中以慢性中毒为常见，中毒者表现为眼部晶体混浊，并发展为白内障，肝脏可出现压痛、肿大、功能异常。

③ 预防措施。生产场所应采取通风净化措施，操作中要注意皮肤防护，应注意使用好防护用品，操作后洗手，班后淋浴。

4. 窒息性气体

窒息性气体分为三类。第一类为单纯窒息性气体，其本身毒性很小或无毒，但由于它们的大量存在而降低了氧含量，人因为呼吸不到足够的氧而使机体窒息，属于这类的窒息性气体有氮气、氩气、氖气、甲烷、乙烷等；第二类为血液窒息性气体，这类气体主要对红血球的血红蛋白发生作用，阻碍血液携带氧的功能及在组织细胞中释放氧的能力，使组织细胞得不到足够的氧而发生机体窒息，一氧化碳即属此类物质；第三类为细胞窒息性气体，这类气体主要因其毒作用而妨碍细胞利用氧的能力，从而造成组织细胞缺氧而产生所谓"内窒息"，硫化氢、氰化氢气体即属此类物质。

（1）一氧化碳（CO） 是工业生产中最常见的有毒气体之一。在化工、炼钢、炼铁、炼焦、采矿爆破、铸造、锻造、炉窑、煤气发生炉等作业过程中均可接触一氧化碳。

① 理化性质。一氧化碳为无味、无色、无臭的气体，与空气的相对密度为0.967；可溶于

氨水、乙醇、苯和醋酸；爆炸极限 12.5% ~ 74.2%。在非高原，其 PC-TWA 限值为 20 mg/m³，PC-STEL 限值为 30mg/m³。在海拔 2000~3000m 高原，其 MAC 值为 20mg/m³，在海拔 3000m 以上高原，其 MAC 值为 15mg/m³。

② 危害。一氧化碳主要经呼吸道进入人体，与血液中血红蛋白的结合能力极强，当空气中一氧化碳体积含量约为 700×10^{-6}（$700\mu L/L$）时，血液携带氧的能力便下降一半，可见其毒性之剧。在工业生产中一氧化碳主要造成急性中毒，按严重程度可分为三个等级：轻度中毒者表现为头痛、头晕、心悸、恶心、呕吐、四肢无力等症状，脱离中毒环境几小时后症状消失。中度中毒者除上述症状外，还会出现面色潮红、黏膜成樱桃红色、全身疲软无力，步态不稳，意识模糊甚至昏迷，若抢救及时，数日内可恢复。重度中毒者往往是因为中度中毒患者继续吸入一氧化碳而引起，此时可在前述症状后发展为昏迷。此外，在短期内吸入大量一氧化碳也可造成重度中毒，这时患者无任何不适感就很快丧失意识而昏迷，有的甚至立即死亡。重度中毒者昏迷程度较深，持续时间可长达数小时，且可并发休克、脑水肿、呼吸衰竭、心肌损害、肺水肿、高热、惊厥等症状，治愈后常有后遗症。

③ 预防措施。凡产生一氧化碳的设备应严格执行检修制度，以防泄漏；凡有一氧化碳存在的车间应加强通风，并安装报警仪器；处理事故或进入高浓度场所应戴呼吸防护器；正常生产过程中应及时测定一氧化碳浓度，并严格控制操作时间。

（2）氰化氢（HCN） 在氰化氢的生产制备、制药、化纤、合成橡胶、有机玻璃、塑料、电镀、冶金、炼焦等工业中均有接触氰化氢的生产过程。

① 理化性质。为无色液体或气体，沸点 26℃，液体易蒸发为带有杏仁气味的蒸气，其蒸气与空气的相对密度为 0.94，可与乙醇、苯、甲苯、乙醚、甘油、氯仿、二氯乙烷等物质互溶；其水溶液呈弱酸性，称为氢氰酸；氰化氢气体与空气混合可燃烧，爆炸极限范围 6%~40%；其 MAC 限值为 1.0mg/m³。

② 危害。生产条件下氰化氢气体或其盐类粉尘主要经呼吸道进入人体，浓度高时也可经皮肤吸收。氰化氢气体进入人体后，可迅速作用于全身各组织细胞，抑制细胞内呼吸酶的功能，使细胞不能利用氧气而造成全身缺氧窒息，并称之为"细胞窒息"。

氰化氢毒性剧烈，很低浓度吸入时就可引起全身不适，严重者可死亡。在短时间内吸入高浓度的氰化氢气体可使人立即停止呼吸而死亡，并称之为"电击型"死亡。生产条件下此种情况少见。若氰化氢浓度较低，中毒病情发展稍缓慢，可分为四个阶段。前驱期，先出现眼部及上呼吸道黏膜刺激症状，如流泪、流涎、口中有苦杏仁味，继而出现恶心、呕吐、震颤等症状；呼吸困难期，表现为呼吸困难加剧，视力及听力下降，并有恐怖感；痉挛期，意识丧失，出现强直性、阵发性痉挛，大小便失禁，皮肤黏膜呈鲜红色；麻痹期，为中毒的终末状态，全身痉挛停止，患者深度昏迷，反射消失，呼吸、心跳可随时停止。上述四个阶段只是表示中毒者病情的延续过程，在时间上很难划分，如重症病人可很快出现痉挛以至立即死亡。

关于氰化氢能否引起慢性中毒尚有争议，但长期接触可对人体造成影响，出现慢性刺激症状、神经衰弱、植物性神经功能紊乱、甲状腺肿大及运动功能障碍。

③ 预防措施。生产中尽量使用无毒、低毒的工艺，如无氰电镀；在金属热处理、电镀等有氰化氢逸出的生产过程中应加强通风措施，接触氰化氢的工人应加强个人防护并注意个人卫生习惯。

④ 其他含氰化合物。氰化氢的主要毒作用是它在人体内分解出的氰基（—CN）所造成的，

因此凡在人体内释放出氰基的化合物均具有这种毒作用。在生产中经常要用到的含氰化合物有氰化钠、氰化钾、氢氰酸、丙烯腈、丙酮腈醇、乙腈等，使用这些物品时均应注意防止中毒。

（3）硫化氢（H_2S）　硫化氢用于生产噻吩、硫醇等物质，此外在工业上很少直接应用，通常为生产过程中的废气。在石油开采和炼制、有机磷农药的生产、橡胶、人造丝、制革、精制盐酸或硫酸等工业中均会产生硫化氢。含硫有机物腐败发酵亦可产生硫化氢，如制糖及造纸业的原料浸渍、淹浸咸菜、处理腐败鱼肉及蛋类食品等过程中都可能产生硫化氢，因此在进入与上述有关的池、窑、沟或地下室等处时要注意对硫化氢的防护。

① 理化性质。硫化氢为具有腐蛋臭味的可燃气体，易溶于水产生氢硫酸，易溶于醇类物质、甘油、石油溶剂和原油中，能和大部分金属发生化学反应而具有腐蚀性；爆炸极限范围 $4.3\% \sim 45.5\%$，其 MAC 限值为 $10mg/m^3$。

② 危害。硫化氢是毒性比较剧烈的窒息性毒物，工业生产中主要经呼吸道进入人体。硫化氢气体兼具刺激作用和窒息作用。浓度低时，主要表现为刺激作用，可引起结膜炎、角膜炎甚至角膜溃疡等，严重者可引起肺炎及肺水肿，皮肤潮湿多汗时刺激作用更明显；其刺激作用还表现为硫化氢具有恶臭气味，浓度微时可嗅出，浓度高则气味强，当浓度达到一定数值时，可使人的嗅觉神经末梢麻痹，臭味反而闻不出来，此时对人的危害更大。硫化氢对人体细胞产生的窒息作用与氰化氢相似。此外，硫化氢对神经系统具有特殊的毒性作用，患者可在数秒钟内停止呼吸而死亡，其作用甚至比氰化氢还要迅速。

长期接触低浓度硫化氢可造成慢性影响，除引起慢性结膜炎、角膜炎、鼻炎、气管炎等炎症外，还可造成神经衰弱症候群及植物性神经功能紊乱。

③ 预防措施。凡产生硫化氢气体的生产过程和环境应加强通风；凡进入可能产生硫化氢的地点均应先进行通风及测试，并应正确使用呼吸防护器，作业时应有人进行监护。

 **事故案例分析**

硫化氢中毒事故

某日下午 4 点 30 分，某造纸厂发生一起急性中毒事故。中毒 11 人，死亡 3 人。中毒事故发生的车间有一个贮浆池（直径和深度为 3m 左右，存纸浆用）及一个副池（放抽浆泵和马达）。该车间因检修而停产一月余（正常生产情况下，纸浆只存 1～2 天）。下午 4 点 30 分，工人下副池检修抽浆泵、马达及管道，启动泵几分钟后，泵的橡皮管破裂，纸浆从管内喷出，立即停泵。工人李××马上下池内进行修理，一到池底立即摔倒在地；工人黄××看见李××摔倒在池内，认为是触电，即刻切断电源，下去抢救，到了池底黄××也昏倒了。经分析认为池内有毒气，随即用风机送风。然后，石×又下池抢救，突然感到鼻子发酸，咽部发苦发辣，当他伸手去拉黄××时，已感到两手不能自主，他屏住气返回到池口，已失去知觉。后来又连续下去三个工人抢救均未成功。技术员姜×从另一车间闻讯赶来即下池抢救，下去后也昏倒在池底。再向池内送风，后来先后又下去四人，均戴上三层用水浸湿的口罩，腰间系了绳子，经过 20min 抢救将池下三人拉了上来。因中毒时间较长，三人呼吸、心跳均已停止；其余 8 人，1 人深度昏迷，抢救 12h 苏醒，3 人昏迷 5～10min 苏醒，4 人未昏迷。

中毒事故原因调查结果。

1. 到现场的调查者能嗅到明显的硫化氢臭味。

2. 硫化氢测定结果：池底硫化氢浓度为 2000mg/m³。

3. 动物实验结果：先后将两只鸡用绳子悬入池底，15s，出现烦躁不安，20s昏倒。

4. 产生硫化氢原因分析：生产纸浆的原料为麦草和硫碱。由于贮存太久，麦草分解出氢离子，与硫碱内的硫离子作用产生硫化氢。

结论：急性硫化氢中毒事故。

5. 刺激性气体

（1）刺激性气体的种类　　刺激性气体种类很多，主要包括以下几类。

酸：硫酸、盐酸、硝酸、铬酸。

成酸氧化物：二氧化硫、三氧化硫、二氧化氮、铬酐。

成酸氢化物：氯化氢、氟化氢、溴化氢。

卤族元素：氟、氯、溴、碘。

无机氯化物：光气、三氯化磷、三氯化硼、三氯化砷、四氯化硅等。

卤烃：溴甲烷、氯化苦。

酯类：硫酸二甲酯、甲酸甲酯。

醚类：氯甲基甲醚。

醛类：甲醛、乙醛、丙烯醛。

有机氧化物：环氧氯丙烷。

成碱氢化物：氨。

强氧化剂：臭氧。

金属化合物：氧化镉、羰基镍、硒化氢。

其中最常见的刺激性气体有氯、氨、氮氧化物、光气、氟化氢、二氧化硫及三氧化硫等。

（2）刺激性气体危害　　刺激性气体以局部损害为主，当刺激作用过强时可引起全身反应。刺激作用的部位常发生在眼部、呼吸道，并可分为急性作用和慢性作用。急性作用会导致眼结膜和上呼吸道炎症，喉头痉挛水肿，化学性气管炎，支气管炎，伴有流泪、咳嗽、胸闷、胸痛、呼吸困难。接触光气、二氧化氮、氨、氯、臭氧、氧化镉、羰基镍、溴甲烷、氯化苦、硫酸二甲酯、甲醛、丙烯醛等气体易引起肺水肿。长期接触低浓度刺激性气体可引起慢性作用，常出现慢性结膜炎、鼻炎、支气管炎等炎症，还可伴有神经衰弱综合征及消化道症状。

大部分刺激性气体对呼吸道有明显刺激作用并有特殊臭味，人们闻到后就要避开，因此一般情况下急性中毒很少见，出现事故时可引起急性中毒。

（3）刺激性气体的预防　　以消除跑、冒、滴、漏和生产事故为主。

（4）氯（Cl_2）　　工业生产中氯气多由食盐电解而得，主要用于制药、农药、橡胶、塑料、化工、造纸、染料、纺织、冶金等行业。

① 理化性质。氯气为黄绿色具有强烈刺激性气味的气体；可溶于水和碱液，易溶于二硫化碳和四氯化碳等有机溶剂；与空气的相对密度为 2.49，其 MAC 限值为1mg/m³。

② 危害。氯气主要损害上呼吸道及支气管的黏膜，可导致支气管痉挛、支气管炎和支气管周围炎，吸入高浓度氯气时，可作用于肺泡引起肺水肿。

（5）氮氧化物　　氮氧化物种类很多，主要包括氧化亚氮、氧化氮、三氧化二氮、二氧化氮、四氧化二氮和五氧化二氮。在工业生产中引起中毒的多是混合物，但主要是一氧化氮和二氧化氮，一氧化氮又很容易氧化为二氧化氮。二氧化氮的 PC-TWA 限值为 $5mg/m^3$。

制造硝酸，用硝酸清洗金属，制造硝基炸药、硝化纤维、苦味酸等硝基化合物，苯胺染料的重氮化过程，硝基炸药的爆炸，含氮物质及硝酸的燃烧，以上情况均会接触到氮氧化物。

二氧化氮在水中的溶解度低，对眼部和上呼吸道的刺激性小，吸入后对上呼吸道几乎不发生作用。当进入呼吸道深部的细支气管与肺泡时，可与水作用形成硝酸和亚硝酸，对肺组织产生剧烈的刺激和腐蚀作用，形成肺水肿。接触高浓度二氧化氮可损害中枢神经系统。

氮氧化物急性中毒可引起肺水肿、化学性肺炎和化学性支气管炎。长期接触低浓度氮氧化物除引起慢性咽炎、支气管炎外，还可出现头昏、头痛、无力、失眠等症状。

6. 高分子聚合物

高分子聚合物又称高聚物或聚合物，包括塑料、合成纤维、合成橡胶三大合成产品及黏合剂、离子交换树脂。聚合物分子量高达几千以至几百万，但化学组成简单，都是由一种或几种单体经聚合或缩聚而成。高分子聚合物的生产过程包括生产基本化工原料、合成单体、单体的聚合以及聚合物的加工四个部分，在前三部分的生产过程中工人可接触较多的毒物。生产中使用的单体多为不饱和烯烃、芳香烃及其卤代化合物、氰类、二醇和二胺类化合物，这些物质多数对人体有不良影响。此外，生产中使用的助剂种类很多，如催化剂、引发剂、调聚剂、凝聚剂、增塑剂、稳定剂、固化剂、发泡剂、填充剂等，这些助剂很容易从聚合物内移至表面而对人体产生不良影响。一般而言，高分子聚合物的毒性主要取决于所含游离单体的量和助剂品种，而高分子聚合物本身往往毒性较低。应注意的是，高分子聚合物燃烧分解时可产生一氧化碳，含氮和卤素的聚合物可释放出高毒的氯化氢、光气和卤代烃等。

（1）氯乙烯（$CH_2\!=\!CHCl$） 氯乙烯主要用于制造聚氯乙烯单体，也可作为化学中间体及溶剂，还可与丙烯腈等制成共聚物用于合成纤维的生产，在离心、干燥、清洗及聚合釜的检查、清理工作中，工人可接触较多的氯乙烯单体。

① 理化性质。氯乙烯常温常压下为无色易燃气体，自燃点 472℃，爆炸极限范围 4%～22%，与空气的相对密度为 2.16；微溶于水，溶于乙醇、乙醚及四氯化碳；其 PC-TWA 限值为 $10mg/m^3$。

② 危害。氯乙烯主要经呼吸道进入体内。当吸入高浓度氯乙烯时可引起急性中毒。中毒较轻者出现眩晕、头痛、恶心、嗜睡等症状，严重中毒者神志不清、甚至死亡。长期接触低浓度氯乙烯可造成慢性影响，严重者可出现肝脏病变和手指骨骼病变。

氯乙烯单体已被证实有致癌作用，其他与氯乙烯化学结构类似的物质如苯乙烯、丙烯腈、2-氯丁二烯等也应参照氯乙烯的要求加强预防措施。

③ 预防措施。生产环境及设备应采取通风净化措施，设备、管道要密闭以防止氯乙烯逸出，注意防火防爆；聚合釜出料、清釜时要加强防护措施，清釜工更应注重清釜的技术和个人防护技术，防止造成急性中毒。

（2）丙烯腈（$CH_2\!=\!CH\!-\!CN$） 丙烯腈是有机合成工业的重要单体，用于合成纤维、树脂、塑料和丁腈橡胶的制造。

① 理化性质。丙烯腈为无色、易燃、易挥发的液体，有杏仁气味。沸点 77.3℃，爆炸极限范围 3%～17%，闪点 -5℃，自燃点 481℃，溶于水，可与醇类及乙醚混溶。其 PC-TWA 限值为 $1mg/m^3$，PC-STEL 限值为 $2mg/m^3$。

② 危害。在丙烯腈的生产过程中，氰化氢以原料或副产品存在。本品易引起火灾。在

光和热的作用下，能自发聚合而引起密闭设备爆炸。发生火灾和爆炸时可产生致死性烟雾和蒸气（如氨和氰化氢）而使危害加剧。

丙烯腈主要经呼吸道进入人体，也可经皮肤吸收。丙烯腈可对人产生窒息和刺激作用。急性中毒的症状与氢氰酸中毒相似，出现四肢无力，呼吸困难，腹部不适，恶心，呼吸不规则，以至虚脱死亡。丙烯腈能否引起慢性中毒目前尚无定论。丙烯腈为可疑的人类致癌物。

③ 预防措施。生产场所应采取防火措施，设备应密闭通风，并注意正确使用呼吸防护器。生产中应注意皮肤防护，要配备必要的中毒急救设备和人员。

（3）氯丁二烯（CH_2=CCl—CH=CH_2）　氯丁二烯主要用于制造氯丁橡胶。在聚合氯丁橡胶及后处理过程，聚合釜的加料、清釜时，会逸出高浓度氯丁二烯蒸气。

① 理化性质。氯丁二烯为无色、易挥发液体，沸点59.4℃，微溶于水，可溶于乙醇、乙醚、酮、苯和有机溶剂。闪点-20℃，爆炸极限范围1.9%~20%，其PC-TWA限值为$4mg/m^3$。

② 危害。氯丁二烯属中等毒性，可经呼吸道和皮肤进入人体。接触高浓度氯丁二烯可引起急性中毒，常发生于操作事故或设备事故中。一般出现眼、鼻、上呼吸道刺激症，严重者出现步态不稳、震颤、血压下降，甚至意识丧失。氯丁二烯的慢性影响表现为毛发脱落、头晕、头痛等症状。

③ 预防措施。氯丁二烯毒作用明显，生产设备应密闭通风。清洗检修聚合釜时应先用水冲洗，然后注入氮气，并充分通风后才可进入。生产中应注意个人卫生，不要徒手接触毒物，注意戴、用防护用品。

（4）含氟塑料　含氟塑料是一种新型材料，其综合性能好，应用广泛。如聚四氟乙烯就是性能良好的电绝缘材料，具有耐酸碱、耐热、耐磨的特点，广泛应用于化工、电子、航天等领域，在医学上用于制作人造血管。

① 危害。在含氟塑料的单体制备及聚合物的加热成型过程中均可接触多种有毒气体，包括六氟丙烯、氟乙烯、四氟乙烯、八氟异丁烯、氟光气、氟化氢等十余种。且以八氟异丁烯毒性最剧烈。在单体制备中产生的"裂解气"可引起呼吸道症状，轻者出现刺激作用，重者出现化学性肺炎和肺水肿，严重者可导致呼吸功能衰竭而死亡。聚合物加热过程中可产生"热解尘"，可造成聚合物烟雾热，导致全身不适、上呼吸道刺激及发热、畏寒等综合症状，严重者可有肺部损害。

② 预防措施。加强设备检修，防止跑、冒、滴、漏；裂解残液应予通风净化；聚合物热加工过程要严格控制温度，不要超过400℃（聚合物加热至400℃以上时会产生氟化氢、氟光气等有毒气体，加热至440℃以上时会产生四氟乙烯、六氟丙烯等有毒气体，加热至480~500℃以上时八氟异丁烯的浓度急剧上升）；烧结炉应与操作点隔离并加排风净化装置，操作者不应在作业环境内吸烟。

7. 有机磷和有机氯农药

农药是指用于农业生产中防治病虫害、杂草、有害动物和调节植物生长的药剂。农药种类多，使用广泛。其中有些属于无毒或中、低等毒物，有些则属于剧毒或高毒。在农药生产中的合成、加工、包装、出料、设备检修等工序中均可接触到分散于空气中的农药，容易发生中毒。在农药的使用中，配药、喷药时皮肤、衣物均易沾染农药，人也可吸入农药雾滴、蒸气或粉尘而引起中毒。在农药的装卸、运输、供销及保管中，若不注意也可发生中毒。

（1）有机磷农药　我国生产的有机磷农药多为杀虫剂，除少数品种如敌百虫为白色晶体外，多为油状液体，工业品呈淡黄色至棕色，具有大蒜臭味，不易溶于水，可溶于有机溶剂及动植物油。

有机磷农药能通过消化道、呼吸道及完整的皮肤和黏膜进入人体，生产性中毒主要由皮肤污染和呼吸道吸入引起。品种不同，产品质量、纯度不同，毒性的差异很大。在农业生产中，当采用两种以上药剂混合使用时，应考虑毒物的联合作用。有机磷农药引起的急性中毒，早期表现为食欲减退、恶心、呕吐、腹痛、腹泻、视力模糊、瞳孔缩小等症状，重度中毒可出现肺水肿、昏迷以至死亡。长期接触少量有机磷农药可引起慢性中毒，表现为神经衰弱综合征以及急性中毒较轻时出现的部分症状，部分患者可有视觉功能损害。皮肤接触有机磷农药可导致过敏性或接触性皮炎。

（2）有机氯农药　有机氯农药包括杀虫剂、杀螨剂和杀菌剂，后两类对人毒性小，一般不会造成中毒。在有机氯农药中以氯化苯类杀虫剂中的六六六、滴滴涕在我国使用广泛且用量大。

多数氯化烃类杀虫剂为白色或淡黄色结晶或蜡状固体，一般挥发不大，不溶于水而溶于有机溶剂、植物油或动物脂肪中。一般化学性质稳定，但遇碱后易分解失效。

氯化烃类杀虫剂能通过消化道、呼吸道和完整皮肤吸收，虽品种不同但毒作用及中毒症状相似。有机氯农药可造成急性与慢性中毒。急性中毒主要危害神经系统，可引起头昏、头痛、恶心、肌肉抽动、震颤，严重者可使意识丧失、呼吸衰竭。慢性中毒可引起黏膜刺激、头昏、头痛、全身肌肉无力、四肢疼痛，晚期造成肝、肾损坏。六六六和氯丹可引起皮炎，出现红斑、丘疹、瘙痒，并有水泡。六六六和滴滴涕是典型的环境污染物，可残存于食物、草料、土壤、水和空气中而危害人类健康，有些国家已禁止使用六六六。

（3）预防措施　各类农药中毒预防措施基本相同。农药厂的预防措施可参见化工厂的有关办法，使用剧毒农药时应执行有关规定。农业上使用农药应注意科学性，尽量采用低毒农药；工具应专用并妥善保管；喷药时注意安全操作规程，农药的运输、保管、销售、分发等环节由专人管理，要严格管理制度和安全措施。

第三节　急性中毒现场救护

在化工生产和检修现场，有时由于设备突发性损坏或泄漏致使大量毒物外溢（逸）造成作业人员急性中毒。急性中毒往往病情严重，且发展变化快。因此必须全力以赴，争分夺秒地及时抢救。及时、正确地抢救化工生产或检修现场中的急性中毒事故，对于挽救重危中毒者，减轻中毒程度防止合并症的产生具有十分重要的意义。另外，争取了时间，为进一步治疗创造了有利条件。

急性中毒的现场急救应遵循下列原则。

1. 救护者的个人防护

急性中毒发生时毒物多由呼吸系统和皮肤进入人体。因此，救护者在进入危险区抢救之前，首先要做好呼吸系统和皮肤的个人防护，佩戴好供氧式防毒面具或氧气呼吸器，穿好防护服。进入设备内抢救时要系上安全带，然后再进行抢救。否则，不但中毒者不能获救，救护者也会中毒，致使中毒事故扩大。

2. 切断毒物来源

救护人员进入现场后，除对中毒者进行抢救外，同时应侦查毒物来源，并采取果断措施切断其来源，如关闭泄漏管道的阀门、堵加盲板、停止加送物料、堵塞泄漏设备等，以防止毒物继续外溢（逸）。对于已经扩散出来的有毒气体或蒸气应立即启动通风排毒设施或开启门、窗，以降低有毒物质在空气中的含量，为抢救工作创造有利条件。

3. 采取有效措施防止毒物继续侵入人体

（1）救护人员进入现场后，应迅速将中毒者转移至有新鲜空气处，并解开中毒者的颈、胸部纽扣及腰带，以保持呼吸通畅。同时对中毒者要注意保暖和保持安静，严密注意中毒者神志、呼吸状态和循环系统的功能。在抢救搬运过程中，要注意人身安全，不能强硬拖拉以防造成外伤，致使病情加重。

（2）清除毒物，防止其沾染皮肤和黏膜。当皮肤受到腐蚀性毒物灼伤，不论其吸收与否，均应立即采取下列措施进行清洗，防止伤害加重。

① 迅速脱去被污染的衣服、鞋袜、手套等。

② 立即彻底清洗被污染的皮肤，清除皮肤表面的化学刺激性毒物，冲洗时间要达到15～30min。

③ 如毒物系水溶性，现场无中和剂，可用大量水冲洗。用中和剂冲洗时，酸性物质用弱碱性溶液冲洗，碱性物质用弱酸性溶液冲洗。

非水溶性刺激物的冲洗剂，须用无毒或低毒物质。对于遇水能反应的物质，应先用干布或者其他能吸收液体的东西抹去污染物，再用水冲洗。

④ 对于黏稠的物质，如有机磷农药，可用大量肥皂水冲洗（敌百虫不能用碱性溶液冲洗），要注意皮肤皱褶、毛发和指甲内的污染物。

⑤ 较大面积的冲洗，要注意防止着凉、感冒，必要时可将冲洗液保持适当温度，但以不影响冲洗剂的作用和及时冲洗为原则。

⑥ 毒物进入眼睛时，应尽快用大量流水缓慢冲洗眼睛15min以上，冲洗时把眼睑撑开，让伤员的眼睛向各个方向缓慢移动。

4. 促进生命器官功能恢复

中毒者若停止呼吸，应立即进行人工呼吸。人工呼吸的方法有压背式、振臂式、口对口（鼻）式三种。最好采用口对口式人工呼吸法。其方法是，抢救者用手捏住中毒者鼻孔，以每分钟12～16次的频次向中毒者口中吹气，或使用苏生器。同时针刺人中、涌泉、太冲等穴位，必要时注射呼吸中枢兴奋剂（如"可拉明"或"洛贝林"）。

心跳停止应立即进行人工复苏胸外挤压。将中毒患者放平仰卧在硬地或木板床上。抢救者在患者一侧或骑在患者身上，面向患者头部，用双手以冲击式挤压胸骨下部部位，每分钟60～70次。挤压时注意不要用力过猛，以免造成肋骨骨折、血气胸等。与此同时，还应尽快请医生进行急救处理。

5. 及时解毒和促进毒物排出

发生急性中毒后应及时采取各种解毒及排毒措施，降低或消除毒物对机体的作用。如采用各种金属配位剂与毒物的金属离子配合成稳定的有机配合物，随尿液排出体外。

毒物经口引起的急性中毒。若毒物无腐蚀性，应立即用催吐或洗胃等方法清除毒物。对于某些毒物亦可使其变为不溶的物质以防止其吸收，如氯化钡、碳酸钡中毒，可口服硫酸钠，使胃肠道尚未吸收的钡盐成为硫酸钡沉淀而防止吸收。氨、铬酸盐、铜盐、汞盐、羧酸类、醛类、脂类中毒时，可给中毒者喝牛奶、生鸡蛋等缓解剂。烷烃、苯、石油醚中毒时，可给中毒者喝一汤匙液体石蜡和一杯含硫酸镁或硫酸钠的水。一氧化碳中毒应立即吸入氧气，以缓解机体缺氧并促进毒物排出。

第四节　综合防毒措施

预防为主、防治结合应是开展防毒工作的基本原则。综合防毒措施主要包括防毒技术措施、防毒管理教育措施、个体防护措施三个方面。

一、防毒技术措施

防毒技术措施包括预防措施和净化回收措施两部分。预防措施是指尽量减少与工业毒物直接接触的措施；净化回收措施是指由于受生产条件的限制，在仍然存在有毒物质散逸的情况下，可采用通风排毒的方法将有毒物质收集起来，再用各种净化法消除其危害。

1. 预防措施

（1）以无毒、低毒的物料代替有毒、高毒的物料　在化工生产中使用原料及各种辅助材料时，尽量以无毒、低毒物料代替有毒、高毒物料，尤其是以无毒物料代替有毒物料，是从根本上解决工业毒物对人造成危害的最佳措施。例如采用无苯稀料（用抽余油代替苯及其同系物作为油漆的稀释剂）、无铅油漆（在防锈底漆中，用氧化铁红 Fe_2O_3 代替铅丹 Pb_3O_4）、无汞仪表（用热电偶温度计代替水银温度计）等措施。

（2）改革工艺　即在选择新工艺或改造旧工艺时，应尽量选用生产过程中不产生（或少产生）有毒物质或将这些有毒物质消灭在生产过程中的工艺路线。在选择工艺路线时，应把有毒无毒作为权衡选择的主要条件，同时要把此工艺路线中所需的防毒费用纳入技术经济指标中。改革工艺大多是通过改动设备，改变作业方法，或改进生产工序等，以达到不用（或少用）、不产生（或少产生）有毒物质的目的。

例如在镀锌、铜、镉、锡、银、金等电镀工艺中，都要使用氰化物作为络合剂。氰化物是剧毒物质，且用量大，在镀槽表面易散发出剧毒的氰化氢气体。采用无氰电镀工艺，就是通过改革电镀工艺，改用其他物质代替氰化物起到络合剂的作用，从而消除了氰化物对人体的危害。

再如，过去大多数化工行业的氯碱厂电解食盐时，用水银作为阴极，称为水银电解。由于水银电解产生大量的汞蒸气、含汞盐泥、含汞废水等，严重地损害了工人的健康，同时也污染了环境。进行工艺改革后，采用离子膜电解，消除了汞害，通过对电解隔膜的研究，已取得了与水银电解生产质量相同的产品。

（3）生产过程的密闭　防止有毒物质从生产过程散发、外逸，关键在于生产过程的密闭程度。生产过程的密闭包括设备本身的密闭及投料、出料，物料的输送、粉碎、包装等过程的密闭。如生产条件允许，应尽可能使密闭的设备内保持负压，以提高设备的密闭效果。

（4）隔离操作　隔离操作就是把工人操作的地点与生产设备隔离开来。可以把生产设备放在隔离室内，采用排风装置使隔离室内保持负压状态；也可以把工人的操作地点放在隔离室内，采用向隔离室内输送新鲜空气的方法使隔离室内处于正压状态。前者多用于防毒，后者多用于防暑降温。当工人远离生产设备时，就要使用仪表控制生产或采用自行调节，以达到隔离的目的。如生产过程是间歇的，也可以将产生有毒物质的操作时间安排在工人人数最少时进行，即所谓的"时间隔离"。

2. 净化回收措施

生产中采用一系列防毒技术预防措施后，仍然会有有毒物质散逸，如受生产条件限制使得设备无法完全密闭，或采用低毒代替高毒而并不是无毒等，此时必须对作业环境进行治理，以达到国家卫生标准。治理措施就是将作业环境中的有毒物质收集起来，然后采取净化回收的措施。

（1）通风排毒　对于逸出的有毒气体、蒸气或气溶胶，要采用通风排毒的方法收集或稀释。将通风技术应用于防毒，以排风为主。在排风量不大时可以依靠门窗渗透来补偿，排风量较大时则需考虑车间进风的条件。

通风排毒可分为局部排风和全面通风换气两种。局部排风是把有毒物质从发生源直接抽出去，然后净化回收；而全面通风换气则是用新鲜空气将作业场所中的有毒气体稀释到符合国家卫生标准。前者处理风量小，处理气体中有毒物质浓度高，较为经济有效，也便于净化回收；而后者所需风量大，无法集中，故不能净化回收。因此，采用通风排毒措施时应尽可能地采用局部排风的方法。

局部排风系统由排风罩、风道、风机、净化装置等组成。涉及局部排风系统时，首要的问题是选择排风罩的形式、尺寸以及所需控制的风速，从而确定排风量。

全面通风换气适用于低毒物质、有毒气体散发源过于分散且散发量不大的情况；或虽有局部排风装置但仍有散逸的情况。全面通风换气可作为局部排风的辅助措施。采用全面通风换气措施时，应根据车间的气流条件，使新鲜气流先经过工作地点，再经过污染地点。数种溶剂蒸气或刺激性气体同时散发于空气中时，全面通风换气量应按各种物质分别稀释至最高容许浓度所需的空气量的总和计算；其他有害物质同时散发于空气中时，所需风量按需用风量最大的有害物质计算。

全面通风量可按换气次数进行估算，换气次数即每小时的通风量与通风房间的容积之比。不同生产过程的换气次数可通过相关的设计手册确定。

对于可能突然释放高浓度有毒物质或燃烧爆炸物质的场所，应设置事故通风装置，以满足临时性大风量送风的要求。考虑事故排风系统的排风口的位置时，要把安全作为重要因素。事故通风量同样可以通过相应的事故通风的换气次数来确定。

（2）净化回收　局部排风系统中的有害物质浓度较高，往往高出容许排放浓度的几倍甚至更多，必须对其进行净化处理，净化后的气体才能排入到大气中。对于浓度较高具有回收价值的有害物质进行回收并综合利用、化害为利。具体的净化方法在此不再赘述。

二、防毒管理教育措施

防毒管理教育措施主要包括有毒作业环境管理、有毒作业管理以及健康管理三个方面。

1. 有毒作业环境管理

有毒作业环境管理的目的是为了控制甚至消除作业环境中的有毒物质，使作业环境中有毒物质的浓度降低到国家卫生标准，从而减少甚至消除对劳动者的危害。有毒作业环境的管理主要包括以下几个方面内容。

（1）组织管理措施　主要做好以下几项工作。

① 健全组织机构。企业应有分管安全的领导，并设有专职或兼职人员当好领导的助手。一个企业应该有健全的经营理念：要发展生产，必须排除妨碍生产的各种有害因素。这样不但保证了劳动者及环境居民的健康，也会提高劳动生产率。

② 调查了解企业当前的职业毒害的现状，制订不断改善劳动条件的不同时期的规划，并予实施。调查了解企业的职业毒害现状是开展防毒工作的基础，只有在对现状正确认识的基础上，才能制订正确的规划，并予正确实施。

③ 建立健全有关防毒的规章制度，如有关防毒的操作规程、宣传教育制度、设备定期检查保养制度、作业环境定期监测制度、毒物的贮运与废弃制度等。企业的规章制度是企业生产中统一意志的集中体现，是进行科学管理必不可少的手段，做好防毒工作更是如此。防毒操作规程是指操作规程中的一些特殊规定，对防毒工作有直接的意义。如工人进入容器或

低坑等的监护制度，是防止急性中毒事故发生的重要措施；下班前清扫岗位制度，则是消除"二次尘毒源"危害的重要环节。"二次尘毒源"是指有毒物质以粉尘、蒸气等形式从生产或贮运过程中逸出，散落在车间、厂区后，再次成为有毒物质的来源。对比易挥发物料和粉状物料，"二次尘毒源"的危害就更为突出。

④ 对职工进行防毒的宣传教育，使职工既清楚有毒物质对人体的危害，又了解预防措施，从而使职工主动地遵守安全操作规程，加强个人防护。

必须指出，建立健全有关防毒的规章制度及对职工进行防毒的宣传教育是《中华人民共和国劳动法》对企业提出的基本要求。

（2）定期进行作业环境监测　车间空气中有毒物质的监测工作是搞好防毒工作的重要环节。通过测定可以了解生产现场受污染的程度，污染的范围及动态变化情况，是评价劳动条件、采取防毒措施的依据；通过测定有毒物质浓度的变化，可以判明防毒措施实施的效果；通过对作业环境的测定，可以为职业病的诊断提供依据，为制定和修改有关法规积累资料。

（3）严格执行"三同时"制度　《中华人民共和国劳动法》第六章第五十三条明确规定："劳动安全卫生设施必须符合国家规定的标准。新建、改建、扩建工程的劳动安全卫生设施必须与主体工程同时设计、同时施工、同时投入生产和使用"。将"三同时"写进《劳动法》充分说明其重要性。个别新、老企业正是因为没有认真执行"三同时"制度，才导致新污染源不断产生，形成职业中毒得不到有效控制的局面。

（4）及时识别作业场所出现的新有毒物质　随着生产的不断发展，新技术、新工艺、新材料、新设备、新产品等的不断出现和使用，明确其毒害机理、毒害作用，以及寻找有效的防毒措施具有非常重要的意义。对于一些新的工艺和新的化学物质，应请有关部门协助进行卫生学的调查，以搞清是否存在致毒物质。

2. 有毒作业管理

有毒作业管理是针对劳动者个人进行的管理，使之免受或少受有毒物质的危害。在化工生产中，劳动者个人的操作方法不当，技术不熟练，身体过负荷，或作业性质等，都是构成毒物散逸甚至造成急性中毒的原因。

对有毒作业进行管理的方法是对劳动者进行个别的指导，使之学会正确的作业方法。在操作中必须按生产要求严格控制工艺参数的数值，改变不适当的操作姿势和动作，以消除操作过程中可能出现的差错。

通过改进作业方法、作业用具及工作状态等防止劳动者在生产中身体过负荷而损害健康。有毒作业管理还应教会和训练劳动者正确使用个人防护用品。

3. 健康管理

健康管理是针对劳动者本身的差异进行的管理，主要应包括以下内容。

① 对劳动者进行个人卫生指导。如指导劳动者不在作业场所吃饭、饮水、吸烟等，坚持饭前漱口，班后淋浴，工作服清洗制度等。这对于防止有毒物质污染人体，特别是防止有毒物质从口腔、消化道进入人体，有着重要意义。

② 由卫生部门定期对从事有毒作业的劳动者做健康检查。特别要针对有毒物质的种类及可能受损的器官、系统进行健康检查，以便能对职业中毒患者早期发现、早期治疗。

③ 对新员工入厂进行体格检查。由于人体对有毒物质的适应性和耐受性不同，因此就业健康检查时，发现有禁忌证的，不要分配到相应的有毒作业岗位。

④ 对于有可能发生急性中毒的企业，其企业医务人员应掌握中毒急救的知识，并准备

好相应的医药器材。

⑤ 对从事有毒作业的人员，应按国家有关规定，按期发放保健费及保健食品。

三、个体防护措施

根据有毒物质进入人体的三条途径：呼吸道、皮肤、消化道，相应地采取各种有效措施保护劳动者个人。

1. 呼吸道防护

正确使用呼吸防护器是防止有毒物质从呼吸道进入人体引起职业中毒的重要措施之一。需要指出的是，这种防护只是一种辅助性的保护措施，而根本的解决办法在于改善劳动条件，降低作业场所有毒物质的浓度。

用于防毒的呼吸器材，大致可分为过滤式防毒呼吸器和隔离式防毒呼吸器两类。

（1）过滤式防毒呼吸器　过滤式防毒呼吸器主要有过滤式防毒面具和过滤式防毒口罩。它们的主要部件是一个面具或口罩，一个滤毒罐。它们的净化过程是先将吸入空气中的有害粉尘等物阻止在滤网外，过滤后的有毒气体在经滤毒罐时进行化学或物理吸附（吸收）。滤毒罐中的吸附（收）剂可分为以下几类：活性炭、化学吸收剂、催化剂等。由于罐内装填的活性吸附（收）剂是使用不同方法处理的，所以不同滤毒罐的防护范围是不同的，因此，防毒面具和防毒口罩均应选择使用。

过滤式防毒面具如图 4-1 所示。是由面罩、吸气软管和滤毒罐组成的。使用时要注意以下几点。

① 面罩按头型大小可分为五个型号，佩戴时要选择合适的型号，并检查面具及塑胶软管是否老化，气密性是否良好。

② 使用前要检查滤毒罐的型号是否适用（除表 4-3 中的 1 型滤毒罐外，其他各型号滤毒罐防止烟尘的效果均不佳），滤毒罐的有效期一般为 2 年，所以使用前要检查是否

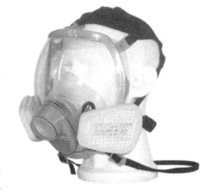

图 4-1　过滤式防毒面具

已失效。滤毒罐的进、出气口平时应盖严，以免受潮或与岗位低浓度有毒气体作用而失效。

③ 有毒气体含量超过 1％或者空气中含氧量低于 18％时，不能使用。

目前过滤式防毒面具以其滤毒罐内装填的吸附（收）剂类型、作用、预防对象进行系列性的生产，并统一编成 8 个型号，只要罐号相同，其作用与预防对象亦相同。不同型号的罐制成不同颜色，以便区别使用。国产不同类型滤毒罐的防护范围如表 4-3 所示。

表 4-3　国产不同类型滤毒罐的防护范围

型号	滤毒罐的颜色	试验标准			防护对象（举例）
		气体名称	气体浓度/(mg/L)	防护时间/min	
1	黄绿白带	氢氰酸	3±0.3	50	氰化物、砷与锑的化合物、苯、酸性气体、氯气、硫化氢、二氧化硫、光气
2	草绿	氢氰酸	3±0.1	80	各种有机蒸气、磷化氢、路易斯气、芥子气
		砷化氢	10±0.2	110	
3	棕褐	苯	25±1.0	>80	各种有机气体与蒸气,如苯、四氯化碳、醇类、氯气、卤素有机物

续表

型号	滤毒罐的颜色	试验标准			防护对象(举例)
		气体名称	气体浓度/(mg/L)	防护时间/min	
4	灰色	氨	2.3±0.1	>90	氨、硫化氢
5	白色	一氧化碳	6.2±1.0	>100	一氧化碳
6	黑色	砷化氢	10±0.2	>100	砷化氢、磷化氢、汞等
7	黄色	二氧化硫 硫化氢	8.6±0.3 4.6±0.3	>90	各种酸性气体,如卤化氢、光气、二氧化硫、三氧化硫
8	红色	一氧化碳 苯 氨	6.2±0.3 10±0.1 2.3±0.1	>90	除惰性气体以外的全部有毒物质的蒸气、烟尘

图 4-2 过滤式防毒口罩

过滤式防毒口罩如图 4-2 所示。其工作原理与防毒面具相似,采用的吸附(收)剂也基本相同,只是结构形式与大小等方面有些差异,使用范围有所不同。由于滤毒盒容量小,一般用以防御低浓度的有害物质。

使用防毒口罩时要注意以下几点:

① 注意防毒口罩的型号应与预防的毒物相一致;

② 注意有毒物质的浓度和氧的浓度;

③ 注意使用时间。

表 4-4 为国产防毒口罩的型号及防护范围。

表 4-4　国产防毒口罩的型号防护范围

型号	防护对象(举例)	试验标准			国家规定安全浓度/(mg/L)
		试验样品	浓度/(mg/L)	防护时间/min	
1	各种酸性气体、氯气、二氧化硫、光气、氮氧化物、硝酸、硫氧化物、卤化氢等	氯气	0.31	156	0.002
2	各种有机蒸气、苯、汽油、乙醚、二硫化碳、四乙基铅、丙酮、四氯化碳、醇类、溴甲烷、氯化氢、氯仿、苯胺类、卤素	苯	1.0	155	0.05
3	氨、硫化氢	氨	0.76	29	0.03
4	汞蒸气	汞蒸气	0.013	3160	0.00001
5	氢氰酸、氯乙烷、光气、路易斯气	氢氰酸气体	0.25	240	0.003
6	一氧化碳 砷、锑、铅……化合物				0.02
101	各种毒物				
302	放射性物质				

(2) **隔离式防毒呼吸器**　所谓隔离式是指供气系统和现场空气相隔绝,因此可以在有毒

物质浓度较高的环境中使用。隔离式防毒呼吸器主要有各种空气呼吸器、氧气呼吸器和各种蛇管式防毒面具。

在化工生产领域，隔离式防毒呼吸器目前主要是使用空气呼吸器，各种蛇管式防毒面具由于安全性较差已较少使用。

RHZK 系列正压式空气呼吸器（positive pressure air breathing apparatus）是一种自给开放式空气呼吸器，主要适用于消防、化工、船舶、石油、冶炼、厂矿等处，使消防员或抢险救护人员能够在充满浓烟、毒气、蒸汽（气）或缺氧的恶劣环境下安全地进行灭火、抢险救灾和救护工作。

该系列空气呼吸器配有视野广阔、明亮、气密良好的全面罩；供气装置配有体积较小、重（质）量轻、性能稳定的新型供气阀；选用高强度背板和安全系数较高的优质高压气瓶；减压阀装置装有残气报警器，在规定气瓶压力范围内，可向佩戴者发出声响信号，提醒使用人员及时撤离现场。

RHZKF-6.8/30 型正压式空气呼吸器由 12 个部件组成，现将各部件的特点介绍如下，见图 4-3。

（1）面罩　大视野面窗，面窗镜片采用聚碳酸酯材料，具有透明度高、耐磨性强、有防雾功能的特点，网状头罩式佩戴方式，佩戴舒适、方便、胶体采用硅胶，无毒、无味、无刺激，气密性能好。

（2）气瓶　铝内胆碳纤维全缠绕复合气瓶，工作压力 30MPa，具有质量轻、强度高、安全性能好，瓶阀具有高压安全防护装置。

（3）瓶带组　瓶带卡为一快速凸轮锁

图 4-3　RHZKF-6.8/30 型正压式
空气呼吸器的结构

1—面罩；2—气瓶；3—瓶带组；4—肩带；
5—报警哨；6—压力表；7—气瓶阀；
8—减压器；9—背托；10—腰带组；
11—快速接头；12—供给阀

紧机构，并保证瓶带始终处于一闭环状态。气瓶不会出现翻转现象。

（4）肩带　由阻燃聚酯织物制成，背带采用双侧可调结构，使重量落于腰胯部位，减轻肩带对胸部的压迫，使呼吸顺畅。并在肩带上设有宽大弹性衬垫，减轻对肩的压迫。

（5）报警哨　置于胸前，报警声易于分辨，体积小、重量轻。

（6）压力表　大表盘、具有夜视功能，配有橡胶保护罩。

（7）气瓶阀　具有高压安全装置，开启力矩小。

（8）减压器　体积小、流量大、输出压力稳定。

（9）背托　背托设计符合人体工程学原理，由碳纤维复合材料注塑成型，具有阻燃及防静电功能，质轻、坚固，在背托内侧衬有弹性护垫，可使佩戴者舒适。

（10）腰带组　卡扣销紧、易于调节。

（11）快速接头　小巧、可单手操作、有锁紧防脱功能。

（12）供给阀　结构简单、功能性能、输出流量大、具有旁路输出、体积小。

该系列规格型号及技术参数见表 4-5。

表 4-5 RHZK 系列规格型号及技术参数

型 号	气瓶工作压力/MPa	气瓶容积/L	最大供气流量/(L·min)	呼吸阻力/Pa		报警压力/MPa	使用时间/min	整机重量/kg	包装尺寸/mm
				呼气	吸气				
RHZK-5/30	30	5	300	<687	<588	4~6	50	≤12	700×300×480
RHZK-6/30	30	6	300	<687	<588	4~6	60	≤14	700×300×480
RHZKF-6.8/30	30	6.8	300	<687	<588	4~6	60	≤8.5	700×300×480
RHZKF-9/30	30	9	300	<687	<588	4~6	90	≤11.5	700×300×480
RHZKF-6.8×2/30 双瓶	30	6.8×2	300	<687	<588	4~6	120	≤17	700×300×480

氧气呼吸器因供氧方式不同，可分为 AHG 型氧气呼吸器和隔绝式生氧器。前者由氧气瓶中的氧气供人呼吸（气瓶有效使用时间有 2h、3h、4h 之分，相应的型号为 AHG-2、AHG-3、AHG-4）；而后者是依靠人呼出的 CO_2 和 H_2O 与面具中的生氧剂发生化学反应，产生的氧气供人呼吸。前者安全较好，可用于检修设备或处理事故，但较为笨重；后者由于不携带高压气瓶，因而可以在高温场所或火灾现场使用，因安全性较差，故不再具体探讨。下面介绍 AHG-2 型氧气呼吸器的结构、工作原理、使用及保管时的注意事项。

AHG-2 型氧气呼吸器的结构如图 4-4 所示。氧气瓶用于贮存氧气，容积为 1L，工作压力为 19.6MPa，工作时间为 2h。氧气瓶中的氧气经减压后压力降至 245~294kPa，送入气囊中。当氧气瓶内压力从 19.6MPa 降至 1.96kPa 时，也能保持供给量在 1.3~1.1L/min 范围内。清净罐内装 1.1kg 氢氧化钠，用于吸收人体呼出的 CO_2。气囊容积为 2.7L，并具有排出多余气体的功能。新鲜氧气与清净罐出来的气体在气囊中混合。

AHG-2 型氧气呼吸器的工作原理是：人体从肺部呼出的气体经面罩、呼吸软管、呼气阀进入清净罐，呼出气体中的 CO_2 被吸收剂吸收，然后进入气囊。另外由氧气瓶贮存的高压氧气经减压后也进入气囊，互相混合，重新组成适合于呼吸的含氧气体。当吸气时，适当量的含氧气体由气囊经吸气阀、呼吸软管、面罩而被吸入人体肺部，完成了呼吸循环。由于呼气阀和吸气阀都是单向阀，因此整个气囊的方向是一致的。

AHG-2 型氧气呼吸器使用及保管时的注意事项。

① 使用氧气呼吸器的人员必须事先经过训练，能正确使用。

② 使用前氧气压力必须在 7.85MPa 以上。戴

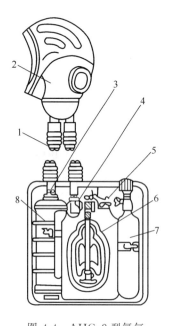

图 4-4 AHG-2 型氧气
呼吸器的结构
1—呼吸软管；2—面罩；3—呼气阀；
4—吸气阀；5—手动补给按钮；
6—气囊；7—氧气瓶；8—清净罐

面罩前要先打开氧气瓶,使用中要注意检查氧气压力,当氧气压力降到2.9MPa时,应离开禁区,停止使用。

③ 使用时避免与油类、火源接触,防止撞击,以免引起呼吸器燃烧、爆炸。如闻到有酸味,说明清净罐吸收剂已经失效,应立即退出毒区,予以更换。

④ 在危险区作业时,必须有两人以上进行配合监护,以免发生危险。有情况应以信号或手势进行联系,严禁在毒区内摘下面罩讲话。

⑤ 使用后的呼吸器,必须尽快恢复到备用状态。若压力不足,应补充氧气。若吸收剂失效应及时更换。对其他异常情况,应仔细检查消除缺陷。

⑥ 必须保持呼吸器的清洁,放置在不受灰尘污染的地方,严禁油污污染,防止和避免日光直接照射。

2. 皮肤防护

皮肤防护主要依靠个人防护用品,如工作服、工作帽、工作鞋、手套、口罩、眼镜等,这些防护用品可以避免有毒物质与人体皮肤的接触。对于外露的皮肤,则需涂上皮肤防护剂。

由于工种不同,所以个人防护用品的性能也因工种的不同而有所区别。操作者应按工种要求穿用工作服等防护用品,对于裸露的皮肤,也应视其所接触的不同物质,采用相应的皮肤防护剂。

皮肤被有毒物质污染后,应立即清洗。许多污染物是不易被普通肥皂洗掉的,而应按不同的污染物分别采用不同的清洗剂。但最好不用汽油、煤油作清洗剂。

3. 消化道防护

防止有毒物质从消化道进入人体,最主要的是搞好个人卫生,其主要内容前面已涉及,此处不再赘述。

印度博帕尔毒气泄漏事故

印度博帕尔农药厂发生的12·3事故是世界上最大的一次化工毒气泄漏事故。其死亡损失之惨重,震惊全世界,以至30余年后的今天回忆起仍是令人触目惊心。

1. 事故概况

1984年12月3日凌晨,印度中央联邦首府博帕尔的美国联合碳化公司农药厂发生毒气泄漏事故。有近40吨剧毒的甲基异氰酸酯(MIC)及其反应物在2h内冲向天空,顺着7.4km/h的西北风向东南方向飘荡,霎时间毒气弥漫,覆盖了部分市区(约64.7km²)。高温且密度大于空气的MIC蒸气,在当时17℃的大气中,迅速凝聚成毒雾,贴近地面层飘移,许多人在睡梦中就离开了人世。而更多的人被毒气熏呛后惊醒,涌上街头,人们被这骤然降临的灾难弄得晕头转向,不知所措。博帕尔市顿时变成了一座恐怖之城。一座座房屋完好无损,满街遍野到处是人、畜和飞鸟的尸体,惨不忍睹。在短短的几天内死亡2500余人,有20多万人受伤需要治疗。一星期后,每天仍有5人死于这场灾难。半年后的1985年5月还有10人因此事故受伤而死亡。据统计本次事故共死亡 3500 多人。孕妇流产、胎儿畸形、肺功能受损等受害人不计其数。

这次事故经济损失高达近百亿元，震惊全世界。各国化工生产部门纷纷进行安全检查，消除隐患，吸取这次惨痛的教训，防止类似事件发生。

2. 甲基异氰酸酯的物理性质

甲基异氰酸酯是无色、易挥发、易燃烧的液体；相对分子质量为 57；沸点为 39.1℃；20℃时的蒸气压为 46.4kPa；蒸气密度比空气重 1 倍。它是生产氨基甲酸酯农药西维因的主要原料。

MIC 的化学性质很活泼，能与有活性的氢基团反应；能与水反应并产生大量热；它能在催化剂的作用下，发生放热的聚合反应。促进聚合反应的催化剂很多，如碱、金属氯化物及金属离子铁、铜、锌等，因此 MIC 不能与这些金属接触。贮存 MIC 的容器需用 304 号不锈钢和衬玻璃材料制成。输送管道需用不锈钢或衬聚四氟乙烯材料制成。容器体积要大，MIC 的盛装只允许占容积的一半。大量贮存时应使温度保持在 0℃。

MIC 产品规格要求含量大于 99%，游离氯小于 0.1%，含三聚物小于 0.5%。MIC 中残留有少量光气，它能抑制 MIC 与水反应及聚合反应。光气也能提供氯离子，可腐蚀不锈钢容器。因此，每套设备使用 5 年后应更换。

3. 事故原因分析

事故直接原因

610 号贮罐进入大量的水（残留物实验分析表明进入了 450～900kg 水）和产品中氯仿含量过高（标准要求不大于 0.5%，而实际发生事故时高达 12%～16%）。12 月 2 日当用氮气将 MIC 从 610 号贮罐传送至反应罐时没有成功，部门负责人命令工人对管道进行清洗。按安全操作规程要求，应把清洗的管道和系统隔开，在阀门附近插上盲板，但实际作业时并没有插上盲板。水进入 610 号贮罐后与 MIC 反应产生二氧化碳和热量。这类反应在 20℃时进行缓慢，但因为热量累积，加之氯仿及光气提供的离子起催化作用，加速了水与 MIC 之间的反应。而且氯离子腐蚀管道（新安装的安全阀排放管的材质是普通钢，而非不锈钢），产生的铁离子等催化 MIC 发生聚合反应，产生大量的热，也加速了水与 MIC 之间反应。MIC 蒸发加剧，蒸气压上升，产生的二氧化碳也使压力上升。故异常反应愈来愈烈，导致罐内压力直线上升，温度急骤增高，最终造成泄漏事故发生。据推测事故当时罐内压力至少达到 10MPa，温度至少达到 200℃。

事故间接原因

本次事故发生的原因是多方面的，该厂 MIC 生产过程中的技术、设备、人员素质、安全管理等许多方面都存在着问题。有人对本次事故进行了较详细的分析，找出了 67 条事故发生原因。在诸多原因中以下几条是主要的。

（1）厂址选择不当。建厂时未严格按工业企业设计卫生标准要求，没有足够的卫生隔离带。建厂时，许多失业者和贫穷者来到这里，在工厂周围搭起棚房安家，与工厂仅一街之隔，形成了霍拉和贾拉喀什两个贫民聚居的小镇。而政府考虑到饥民的生计，容忍了这种危险的聚民。结果在这次悲惨的事故中，两个小镇在工厂下风侧，居民死伤最多，受害最重。

（2）当局和工厂对 MIC 的毒害作用缺乏认识，发生重大泄漏事故后，没有应急救援和疏散计划。事故当夜，市长（原外科医生）打电话问工厂毒气的性质，回答是气体没有什么毒性，只不过会使人流泪。一些市民打电话给当局问发生了什么事，回答是搞不清楚，并劝说居民，最好办法是待在家里不要动。结果不少人在家中活活被毒气熏死。在整个事故过程中，通信系统对维持秩序和组织疏散方面没有发挥应有作用。农药厂的阿瓦伊亚医生说："公司想努力发出一个及时的劝告，但被糟糕的印度通信部所阻断。在发生毒气泄漏的当日早晨，我花了两个小时试图通过电话通知博帕尔市民，但得不到有关部门的回答"。

(3) 工厂的防护检测设施差，仅有一套安全装置，由于管理不善，而未处于应急状态之中，事故发生后不能启动。该厂没有像美国工厂那样的早期报警系统，也没有自动检测安全仪表。雇员缺乏必要的安全卫生教育，缺乏必要的自救、互救知识，灾难来临时又缺乏必要的安全防护保障，因此事故中雇员束手无策，只能四散逃命。

(4) 管理混乱。工艺要求MIC贮存温度应保持在0℃左右，而有人估计该厂610号贮罐长期贮存温度为20℃左右（因温度指示已拆除）。安全装置无人检查和维修，致使在事故中，塔的淋洗器不能充分发挥作用。因随意拆除温度指示和报警装置，坐失抢救良机。交接班不严格，常规的监护和化验记录漏记。该厂自1978年至1983年先后曾发生过6起中毒事故，造成1人死亡，48人中毒。这些事故却未引起该厂领导层的重视，未能认真吸取教训，终于酿成大祸。

(5) 技术人员素质差。12月2日23时610号贮罐突然升压，操作人员向工长报告时，得到答复却说不要紧，可见对可能发生的异常反应缺乏认识。

公司管理人员对MIC和光气的急性毒性简直到了无知的程度，他们经常对朋友说："当光气泄漏时，用湿布将脸和嘴盖上，就没有什么危险了"。他们经常向市长说："工厂一切都很正常，没有值得操心的。工厂很安全，非常安全。"甚至印度劳动部长也说"博帕尔工厂根本没有什么危险，永远不会发生什么事情。"

操作规程要求，MIC装置应配置专职安全员、3名监督员、2名检修员和12名操作员，关键岗位操作员要求大学毕业。而在1984年12月该装置无专职安全员，仅有1名负责装置安全的责任员、1名监督员、1名检修员，操作员无1名大学毕业生，最高也只有高中学历。MIC装置的负责人是刚从其他部门调入的，没有处理MIC紧急事故的经验。操作人员注意到MIC贮罐的压力突然上升，但没有找到压力上升的原因。为防止压力上升，设置了一个空贮罐，但操作人员没有打开该贮罐的阀门。清洗管道时，阀门附近没有插盲板，水流入MIC贮罐后可能发生的后果操作员不知道。违章作业，MIC贮罐按规程实际贮量不得超过容积的50%，而610号实际贮量超过70%。

(6) 对MIC急性中毒的抢救无知。MIC可与水发生剧烈反应，因此用水可较容易地破坏其危害性，如用湿毛巾可吸收MIC并使其失去活性，这一信息若向居民及时发布可免去很多人的死亡和双目失明。医疗当局和医务人员都不知道其抢救方法。当12月5日美国联合碳化公司打来电话称可用硫代硫酸钠进行抢救时，该厂怕引起恐慌而没有公开这个信息。12月7日联邦德国著名毒物专家带了5万支硫代硫酸钠来到印度的事故现场，说明该药抢救中毒病人很有效，但州政府持不同意见，要求专家离开博帕尔市。

4. 事故教训

从这起震惊全世界的惨重事故中，可以总结出如下几个方面的教训。

（1）对于生产化学危险物品的工厂，在建厂选址时应作危险性评价。根据危险程度留有足够的防护带。建厂后，不得临近厂区建居民区。

（2）对于生产和加工有毒化学品的装置，应装配传感器、自动化仪表和计算机控制等设施，提高装置的安全水平。

（3）对剧毒化学品的贮存量应以维持正常运转为限，博帕尔农药厂每日使用MIC的量为5t，但该厂却贮存了55t，这样大的贮存量没有必要。

（4）健全安全管理规程，并严格执行。提高操作人员技术素质，杜绝误操作和违章作业。严格交接班制度，记录齐全，不得有误，明确责任，奖罚分明。

（5）强化安全教育和健康教育，提高职工的自我保护意识和普及事故中的自救、互救知识。坚持持证上岗，没有安全作业证者不得上岗。

（6）对生产和加工剧毒化学品的装置应有独立的安全处理系统，一旦发生泄漏事故，能即时启动处理系统，将毒物全部吸收和破坏掉。该系统应定期检修，只要生产正常进行，该系统即应处于良好的应急工作状态。

（7）对小事故要做详细分析处理。该厂在1978年至1983年其间曾发生过6起急性中毒事故，并且中毒死亡一人，遗憾的是未能引起管理人员对安全的重视。

（8）凡生产和加工剧毒化学品的工厂都应制定化学事故应急救援预案。通过预测把可能导致重大灾害的情报在工厂内公开。并应定期进行事故演习，使有关人员清楚防护、急救、脱险、疏散、抢险、现场处理等信息。

课堂讨论

1. 为防止发生职业中毒事故，化工企业人员应注意哪些问题？
2. 发生急性中毒事故后，你应该如何做？

思考题

1. 为什么说毒物的含义是相对的？
2. 试分析影响毒物毒性的因素？
3. 应用职业接触限值时应注意哪些问题？
4. 简述毒物侵入人体的途径？

 能力测试题 ▶▶ ....

1. 如何正确使用个体防护设施进行个体防护？
2. 如何进行职业中毒的现场急救？
3. 如何防止职业中毒？

第五章
承压设备安全技术

知识目标

1. 掌握承压设备的分类及安全附件的基本知识。
2. 了解承压设备的安全检验的基本知识。
3. 熟悉导致承压设备安全事故的因素及其防止措施。

能力目标

1. 具有正确使用承压设备的能力。
2. 初步具有防止承压设备安全事故的能力。

在化工生产过程中需要用承压设备来贮存、处理和输送大量的物料。由于物料的状态、物料的物理及化学性质不同以及采用的工艺方法不同，所用的承压设备也是多种多样的。在化工生产过程中使用的承压设备中，承压设备的数量多，工作条件复杂，危险性很大，承压设备状况的好坏对实现化工安全生产至关重要。因此必须加强对承压设备的安全管理。

第一节　压力容器安全技术

一般情况下，压力容器是指具备下列条件的容器：

① 最高工作压力大于或等于0.1MPa（不含液体静压力，下同）；

② 内直径（非圆形截面指断面最大尺寸）大于或等于0.15m，且容积（V）大于或等于0.025m³；

③ 介质为气体、液化气体或最高工作温度高于或等于标准沸点的液体。

压力容器的设计、制造（组焊）、安装、改造、维护、使用、检验，均应当严格执行《固定式压力容器安全技术监察规程》（TSG 21—2016）的规定。

一、压力容器的分类

在化工生产过程中，为有利于安全技术监督和管理，根据容器的压力高低、介质的危害程度以及在生产中的重要作用，将压力容器进行分类。压力容器的分类方法很多。

1. 按工作压力分类

按压力容器的设计压力分为低压、中压、高压、超高压 4 个等级。

低压（代号 L）　　　0.1MPa≤p<1.6MPa

中压（代号 M）　　　1.6MPa≤p<10MPa

高压（代号 H）　　　10.0MPa≤p<100MPa

超高压（代号 U）　　100MPa≤p≤1000MPa

2. 按用途分类

按压力容器在生产工艺过程中的作用原理分为反应容器、换热容器、分离容器、贮存容器。

（1）反应容器（代号 R）　主要用于完成介质的物理、化学反应的压力容器。如反应器、反应釜、分解锅、分解塔、聚合釜、高压釜、超高压釜、合成塔、铜洗塔、变换炉、蒸煮锅、蒸球、蒸压釜、煤气发生炉等。

（2）换热容器（代号 E）　主要用于完成介质的热量交换的压力容器。如管壳式废热锅炉、热交换器、冷却器、冷凝器、蒸发器、加热器、消毒锅、染色器、蒸炒锅、预热锅、蒸锅、蒸脱机、电热蒸气发生器、煤气发生炉水夹套等。

（3）分离容器（代号 S）　主要用于完成介质的流体压力平衡和气体净化分离等的压力容器。如分离器、过滤器、集油器、缓冲器、洗涤器、吸收塔、干燥塔、汽提塔、分汽缸、除氧器等。

（4）贮存容器（代号 C，其中球罐代号 B）　主要是盛装生产用的原料气体、液体、液化气体等的压力容器。如各种类型的贮罐。

在一种压力容器中，如同时具备两个以上的工艺作用原理时，应按工艺过程中的主要作用来划分。

3. 按危险性和危害性分类

（1）一类压力容器　非易燃或无毒介质的低压容器。易燃或有毒介质的低压分离容器和换热容器。

（2）二类压力容器　任何介质的中压容器；易燃介质或毒性程度为中度危害介质的低压反应容器和贮存容器；毒性程度为极度和高度危害介质的低压容器；低压管壳式余热锅炉；低压搪玻璃压力容器。

（3）三类压力容器　毒性程度为极度和高度危害介质的中压容器和 pV（设计压力×容积）≥0.2MPa·m³ 的低压容器；易燃或毒性程度为中度危害介质且 pV≥0.5MPa·m³ 的中压反应容器；pV≥10MPa·m³ 的中压贮存容器；高压、中压管壳式余热锅炉；中压搪玻璃压力容器；容积 V≥50m³ 的球形储罐，容积 V>50m³ 的低温绝热压力容器；高压容器。

二、压力容器的定期检验

压力容器的定期检验是指在压力容器使用的过程中，每隔一定期限采用各种适当而有效的方法，对容器的各个承压部件和安全装置进行检查和必要的试验。通过检验，发现容器存在的缺陷，使它们在还没有危及容器安全之前即被消除或采取适当措施进行特殊监护，以防压力容器在运行中发生事故。压力容器在生产中不仅长期承受压力，而且还受到介质的腐蚀或高温流体的冲刷磨损，以及操作压力、温度波动的影响。因此，在使用过程中会产生缺陷。有些压力容器在设计、制造和安装过程中存在着一些原有缺陷，这些缺陷将会在使用中进一步扩展。

显然，无论是原有缺陷，还是在使用过程中产生的缺陷，如果不能及早发现或消除，任其发展扩大，势必在使用过程中导致严重爆炸事故。压力容器实行定期检验，是及时发现缺陷，消除隐患，保证压力容器安全运行的重要的必不可少的措施。

1. 定期检验的要求

压力容器的使用单位，必须认真安排压力容器的定期检验工作，按照《在用压力容器检验规程》的规定，由取得检验资格的单位和人员进行检验。并将年检计划报主管部门和当地的锅炉压力容器安全监察机构，锅炉压力容器安全监察机构负责监督检查。

2. 定期检验的内容

（1）外部检查　指专业人员在压力容器运行中定期的在线检查。检查的主要内容是：压力容器及其管道的保温层、防腐层、设备铭牌是否完好；外表面有无裂纹、变形、腐蚀和局部鼓包；所有焊缝、承压元件及连接部位有无泄漏；安全附件是否齐全、可靠、灵活好用；承压设备的基础有无下沉、倾斜，地脚螺丝、螺母是否齐全完好；有无振动和摩擦；运行参数是否符合安全技术操作规程；运行日志与检修记录是否保存完整。

（2）内外部检验　指专业检验人员在压力容器停机时的检验。检验内容除外部检验的全部内容外，还包括以下内容的检验：腐蚀、磨损、裂纹、衬里情况、壁厚测量、金相检验、化学成分分析和硬度测定。

（3）全面检验　全面检验除内、外部检验的全部内容外，还包括焊缝无损探伤和耐压试验。焊缝无损探伤长度一般为容器焊缝总长的20%。耐压试验是承压设备定期检验的主要项目之一，目的是检验设备的整体强度和致密性。绝大多数承压设备进行耐压试验时用水作介质，故常常把耐压试验称为水压试验。

外部检查和内外部检验内容及安全状况等级（共分5级）的评定，见《压力容器定期检验规则》。

3. 定期检验的周期

压力容器的检验周期应根据容器的制造和安装质量、使用条件、维护保养等情况，由企业依据《压力容器定期检验规则》自行确定。

一般情况下，使用单位应按规定至少对在用压力容器进行一次年度检查。

压力容器一般应当于投用后3年内进行首次定期检验。下次的检验周期，由检验机构根据压力容器的安全状况等级，按照以下要求确定：

① 安全状况等级为1、2级的，一般每6年检验一次；

② 安全状况等级为3级的，一般3～6年检验一次；

③ 安全状况等级为4级的，应当监控使用，其检验周期由检验机构确定，累计监控使用时间不得超过3年，在监控使用期间，使用单位应当制定有效的监控措施；

④ 安全状况等级为5级的，应当对缺陷进行处理，否则不得继续使用；

⑤ 应用基于风险检验（RBI）技术的压力容器，按照《固定式压力容器安全技术监察规程》7.8.3的要求确定检验周期。

有以下情况之一的压力容器，定期检验周期可以适当缩短：

① 介质对压力容器材料的腐蚀情况不明或者介质对材料的腐蚀情况异常的；

② 材料表面质量差或者内部有缺陷的；

③ 使用条件恶劣或者使用中发现应力腐蚀现象的；

④ 改变使用介质并且可能造成腐蚀现象恶化的；

⑤ 介质为液化石油气并且有应力腐蚀现象的；

⑥ 使用单位没有按规定进行年度检查的；

⑦ 检验中对其他影响安全的因素有怀疑的。

使用标准抗拉强度下限值大于或者等于 540MPa 低合金钢制造的球形贮罐，投用一年后应当开罐检验。

安全状况等级为 1、2 级的压力容器，符合以下条件之一的，定期检验周期可以适当延长：

① 聚四氟乙烯衬里层完好，其检验周期最长可以延长至 9 年；

② 介质对材料腐蚀速率每年低于 0.1mm（实测数据）、有可靠的耐腐蚀金属衬里（复合钢板）或者热喷涂金属（铝粉或者不锈钢粉）涂层，通过 1～2 次定期检验确认腐蚀轻微或者衬里完好的，其检验周期最长可以延长至 12 年。

装有催化剂的反应容器以及装有充填物的大型压力容器，其检验周期根据设计文件和实际使用情况由使用单位、设计单位和检验机构协商确定，报使用登记机关（即办理《使用登记证》的质量技术监督部门）备案。

对无法进行定期检验或者不能按期进行定期检验的压力容器，按如下规定进行处理：

① 设计文件已经注明无法进行定期检验的压力容器，由使用单位提出书面说明，报使用登记机关备案；

② 因情况特殊不能按期进行定期检验的压力容器，由使用单位提出申请并且经过使用单位主要负责人批准，征得原检验机构同意，向使用登记机关备案后，可延期检验，或者由使用单位提出申请，按照《固定式压力容器安全技术监察规程》（TSG 21—2016）第 7.8 条的规定办理。

对无法进行定期检验或者不能按期进行定期检验的压力容器，使用单位均应当制定可靠的安全保障措施。

三、压力容器的安全附件

安全附件是承压设备安全、经济运行不可缺少的一个组成部分。根据压力容器的用途、工作条件、介质性质等具体情况选用必要的安全附件，可提高压力容器的可靠性和安全性。

（一）安全泄压装置

压力容器在运行过程中，由于种种原因，可能出现器内压力超过它的最高许用压力（一般为设计压力）的情况。为了防止超压，确保压力容器安全运行，一般都装有安全泄压装置，以自动、迅速地排出容器内的介质，使容器内压力不超过它的最高许用压力。压力容器常见的安全泄压装置有安全阀和爆破片。

1. 安全阀

压力容器在正常工作压力运行时，安全阀保持严密不漏；当压力超过设定值时，安全阀在压力作用下自行开启，使容器泄压，以防止容器或管线的破坏；当容器压力泄至正常值时，它又能自行关闭，停止泄放。

（1）安全阀的种类　安全阀按其整体结构及加载机构形式来分，常用的有杠杆式和弹簧式两种。它们是利用杠杆与重锤或弹簧弹力的作用，压住容器内的介质，当介质压力超过杠杆与重锤或弹簧弹力所能维持的压力时，阀芯被顶起，介质向外排放，器内压力迅速降低；当器内压力小于杠杆与重锤或弹簧弹力后，阀芯再次与阀座闭合。

弹簧式安全阀的加载装置是一个弹簧，通过调节螺母，可以改变弹簧的压缩量，调整阀瓣对阀座的压紧力，从而确定其开启压力的大小。弹簧式安全阀结构紧凑，体积小，动作灵敏，对震动不太敏感，可以装在移动式容器上，缺点是阀内弹簧受高温影响时，弹性有所降低。

杠杆式安全阀靠移动重锤的位置或改变重锤的质量来调节安全阀的开启压力。它具有结构简单、调整方便、比较准确以及适用较高温度的优点。但杠杆式安全阀结构比较笨重，难以用于高压容器之上。

（2）安全阀的选用 《固定式压力容器安全技术监察规程》（TSG 21—2016）规定，安全阀的制造单位，必须有国家劳动部颁发的制造许可证才可制造。产品出厂应有合格证，合格证上应有质量检查部门的印章及检验日期。

安全阀的选用应根据容器的工艺条件及工作介质的特性从安全阀的安全泄放量、加载机构、封闭机构、气体排放方式、工作压力范围等方面考虑。

安全阀的排放量是选用安全阀的关键因素，安全阀的排出量必须不小于容器的安全泄放量。

从气体排放方式来看，对盛装有毒、易燃或污染环境的介质容器应选用封闭式安全阀。

选用安全阀时，要注意它的工作压力范围，要与压力容器的工作压力范围相匹配。

（3）安全阀的安装 安全阀应垂直向上安装在压力容器本体的液面以上气相空间部位，或与连接在压力容器气相空间上的管道相连接。安全阀确实不便装在容器本体上，而用短管与容器连接时，则接管的直径必须大于安全阀的进口直径，接管上一般禁止装设阀门或其他引出管。压力容器一个连接口上装设数个安全阀时，则该连接口入口的面积，至少应等于数个安全阀的面积总和。压力容器与安全阀之间，一般不宜装设中间截止阀门，对于盛装易燃而毒性程度为极度、高度、中高度危害或黏性介质的容器，为便于安全阀更换、清洗，可装截止阀，但截止阀的流通面积不得小于安全阀的最小流通面积，并且要有可靠的措施和严格的制度，以保证在运行中截止阀保持全开状态并加铅封。

选择安装位置时，应考虑到安全阀的日常检查、维护和检修的方便。安装在室外露天的安全阀要有防止冬季阀内水分冻结的可靠措施。装有排气管的安全阀排气管的最小截面积应大于安全阀内的出口截面积，排气管应尽可能短而直，并且不得装阀。安装杠杆式安全阀时，必须使它的阀杆保持在铅垂的位置。所有进气管、排气管连接法兰的螺栓必须均匀上紧，以免阀体产生附加应力，破坏阀体的同心度，影响安全阀的正常动作。

（4）安全阀的维护和检验 安全阀在安装前应由专业人员进行水压试验和气密性试验，经试验合格后进行调整校正。安全阀的开启压力不得超过容器的设计压力。校正调整后的安全阀应进行铅封。

要使安全阀动作灵敏可靠和密封性能良好，必须加强日常维护检查。安全阀应经常保持清洁，防止阀体弹簧等被油垢脏物所黏住或被腐蚀。还应经常检查安全阀的铅封是否完好。气温过低时，有无冻结的可能性，检查安全阀是否有泄漏。对杠杆式安全阀，要检查其重锤是否松动或被移动等。如发现缺陷，要及时校正或更换。

安全阀要定期检验，每年至少校验一次。

2. 爆破片

爆破片又称防爆片、防爆膜、防爆板，是一种断裂型的安全泄压装置。爆破片具有密封性能好，反应动作快以及不易受介质中黏污物的影响等优点。但它是通过膜片的断裂来卸压的，所以卸压后不能继续使用，容器也被迫停止运行，因此它只是在不宜安装安全阀的压力容器上使用。例如：存在爆燃或异常反应而压力倍增、安全阀由于惯性来不及动作；介质昂贵剧毒，不允许任何泄漏；运行中会产生大量沉淀或粉状黏附物，妨碍安全阀动作。

爆破片的结构比较简单。它的主零件是一块很薄的金属板，用一副特殊的管法兰夹持着装入容器引出的短管中，也有把膜片直接与密封垫片一起放入接管法兰的。容器在正常运行时，爆破片虽可能有较大的变形，但它能保持严密不漏。当容器超压时，膜片即断裂排泄介质，避免容器应超压而发生爆炸。

爆破片的设计压力一般为工作压力的 1.25 倍，对压力波动幅度较大的容器，其设计破裂压力还要相应大一些。但在任何情况下，爆破片的爆破压力都不得大于容器设计压力。一般爆破片材料的选择、膜片的厚度以及采用的结构形式，均是经过专门的理论计算和试验测试而定的。

运行中应经常检查爆破片法兰连接处有无泄漏，爆破片有无变形。通常情况下，爆破片应每年更换一次，发生超压而未爆破的爆破片应该立即更换。

（二）压力表

压力表是测量压力容器中介质压力的一种计量仪表。压力表的种类较多，按它的作用原理和结构，可分为液柱式、弹性元件式、活塞式和电量式四大类。压力容器大多使用弹性元件式的单弹簧管压力表。

1. 压力表的选用

压力表应该根据被测压力的大小、安装位置的高低、介质的性质（如温度、腐蚀性等）来选择精度等级、最大量程、表盘大小以及隔离装置。

装在压力容器上的压力表，其表盘刻度极限值应为容器最高工作压力的 1.5～3 倍，最好为 2 倍。压力表量程越大，允许误差的绝对值也越大，视觉误差也越大。按容器的压力等级要求，低压容器一般不低于 2.5 级，中压及高压容器不应低于 1.5 级。为便于操作人员能清楚准确地看出压力指示，压力表盘直径不能太小。在一般情况下，表盘直径不应小于 100mm。如果压力表距离观察地点远，表盘直径增大，距离超过 2m 时，表盘直径最好不小于 150mm；距离超过 5m 时，不要小于 250mm。超高压容器压力表的表盘直径应不小于 150mm。

2. 压力表的安装

安装压力表时，为便于操作人员观察，应将压力表安装在最醒目的地方，并要有充足的照明，同时要注意避免受辐射热、低温及震动的影响。装在高处的压力表应稍微向前倾斜，但倾斜角不要超过 30°。压力表接管应直接与容器本体相接。为了便于卸换和校验压力表，压力表与容器之间应装设三通旋塞。旋塞应装在垂直的管段上，并要有开启标志，以便核对与更换。蒸汽容器，在压力表与容器之间应装有存水弯管。盛装高温、强腐蚀及凝结性介质的容器，在压力表与容器连接管路上应装有隔离缓冲装置，使高温或腐蚀介质不和弹簧弯管直接接触，依据液体的腐蚀性选择隔离液。

3. 压力表的使用

使用中的压力表应根据设备的最高工作压力，在它的刻度盘上划明警戒红线，但注意不要涂画在表盘玻璃上，一则会产生很大的视差，二则玻璃转动导致红线位置发生变化使操作人员产生错觉，造成事故。

压力表应保持洁净，表盘上玻璃要明亮透明，使表内指针指示的压力值能清楚易见。压力表的接管要定期吹洗。在容器运行期间，如发现压力表指示失灵，刻度不清，表盘玻璃破裂，泄压后指针不回零位，铅封损坏等情况，应立即校正或更换。

压力表的维护和校验应符合国家计量部门的有关规定。压力表安装前应当进行校验，在用压力表一般每 6 个月校验一次。通常压力表上应有校验标记，注明下次校验日期或校验有效期。校验后的压力表应加铅封。未经检验合格和无铅封的压力表均不准安装使用。

（三）液面计

液面计是压力容器的安全附件。一般压力容器的液面显示多用玻璃板液面计。石油化工装置的压力容器，如各类液化石油气体的贮存压力容器，选用各种不同作用原理、构造和性能的液位指示仪表。介质为粉体物料的压力容器，多数选用放射性同位素料位仪表，指示粉体的料位高度。

不论选用何种类型的液面计或仪表，均应符合《固定式压力容器安全技术监察规程》（TSG 21—2016）规定的安全要求，主要有以下几方面。

① 应根据压力容器的介质、最高工作压力和温度正确选用。

② 在安装使用前，低、中压容器液面计，应进行 1.5 倍液面计公称压力的水压试验；高压容器液面计，应进行 1.25 倍液面计公称压力的水压试验。

③ 盛装 0℃ 以下介质的压力容器，应选用防霜液面计。

④ 寒冷地区室外使用的液面计，应选用夹套型或保温型结构的液面计。

⑤ 易燃且毒性程度为极度、高度危害介质的液化气体压力容器，应采用板式或自动液面指示计，并应有防止泄漏的保护装置。

⑥ 要求液面指示平稳的，不应采用浮子（标）式液面计。

⑦ 液面计应安装在便于观察的位置。如液面计的安装位置不便于观察，则应增加其他辅助设施。大型压力容器还应有集中控制的设施和警报装置。液面计的最高和最低安全液位，应做出明显的标记。

⑧ 压力容器操作人员，应加强液面计的维护管理，经常保持完好和清晰。应对液面计实行定期检修制度，使用单位可根据运行实际情况，在管理制度中具体规定。

⑨ 液面计有下列情况之一的，应停止使用：超过检验周期；玻璃板（管）有裂纹、破碎；阀件固死；经常出现假液位。

⑩ 使用放射性同位素料位检测仪表，应严格执行国务院发布的《放射性同位素与射线装置放射防护条例》的规定，采取有效保护措施，防止使用现场有放射危害。

另外，化工生产过程中，有些反应压力容器和贮存压力容器还装有液位检测报警、温度检测报警、压力检测报警及联锁等，既是生产监控仪表，也是压力容器的安全附件，都应该按有关规定的要求，加强管理。

四、压力容器的安全管理和安全使用

（一）压力容器的安全管理

为了确保压力容器的安全运行，必须加强对压力容器的安全管理，及时消除隐患，防患于未然，不断提高其安全可靠性。根据《特种设备安全监察条例》和《固定式压力容器安全技术监察规程》TSG R0004—2009 的规定，压力容器的安全管理主要包括以下几个方面。

1. 压力容器的安全技术管理的主要内容

要做好压力容器的安全技术管理工作，首先要从组织上保证。这就要求企业要有专门的机构，并配备专业人员即具有压力容器专业知识的工程技术人员负责压力容器的技术管理及安全监察工作。

压力容器的安全技术管理工作内容主要有：贯彻执行有关压力容器的安全技术规程；编制压力容器的安全管理规章制度，依据生产工艺要求和容器的技术性能制定容器的安全操作规程；参与压力容器的入厂检验、竣工验收及试车；检查压力容器的运行、维修和压力附件校验情况；压力容器的校验、修理、改造和报废等技术审查；编制压力容器的年度定期检修计划，并负责组织实施；向主管部门和当地劳动部门报送当年的压力容器的数量和变动情况统计报表、压力容器定期检验的实施情况及存在的主要问题；压力容器的事故调查分析和报告、检验、焊接和操作人员的安全技术培训管理和压力容器使用登记及技术资料管理。

2. 建立压力容器的安全技术档案

压力容器的安全技术档案是正确使用容器的主要依据，它可以使我们全面掌握容器的情况，摸清容器的使用规律，防止发生事故。容器调入或调出时，其技术档案必须随同容器一起调入或调出。对技术资料不齐全的容器，使用单位应对其所缺项目进行补充。

压力容器的安全技术档案应包括：压力容器的产品合格证，质量证明书，登记卡片，设计、制造、安装技术等原始的技术文件和资料，检查鉴定记录，验收单，检修方案及实际检修情况记录，运行累计时间表，年运行记录，理化检验报告，竣工图以及中高压反应容器和贮运容器的主要受压元件强度计算书等。

3. 对压力容器使用单位及人员的要求

压力容器的使用单位，在压力容器投入使用前，应按《特种设备安全监察条例》的要求，向地、市特种设备安全监察机构申报和办理使用登记手续。

压力容器使用单位，应在工艺操作规程中明确提出压力容器安全操作要求。其内容至少应当包括：

① 压力容器的操作工艺指标（含最高工作压力、最高或最低工作温度）；

② 压力容器的岗位操作法（含开、停车的操作程序和注意事项）；

③ 压力容器运行中应当重点检查的项目和部位，运行中可能出现的异常现象和防止措施，以及紧急情况的处置和报告程序。

压力容器使用单位应当对压力容器及其安全附件、安全保护装置、测量调控装置、附属仪器仪表进行经常性日常维护保养，对发现的异常情况，应当及时处理并且记录。

压力容器使用单位要认真组织好压力容器的年度检查工作，年度检查至少包括压力容器安全管理情况检查、压力容器本体及运行状况检查和压力容器安全附件检查等。对年度检查中发现的安全隐患要及时消除。年度检查工作可以由压力容器使用单位的专业人员进行，也可以委托有资格的特种设备检验机构进行。

压力容器使用单位应当对出现故障或者发生异常情况的压力容器及时进行全面检查，消除事故隐患；对存在严重事故隐患，无改造、维修价值的压力容器，应当及时予以报废，并办理注销手续。

对于已经达到设计寿命的压力容器，如果要继续使用，使用单位应当委托有资格的特种设备检验机构对其进行全面检验（必要时进行安全评估），经使用单位主要负责人批准后，方可继续使用。

压力容器内部有压力时，不得进行任何维修。对于特殊的生产工艺过程，需要带温带压紧固螺栓时，或出现紧急泄漏需进行带压堵漏时，使用单位应当按设计规定制定有效的操作要求和防护措施，作业人员应当经过专业培训并且持证操作，且需经过使用单位技术负责人批准。在实际操作时，使用单位安全生产管理部门应当派人进行现场监督。

以水为介质产生蒸汽的压力容器，必须做好水质管理和监测，没有可靠的水处理措施，不应投入运行。

运行中的压力容器，还应保持容器的防腐、保温、绝热、静电接地等措施完好。

压力容器检验、维修人员在进入压力容器内部进行工作前，使用单位应当按《压力容器定期检验规则》的要求，做好准备和清理工作。达不到要求时，严禁人员进入。

压力容器使用单位应当对压力容器作业人员定期进行安全教育与专业培训，并做好记录，保证作业人员具备必要的压力容器安全作业知识、作业技能，及时进行知识更新，确保作业人员掌握操作规程及事故应急措施，按章作业。压力容器的作业人员应当持证上岗。

压力容器发生下列异常现象之一时，操作人员应立即采取紧急措施，并且按规定的报告程序，及时向有关部门报告。

① 压力容器工作压力、介质温度或壁温超过规定值，采取措施仍不能得到有效控制。
② 压力容器主要受压元件发生裂缝、鼓包、变形、泄漏等危及安全的现象。
③ 安全附件失灵。
④ 接管、紧固件损坏，难以保证安全运行。
⑤ 发生火灾等直接威胁到压力容器安全运行。
⑥ 过量充装。
⑦ 压力容器液位异常，采取措施仍不能得到有效控制。
⑧ 压力容器与管道发生严重振动，危及运行安全。
⑨ 低温绝热压力容器外壁局部存在严重结冰、介质压力和温度明显上升。
⑩ 其他异常情况。

（二）压力容器的安全使用

严格按照岗位安全操作规程的规定，精心操作和正确使用压力容器，科学而精心地维护保养是保证压力容器安全运行的重要措施，即使压力容器的设计尽善尽美、科学合理，制造和安装质量优良，如果操作不当同样会发生重大事故。

1. 压力容器的安全操作

操作压力容器时要集中精力，勤于监察和调节。操作动作应平稳，应缓慢操作避免温度、压力的骤升骤降，防止压力容器的疲劳破坏。阀门的开启要谨慎，开停车时各阀门的开关状态以及开关的顺序不能搞错。要防止憋压闷烧、防止高压窜入低压系统，防止性质相抵触的物料相混以及防止液体和高温物料相遇。

操作时，操作人员应严格控制各种工艺指数，严禁超压、超温、超负荷运行，严禁冒险性、试探性试验。并且要在压力容器运行过程中定时、定点、定线地进行巡回检查，认真、准时、准确的记录原始数据。主要检查操作温度、压力、流量、液位等工艺指标是否正常；着重检查容器法兰等部位有无泄漏，容器防腐层是否完好，有无变形、鼓包、腐蚀等缺陷和可疑迹象，容器及连接管道有无振动、磨损；检查安全阀、爆破片、压力表、液位计、紧急切断阀以及安全联锁、报警装置等安全附件是否齐全、完好、灵敏、可靠。

若容器在运行中发生故障，出现下列情况之一，操作人员应立即采取措施停止运行，并尽快向有关领导汇报。

① 容器的压力或壁温超过操作规程规定的最高允许值，采取措施后仍不能使压力或壁温降下来，并有继续恶化的趋势。

② 容器的主要承压元件产生裂纹、鼓包或泄漏等缺陷，危及容器安全。

③ 安全附件失灵、接管断裂、紧固件损坏，难以保证容器安全运行。

④ 发生火灾，直接影响容器的安全操作。

停止容器运行的操作，一般应切断进料，卸放器内介质，使压力降下来。对于连续生产的容器，紧急停止运行前必须与前后有关工段做好联系工作。

2. 压力容器的维护保养

压力容器的维护保养工作一般包括防止腐蚀，消除"跑、冒、滴、漏"和做好停运期间的保养。

化工压力容器内部受工作介质的腐蚀，外部受大气、水或土壤的腐蚀。目前大多数容器采用防腐层来防止腐蚀，如金属涂层、无机涂层、有机涂层、金属内衬和搪玻璃等。检查和维护防腐层的完好，是防止容器腐蚀的关键。如果容器的防腐层自行脱落或受碰撞而损坏，腐蚀介质和材料直接接触，则很快会发生腐蚀。因此，在巡检时应及时清除积附在容器、管道及阀门上面的灰尘、油污、潮湿和有腐蚀性的物质，经常保持容器外表面的洁净和干燥。

生产设备的"跑、冒、滴、漏"不仅浪费化工原料和能源，污染环境，而且往往造成容器、管道、阀门和安全附件的腐蚀。因此要做好日常的维护保养和检修工作，正确选用连接方式、垫片材料、填料等，及时消除"跑、冒、滴、漏"现象，消除振动和摩擦，维护保养好压力容器和安全附件。

另外，还要注意压力容器在停运期间的保养。容器停用时，要将内部的介质排空放净，尤其是腐蚀性介质，要经排放、置换或中和、清洗等技术处理。根据停运时间的长短以及设备和环境的具体情况，有的在容器内、外表面涂刷油漆等保护层；有的在容器内用专用器皿盛放吸潮剂。对停运容器要定期检查，及时更换失效的吸潮剂。发现油漆等保护层脱落时，应及时补上，使保护层经常保持完好无损。

五、压力容器的破坏形式

压力容器常见的破坏形式有韧性破坏、脆性破坏、疲劳破坏、腐蚀破坏和蠕变破坏等五种。

1. 韧性破坏

韧性破坏是容器在压力作用下，器壁上产生的应力达到材料的强度极限而发生断裂的一种破坏形式。

韧性破坏的主要特征是：破裂容器具有明显的形状改变和较大的塑性变形。如最大圆周伸长率常达 10% 以上，容积增大率也往往高于 10%，有的甚至达 20%，断口呈暗灰色纤维状，无闪烁金属光泽，断口不平齐，呈撕裂状，而与主应力方向成 45°角。这种破裂一般没有碎片或有少量碎片，容器的实际爆破压力接近计算爆破压力。

2. 脆性破坏

容器没有明显变形而突然发生破裂，根据破裂时的压力计算，器壁的应力也远远没有达到材料的强度极限，有的甚至还低于屈服极限，这种破裂现象和脆性材料的破坏很相似，称为脆性破坏。又因它是在较低的应力状态下发生的，故又叫低应力破坏。

脆性破坏的主要特征是：破裂容器一般没有明显的伸长变形，而且大多裂成较多的碎片，常有碎片飞出。如将碎片组拼起来测量，其周长、容积和壁厚与爆炸前相比没有变化或变化很小。脆性破坏大多数在使用温度较低的情况下发生，而且往往在瞬间发生。其断口齐平并与主应力方向垂直，形貌呈闪烁金属光泽的结晶状。

3. 疲劳破坏

容器在反复的加压过程中，壳体的材料长期受到交变载荷的作用，因此出现金属疲劳而产生的破坏形式称为疲劳破坏。

疲劳破坏的主要特征是：破裂容器本体没有产生明显的整体塑性变形，但它又不像脆性破裂那样使整个容器脆断成许多碎片，而只是一般的开裂，使容器泄漏而失效。容器的疲劳破坏必须是在多次反复载荷以后，所以只有那些较频繁的间歇操作或操作压力大幅度波动的容器才有条件产生。

4. 腐蚀破坏

腐蚀破坏是指容器壳体由于受到介质的腐蚀而产生的一种破坏形式。钢的腐蚀破坏形式从它的破坏现象，可分为均匀腐蚀、点腐蚀、晶间腐蚀、应力腐蚀和疲劳腐蚀等。

均匀腐蚀　使容器壁厚逐渐减薄，易导致强度不足而发生破坏。化学腐蚀、电化学腐蚀和冲刷腐蚀是造成设备大面积均匀腐蚀的主要原因。

点腐蚀　有的使容器产生穿透孔而造成破坏；也有由于点腐蚀造成腐蚀处应力集中，在反复交变载荷作用下，成为疲劳破裂的始裂点，如果材料的塑性较差，或处在低温使用的情况下，也可能产生脆性破坏。

晶间腐蚀　是一种局部的、选择性的腐蚀破坏。这种腐蚀破坏沿金属晶粒的边缘进行，金属晶粒之间的结合力因腐蚀受到破坏，材料的强度及塑性几乎完全丧失，在很小的外力作用下即会损坏。这是一种危险性比较大的腐蚀破坏形式。因为它不在器壁表面留下腐蚀的宏观迹象，也不减小厚度尺寸，只是沿着金属的晶粒边缘进行腐蚀，使其强度及塑性大为降低，因而容易造成容器在使用过程中损坏。

应力腐蚀　又称腐蚀裂开，是金属在腐蚀性介质和拉伸应力的共同作用下而产生的一种破坏形式。

疲劳腐蚀　也称腐蚀疲劳，它是金属材料在腐蚀和应力的共同作用下引起的一种破坏形式，它的结果也是造成金属断裂而被破坏。与应力腐蚀不同的是，它是由交变的拉伸应力和介质对金属的腐蚀作用所引起的。

化工压力容器常见的介质对金属的腐蚀有：

① 液氨对碳钢及低合金钢容器的应力腐蚀；

② 硫化氢对钢制压力容器的腐蚀；

③ 热碱液对钢制压力容器的腐蚀（俗称苛性脆化或碱脆）；

④ 一氧化碳对瓶的腐蚀；

⑤ 高温高压氢气对钢压力容器的腐蚀（俗称氢脆）；

⑥ 氯离子引起的不锈钢容器的应力腐蚀。

5. 蠕变破坏

蠕变破坏是指设计选材不当或运行中超温、局部过热而导致压力容器发生蠕变的一种破坏形式。

蠕变破坏的主要特征是：蠕变破坏具有明显的塑性变形，破坏总是发生在高温下，经历较长的时间，破坏时的应力一般低于材料在使用温度下的强度极限。此外，蠕变破坏后进行检验可以发现材料有晶粒长大、钢中碳化物分解为石墨、氮化物或合金组织球化等明显的金相组织变化。

 事 故 案 例 分 析

压力容器爆炸事故

1. 事故概况

2004 年 4 月 15 日 21 时，重庆天原化工总厂氯氢分厂 1 号氯冷凝器列管腐蚀穿孔，造成含氨盐水泄漏到液氯系统，生成大量易爆的三氯化氮。16 日凌晨发生排污罐爆炸，1 时 23 分全厂停车，2 时 15 分左右，排完盐水后 4h 的 1 号盐水泵在静止状态下发生爆炸，泵体粉碎性炸坏。

16 日 17 时 57 分，在抢险过程中，又有连续两声爆响，液氯储罐内的三氯化氮忽然发生爆炸。爆炸使 5 号、6 号液氯储罐罐体破裂解体，并炸出 1 个长 9m、宽 4m、深 2m 的坑，以坑为中心，在 200m 半径内的地面上和建筑物上有大量散落的爆炸碎片。爆炸造成 9 人死亡，3 人受伤，该事故使重庆市江北区、渝中区、沙坪坝区、渝北区的 15 万名群众疏散，直接经济损失 277 万元。

2. 事故原因分析

事故爆炸直接因素关系链：设备腐蚀穿孔→盐水泄漏进入液氯系统→氯气与盐水中的铵反应生成三氯化氮→三氯化氮富集达到爆炸浓度（内因）→启动事故氯处理装置振动引爆三氯化氮（外因）。

(1) 直接原因

① 设备腐蚀穿孔导致盐水泄漏，是造成三氯化氮形成和富集的原因，而三氯化氮富集达到爆炸浓度是事故的直接原因之一。

根据重庆大学的技术鉴定和专家分析，造成氯气泄漏和盐水流失的原因是 1 号氯冷凝器列管腐蚀穿孔。腐蚀穿孔的原因主要有 5 个：

a. 氯气、液氯、氯化钙冷却盐水对氯气冷凝器存在普遍的腐蚀作用。

b. 列管内氯气中的水分对碳钢的腐蚀。

c. 列管外盐水中由于离子电位差异对管材发生电化学腐蚀和点腐蚀。

d. 列管与管板焊接处的应力腐蚀。

e. 设备使用时间较长，未适时进行耐压试验，使腐蚀现象未能在明显腐蚀和腐蚀穿孔前及时发现。

1992 年和 2004 年该液氯冷冻岗位的氨蒸发系统曾发生泄漏，造成大量的氨进入盐水，生成了含高浓度铵的氯化钙盐水。1 号氯冷凝器列管腐蚀穿孔，导致含高浓度铵的氯化钙盐水进入液氯系统，生成并大量富集具有极具危险性的三氯化氮爆炸物，为 16 日演变为爆炸事故埋下了重大事故隐患。

② 启动事故氯处理装置造成振动，引起三氯化氮爆炸，也是事故的直接原因。

经调查证实，厂方现场处理人员未经指挥部同意，为加快氯气处理的速度，在对三氯化氮富集爆炸的危险性认识不足的情况下，急于求成，判定失误，凭借以前操纵处理经验，自行启动了事故氯处理装置，对 4 号、5 号、6 号液氯储罐（计量槽）及 1 号、2 号、3 号汽化器进行抽吸处理。在抽吸过程中，事故氯处理装置水封处的三氯化氮因与空气接触和振动而首先发生爆炸，爆炸形成的巨大能量通过管道传递到液氯储罐内，搅动和振动了液氧储罐中的三氯化氮，导致 4 号、5 号、6 号液氯储罐内的三氯化氮爆炸。

(2) 间接原因

① 压力容器设备管理混乱，设备技术档案资料不齐全，两台氯液气分离器未见任何技术和法定检验报告，发生事故的冷凝器 1996 年 3 月投入使用后，一直到 2001 年 1 月才进行首检，未进行耐压试验。事故发生前的两年无维修、保养、检查记录，致使设备腐蚀现象未能在明显腐蚀和腐蚀穿孔前及时发现。

② 安全生产责任制落实不到位。2004 年 2 月 12 日，公司与该厂签订安全生产责任书以后，该厂未按规定将目标责任分解到厂属各单位。

③ 安全隐患整改督促检查不力。重庆天原化工总厂对自身存在的安全隐患整改不力，该厂"2·14"氯化氢泄漏事故后，引起了市领导的高度重视，市委、市政府领导对此做出了重要批示。为此，公司和该厂虽然采取了一些措施，但是没有认真从管理上查找事故的原因和总结教训，在责任追究上采取以经济处罚代替行政处分，因而没有让有关事故责任人员从中吸取事故的深刻教训，整改的措施不到位，督促检查力度也不够，以至于在安全方面存在的问题没有得到有效整改。"2·14"事故后，本应增添盐酸合成尾气和四氯化碳尾气的监控系统，但直到"4·16"事故发生时都尚未配备。

④ 对三氯化氮爆炸的机理和条件研究不成熟，相关安全技术规定不完善。有关专家在《关于重庆天原化工总厂"4·16"事故原因分析报告的意见》中指出："目前，国内对三氯化氮的爆炸机理、爆炸条件缺乏相关技术资料，对如何避免三氯化氮爆炸的相关安全技术标准尚不够完善"，"因含高浓度铵的氯化钙盐水泄漏到液氯系统，导致爆炸的事故在我国尚属首例"。这表明此次事故对三氯化氮的处理方面，确实存在很大程度的复杂性、不确定性和不可预见性。这次事故是目前氯碱行业现有技术条件下难以预测、没有先例的事故，人为因素不是主导作用。同时，全国氯碱行业尚无对氯化钙盐水中铵含量定期分析的规定，该厂氯化钙盐水十多年来从未更换和检测，造成盐水中的铵不断富集，为生成大量的三氯化氮创造了条件，并为爆炸的发生留下了重大的隐患。

第二节　气瓶安全技术

本节所述的气瓶是指适用于正常环境温度（−40～60℃，车用气瓶的环境温度范围遵从相关标准规定）下使用的、公称容积为 0.4～3000L、公称工作压力为 0.2～35MPa（表压）且压力与容积的乘积大于或者等于 1.0MPa·L，盛装压缩气体、高（低）压液化气体、低温液化气体、溶解气体、吸附气体、标准沸点等于或者低于60℃的液体以及混合气体（两种或者两种以上气体）的无缝气瓶、焊接气瓶、焊接绝热气瓶、缠绕气瓶、内部装有填料的气瓶以及附件。

一、气瓶的分类

1. 按瓶装介质分类

瓶装气体介质分为以下几种。

(1) 压缩气体　是指在−50℃时加压后完全是气态的气体，包括临界温度（T_c）低于或者等于−50℃的气体，也称永久气体；如氢、氧、氮、空气、燃气及氩、氦、氖、氙等。

(2) 高（低）压液化气体　是指在温度高于−50℃时加压后部分是液态的气体，包括临界温度在−50～65℃的气体的高压液化气体和临界温度高于65℃的低压液化气体。

高压液化气体如乙烯、乙烷、二氧化碳、氧化亚氮、六氟化硫、氯化氢、三氟甲烷（R-23）、六氟乙烷（R-116）、氟己烯等。

低压液化气体如溴化氢、硫化氢、氨、丙烷、丙烯、异丁烯、丁二烯、1,3丁烯、环氧乙烷、液化石油气等。

(3) 低温液化气体　是指在运输过程中由于深冷低温而部分呈液态的气体，临界温度一般低于或者等于−50℃，也称为深冷液化或冷冻液化气体。

(4) 溶解气体　是指在压力下溶解于溶剂中的气体，如乙炔。由于乙炔气体极不稳定，故必须把它溶解在溶剂（常见的为丙酮）中。气瓶内装满多孔性材料，以吸收溶剂。

(5) 吸附气体　是指在压力下吸附于吸附剂中的气体。

2. 按制造方法分类

(1) 钢制无缝气瓶　以钢坯为原料，经冲压拉伸制造，或以无缝钢管为材料，经热旋压收口收底制造的钢瓶。瓶体材料为采用碱性平炉、电炉或吹氧碱性转炉冶炼的镇静钢，如优质碳钢、锰钢、铬钼钢或其他合金钢。这类气瓶用于盛装压缩气体和高压液化气体。

(2) 钢制焊接气瓶　以钢板为原料，经冲压卷焊制造的钢瓶。瓶体及受压元件材料为采用平炉、电炉或氧化转炉冶炼的镇静钢，要求有良好的冲压和焊接性能。这类气瓶用于盛装低压液化气体。

(3) 缠绕玻璃纤维气瓶　是以玻璃纤维加黏结剂缠绕或碳纤维制造的气瓶。一般有一个铝制内筒，其作用是保证气瓶的气密性，承压强度则依靠玻璃纤维缠绕的外筒。这类气瓶由于绝热性能好、重量轻，多用于盛装呼吸用压缩空气，供消防、毒区或缺氧区域作业人员随身背挎并配以面罩使用。一般容积较小（1～10L），充气压力多为15～30MPa。

3. 按公称工作压力分类

(1) 高压气瓶是指公称工作压力大于或者等于10MPa的气瓶。

(2) 低压气瓶是指公称工作压力小于10MPa的气瓶。

4. 按公称容积分类

气瓶按照公称容积分为小容积、中容积、大容积气瓶。

(1) 小容积气瓶是指公称容积小于或者等于12L的气瓶；

(2) 中容积气瓶是指公称容积大于12L并且小于或者等于150L的气瓶；

(3) 大容积气瓶是指公称容积大于150L的气瓶。

钢瓶公称容积和公称直径见表5-1。

表 5-1　钢瓶公称容积和公称直径

公称容积 V_G/L	10	16	25	40	50	60	80	100	150	120	400	600	800	1000
公称直径 D_N/mm		200			250			300		400		600		800

二、气瓶的安全附件

1. 安全泄压装置

气瓶的安全泄压装置，是为了防止气瓶在遇到火灾等高温时，瓶内气体受热膨胀而发生破裂爆炸。

气瓶常见的泄压附件有爆破片和易熔塞。

爆破片装在瓶阀上，其爆破压力略高于瓶内气体的最高温升压力。爆破片多用于高压气瓶上，有的气瓶不装爆破片。《气瓶安全技术监察规程》（TSG R0006—2014）对是否必须装设爆破片，未做明确规定。气瓶装设爆破片有利有弊，一些国家的气瓶不采用爆破片这种安全泄压装置。

易熔塞一般装在低压气瓶的瓶肩上，当周围环境温度超过气瓶的最高使用温度时，易熔塞的易熔合金熔化，瓶内气体排出，避免气瓶爆炸。

2. 其他附件（防震圈、瓶帽、瓶阀）

气瓶装有两个防震圈是气瓶瓶体的保护装置。气瓶在充装、使用、搬运过程中，常常会因滚动、震动、碰撞而损伤瓶壁，以致发生脆性破坏。这是气瓶发生爆炸事故常见的一种直接原因。

瓶帽是瓶阀的防护装置，它可避免气瓶在搬运过程中因碰撞而损坏瓶阀，保护出气口螺纹不被损坏，防止灰尘、水分或油脂等杂物落入阀内。

瓶阀是控制气体出入的装置，一般是用黄铜或钢制造。充装可燃气体的钢瓶的瓶阀，其出气口螺纹为左旋，盛装助燃气体的气瓶，其出气口螺纹为右旋。瓶阀的这种结构可有效地防止可燃气体与非可燃气体的错装。

三、气瓶的颜色

国家标准《气瓶颜色标志》（GB/T 7144—2016）对气瓶的颜色、字样和色环做了严格的规定。常见气瓶的颜色见表 5-2。

表 5-2　常见气瓶的颜色

序　号	气瓶名称	化学式	外表面颜色	字　样	字样颜色	色　　环	
1	氢	H_2	淡绿	氢	大红	$p=20$MPa	大红单环
						$p \geqslant 30$MPa	大红双环
2	氧	O_2	淡蓝	氧	黑	$p=20$MPa	白色单环
						$p \geqslant 30$MPa	白色双环
3	氨	NH_3	淡黄	液氨	黑		
4	氯	Cl_2	深绿	液氯	白		
5	空气	Air	黑	空气	白	$p=20$MPa	白色单环
6	氮	N_2	黑	氮	白	$p \geqslant 30$MPa	白色双环
7	二氧化碳	CO_2	铝白	液化二氧化碳	黑	$p=20$MPa	黑色单环
8	乙烯	C_2H_4	棕	液化乙烯	淡黄	$p=15$MPa	白色单环
						$p=20$MPa	白色双环
9	乙炔	C_2H_2	白	乙炔 不可近火	大红		

四、气瓶的管理

1. 充装安全

为了保证气瓶在使用或充装过程中不因环境温度升高而处于超压状态，必须对气瓶的充装量严格控制。确定压缩气体及高压液化气体气瓶的充装量时，要求瓶内气体在最高使用温度（60℃）下的压力，不超过气瓶的最高许用压力。对低压液化气体气瓶，则要求瓶内液体在最高使用温度下，不会膨胀至瓶内满液，即要求瓶内始终保留有一定气相空间。

（1）防止气瓶充装过量 气瓶充装过量是气瓶破裂爆炸的常见原因之一。因此必须加强管理，严格执行《气瓶安全技术监察规程》（TSG R0006—2014）的安全要求，防止充装过量。充装压缩气体的气瓶，要按不同温度下的最高允许充装压力进行充装，防止气瓶在最高使用温度下的压力超过气瓶的最高许用压力。充装液化气体的气瓶，必须严格按规定的充装系数充装，不得超量。

（2）防止不同性质气体混装 气体混装是指在同一气瓶内灌装两种气体（或液体）。如果这两种介质在瓶内发生化学反应，将会造成气瓶爆炸事故。如原来装过可燃气体（如氢气等）的气瓶，未经置换、清洗等处理，甚至瓶内还有一定量余气，又灌装氧气，结果瓶内氢气与氧气发生化学反应，产生大量反应热，瓶内压力急剧升高，气瓶爆炸，酿成严重事故。

属下列情况之一的，应先进行处理，否则严禁充装。

① 钢印标记、颜色标记不符规定及无法判定瓶内气体的；

② 附件不全、损坏或不符合规定的；

③ 瓶内无剩余压力的；

④ 超过检验期的；

⑤ 外观检查存在明显损伤，需进一步进行检查的；

⑥ 氧化或强氧化性气体气瓶沾有油脂的；

⑦ 易燃气体气瓶的首次充装，事先未经置换和抽空的。

2. 储存安全

储存气瓶时，应遵守下列《气瓶安全技术监察规程》（TSG R0006—2014）规定的安全要求：

（1）应置于专用仓库储存，气瓶仓库应符合《建筑设计防火规范［2018 版］》（GB 50016—2014）的有关规定；

（2）仓库内不得有地沟、暗道，严禁明火和其他热源，仓库内应通风、干燥、避免阳光直射；

（3）盛装易发生聚合反应或分解反应气体的气瓶，必须根据气体的性质控制仓库内的最高温度、规定储存期限，并应避开放射线源；

（4）空瓶与实瓶应分开放置，并有明显标志，毒性气体气瓶和瓶内气体相互接触能引起燃烧、爆炸、产生毒物的气瓶，应分室存放，并在附近设置防毒用具或灭火器材；

（5）气瓶放置应整齐，佩戴好瓶帽。立放时，要妥善固定；横放时，头部朝同一方向。

此外，还应注意以下问题。

（1）气瓶的储存应有专人负责管理。管理人员、操作人员、消防人员应经安全技术培训，了解气瓶、气体的安全知识。

（2）氧气瓶、液化石油气瓶，乙炔瓶与氧气瓶、氯气瓶不能同储一室。

（3）气瓶专用仓库（储存间）应符合《建筑设计防火规范［2018版］》（GB 50016—2014），应采用二级以上防火建筑。与明火或其他建筑物应有符合规定的安全距离。易燃、易爆、有毒、腐蚀性气体气瓶库的安全距离不得小于15m。

（4）气瓶专用仓库要有便于装卸、运输的设施。库内不得有暖气、水、燃气等管道通过，也不准有地下管道。照明灯具及电气设备应是防爆的。

（5）地下室或半地下室不能储存气瓶。

（6）瓶库有明显的"禁止烟火""当心爆炸"等各类必要的安全标志。

（7）瓶库应有运输和消防通道，设置消防栓和消防水池。在固定地点备有专用灭火器、灭火工具和防毒用具。

（8）储存的气瓶要固定牢靠，要留有通道。储存数量、号位的标志要明显。

（9）实瓶一般应立放储存。卧放时，应防止滚动。

（10）实瓶的储存数量应有限制，在满足当天使用量和周转量的情况下，应尽量减少储存量。

（11）瓶库账目清楚，数量准确，按时盘点，账物相符。

（12）建立并执行气瓶进出库制度。

3. 使用安全

使用气瓶应遵守下列《气瓶安全技术监察规程》（TSG R0006—2014）的规定：

（1）采购和使用有制造许可证的企业的合格产品，不使用超期未检的气瓶；

（2）使用者必须到已办理充装注册的单位或经销注册的单位购气；

（3）气瓶使用前应进行安全状况检查，对盛装气体进行确认，不符合安全技术要求的气瓶严禁入库和使用；使用时必须严格按照使用说明书的要求使用气瓶；

（4）气瓶的放置地点，不得靠近热源和明火，应保证气瓶瓶体干燥。盛装易发生聚合反应或分解反应气体的气瓶，应避开放射线源；

（5）气瓶立放时，应采取防止倾倒的措施；

（6）夏季应防止曝晒；

（7）严禁敲击、碰撞；

（8）严禁在气瓶上进行电子电焊引弧；

（9）严禁用温度超过40℃的热源对气瓶加热；

（10）瓶内气体不得用尽，必须留有剩余压力或重量，永久气体气瓶的剩余压力应不小于0.05MPa；液化气体气瓶应留有不少于0.5%～1.0%规定充装量的剩余气体；

（11）在可能造成回流的使用场合，使用设备上必须配置防止倒灌的装置，如单向阀、止回阀、缓冲罐等；

（12）液化石油气瓶用户及经销者，严禁将气瓶内的气体向其他气瓶倒装，严禁自行处理气瓶内的残液；

（13）气瓶投入使用后，不得对瓶体进行挖补、焊接修理；

（14）严禁擅自更改气瓶的钢印和颜色标识。

使用过程中，还应注意以下问题。

（1）使用气瓶者应学习气体与气瓶的安全技术知识，在技术熟练人员的指导监督下进行操作练习，合格后才能独立使用。

（2）使用前应对气瓶进行检查，如发现气瓶颜色、钢印等辨别不清，检验超期，气瓶损伤（变形、划伤、腐蚀），气体质量与标准规定不符等现象，应拒绝使用并做妥善处理。

（3）按照规定，正确、可靠地连接调压器、回火防止器、输气、橡胶软管、缓冲器、汽化器、焊割炬等，检查、确认没有漏气现象。连接上述器具前，应微开瓶阀吹除瓶阀出口的灰尘、杂物。

（4）气瓶使用时，一般应立放（乙炔瓶严禁卧放使用），不得靠近热源。与明火、可燃与助燃气体气瓶之间距离，不得小于 10m。

（5）使用易起聚合反应的气体的气瓶，应远离射线、电磁波、振动源。

（6）防止日光曝晒、雨淋、水浸。

（7）移动气瓶应手搬瓶肩转动瓶底，移动距离较远时可用轻便小车运送，严禁抛、滚、滑、翻和肩扛、脚踹。

（8）禁止用气瓶做支架和铁砧。

（9）注意操作顺序。开启瓶阀应轻缓，操作者应站在阀出口的侧后；关闭瓶阀应轻而严，不能用力过大，避免关得太紧、太死。

（10）瓶阀冻结时，不准用火烤。可把瓶移入室内或温度较高的地方或用 40℃ 以下的温水浇淋解冻。

（11）注意保持气瓶及附件清洁、干燥，禁止沾染油脂、腐蚀性介质、灰尘等。

（12）保护瓶外油漆防护层，既可防止瓶体腐蚀，也是识别标记，可以防止误用和混装。瓶帽、防震圈、瓶阀等附件都要妥善维护、合理使用。

（13）气瓶使用完毕，要送回瓶库或妥善保管。

五、气瓶的定期检验

气瓶的定期检验，应由取得检验资格的专门单位负责进行。未取得资格的单位和个人，不得从事气瓶的定期检验。

各类气瓶的检验周期，不得超过下列规定：

① 盛装腐蚀性气体的气瓶、潜水气瓶以及常与海水接触的气瓶，每 2 年检验一次；

② 盛装一般性气体的气瓶，每 3 年检验一次；

③ 盛装惰性气体的气瓶，每 5 年检验一次；

④ 液化石油气钢瓶，对在用的 YSP118 和 YSP118-Ⅱ 型钢瓶，自钢瓶钢印所示的制造日期起，每 3 年检验一次；其余型号的钢瓶自制造日期起至第三次检验的检验周期均为 4 年，第 3 次检验的有效期为 3 年；

⑤ 低温绝热气瓶，每三年检验一次；

⑥ 车用液化石油气钢瓶每五年检验一次，车用压缩天然气钢瓶，每三年检验一次。

气瓶在使用过程中，发现有严重腐蚀、损伤或对其安全可靠性有怀疑时，应提前进行检验。库存和使用时间超过一个检验周期的气瓶，启用前应进行检验。

气瓶检验单位，对要检验的气瓶，逐只进行检验，并按规定出具检验报告。未经检验和检验不合格的气瓶不得使用。

环氧乙烷钢瓶爆炸事故

1. 事故概况

2002 年 4 月 12 日 13 时许，常州市城南钢瓶检测站站长金某安排职工夏某等 6 人将 1 只 400L 的待检测环氧乙烷钢瓶滚到作业现场进行残液处理，金某在作业现场指挥。夏某将瓶阀门打开后未见余气和残液流出，将阀门卸下，仍没有残液和余气流出，夏某即将阀门重新装上并关好。金某叫夏某将钢瓶底部的一只易熔塞座螺栓旋松。旋松后，即听到有"滋滋"的漏气声，金某说："让它慢慢漏吧，不要去动它了"。于是工人们都去干其他工作了。15 时左右，金某离开单位。职工陈某在现场对待检测的数只氯气钢瓶进行排放余氯（气）处理，职工孟某、温某、张某 3 人在现场用铁锹清理地烘炉的煤渣。15 时 20 分左右，检测站作业现场环氧乙烷钢瓶忽然发生爆炸，造成正在作业现场的陈、孟、张、温等 4 人受伤，经抢救无效陈、孟、张 3 人先后在 6 日内死亡。事故造成 3 人死亡，1 人重伤，直接经济损失 40 万元，间接经济损失 300 万元。

经勘察分析，4 月 12 日 13 时许，环氧乙烷气体泄放出来，到发生爆炸时为止近 2h。环氧乙烷气体相对密度较大，沉浮于地面并与空气形成爆炸性混合物，而该钢瓶内仍有 200 多公斤液相环氧乙烷。孟某等 3 名工人用铁锹清理地烘炉煤渣时，由于摩擦、碰撞，引起环氧乙烷与空气的混合气体爆炸，并迅速引发环氧乙烷钢瓶内液相环氧乙烷爆炸（环氧乙烷的爆炸时间为 0.002s，速度为 350~550m/s，温度达 1200℃）。爆炸导致现场的地面操纵式行车向东南方向倾斜，地烘炉到爆炸钢瓶之间的接近地面部分电线和抛磨机被烧坏；而其上部的电线未见烧焦痕迹。爆炸还造成现场 1km² 范围内多处民宅门窗玻璃破损。

2. 事故原因分析

（1）事故直接原因

① 金某违章指挥是这起事故的直接原因，也是主要原因。该钢瓶检测站站长金某违反规定，在未确认气瓶内存在残液的情况下，指挥野蛮操作，卸、装环氧乙烷瓶阀，松开底部易熔座塞螺栓，任意泄放环氧乙烷气体，导致环氧乙烷气体大量泄放，酿成爆炸事故的严重隐患。

② 孟某等 3 人无知操作，也是这起事故的直接原因。孟某等 3 人在清理地烘炉时，由于单位未及时给他们进行环氧乙烷危险特性的安全教育，不知环氧乙烷危险特性，在存在环氧乙烷和空气混合气体的环境条件下，使用铁锹清理煤渣，因摩擦、碰撞等原因导致了爆炸事故的发生。

（2）事故间接原因

① 该钢瓶检测站安全管理混乱，制度不健全是这起事故的间接原因，也是重要原因。该单位现场治理混乱，现场操纵职员都未经过专门培训，受利益驱动，超范围承接业务，从而导致了该起事故的发生。

② 该钢瓶检测站未按国家关于气瓶定期检验站的规定进行工作，存在诸多隐患。

③ 检测站专职安全员安全管理工作不到位，未严格执行安全员岗位责任制。

④ 该钢瓶检测站挂靠的主管部门对挂靠单位安全工作疏于监管。

液氨钢瓶爆裂事故

1. 事故概况

2003年9月6日13时30分左右，宁夏永宁县金丰纸业有限公司一液氯瓶发生爆裂，造成119人有刺激、中毒症状，其中33人在医院接受医疗观察治疗。

事故钢瓶为800L液氯钢瓶，于1981年制造，由银川市制钠厂液氯充装站充装。事发时，该钢瓶已超过检验周期，处于露天静置状态，未投入使用。爆破口位于气瓶有角阀一侧，封头护罩固定焊缝内侧约25mm处的母材沿环向裂开，长约750mm，最小壁厚不足4mm，母材内表面光滑，外侧有明显的呈条状腐蚀迹象。

2. 事故原因分析

（1）事故钢瓶属于超过安全使用年限的报废气瓶，且腐蚀严重，钢瓶充装液氯后，在露天下曝晒存放，是发生爆裂事故并导致液氯泄漏的直接原因。

（2）气瓶使用单位对气瓶的贮存管理不当是造成爆裂泄漏的主要原因。

（3）气瓶充装单位没有对所充装的气瓶超过使用年限进行报废处理，反而进行充装，是造成事故的重要原因。

第三节　工业锅炉安全技术

锅炉是使燃烧产生的热能把水加热或变成水蒸气的热力设备，尽管锅炉的种类繁多，结构各异，但都是由"锅"和"炉"以及为保证"锅"和"炉"正常运行所必需的附件、仪表及附属设备等三大类（部分）组成。

"锅"是指锅炉中盛放水和水蒸气的密封受压部分，是锅炉的吸热部分，主要包括汽包、对流管、水冷壁、联箱、过热器、省煤器等。"锅"再加上给水设备就组成锅炉的汽水系统。

"炉"是指锅炉中燃料进行燃烧、放出热能的部分，是锅炉的放热部分，主要包括燃烧设备、炉墙、炉拱、钢架和烟道及排烟除尘设备等。

锅炉的附件和仪表很多，如安全阀、压力表、水位表及高低水位报警器、排污装置、汽水管道及阀门、燃烧自动调节装置、测温仪表等。

锅炉的附属设备也很多，一般包括给水系统的设备（如水处理装置、给水泵）；燃料供给及制备系统的设备（如给煤、磨粉、供油、供气等装置）；通风系统设备（如鼓、引风机）和除灰排渣系统设备（除尘器、出渣机、出灰机）。

总之，锅炉是一个复杂的组合体。尤其在化工企业中使用的大、中容量锅炉，除了锅炉本体庞大、复杂外，还有众多的辅机、附件和仪表，运行时需要各个部分、各个环节密切协调，任何一个环节发生了故障，都会影响锅炉的安全运行。所以，作为特种设备的锅炉的安全监督应特别予以重视。

一、锅炉安全附件

1. 安全阀

安全阀是锅炉设备中的重要安全附件之一，它能自动开启排气（汽）以防止锅炉压力超过规定限度。安全阀通常应该具有的功能是：当锅炉中介质压力超过允许压力时，安全阀自动开启，排汽降压，同时发出鸣叫声向工作人员报警；当介质压力降到允许工作压力之后，自动"回座"关闭，使锅炉能够维持运行；在锅炉正常运行中，安全阀保持密闭不漏。

安全阀应该在什么压力之下开启排气（汽），是根据锅炉受压元件的承压能力人为规定的。一般说来，在锅炉正常工作压力下安全阀应处于闭合状态，在锅炉压力超过正常工作压力时安全阀才应开启排气。但安全阀的开启压力不允许超过锅炉正常工作压力太多，以保证锅炉受压元件有足够的安全裕度，安全阀的开启压力也不应太接近锅炉正常工作压力，以免安全阀频繁开启，损伤安全阀并影响锅炉的正常运行。

安全阀必须有足够的排放能力，在开启排气后才能起到降压作用。否则，即使安全阀排气，锅炉内的压力仍会继续不断上升。因此，为保证在锅炉用汽单位全部停用蒸汽时也不致锅炉超压，锅炉上所有安全阀的总排气量，必须大于锅炉的最大连续蒸发量。

安全阀应当垂直安装，并且应当安装在锅筒（锅壳）、集箱的最高位置，在安全阀和锅筒（锅壳）之间或者安全阀和集箱之间，不应当装设有取用蒸汽或者热水的管路和阀门。

安装安全阀时应该装设排气管，防止排气时伤人。

蒸汽锅炉安全阀排气管应满足以下安全要求：

① 排气管应当直通安全地点，并且有足够的流通截面积，保证排气畅通，同时排气管应当予以固定，不应当有任何来自排气管的外力施加到安全阀上；

② 安全阀排气管底部应当装有接到安全地点的疏水管，且疏水管上不应当装设阀门；

③ 两个独立的安全阀的排气管不应当相连；

④ 安全阀排气管上如果装有消音器，其结构应当有足够的流通截面积和可靠的疏水装置；

⑤ 露天布置的排气管如果加装防护罩，防护罩的安装不应当妨碍安全阀的正常动作和维修。

热水锅炉和可分式省煤器的安全阀应当装设排水管（如果采用杠杆安全阀应当增加阀芯两侧的排水装置），排水管应当直通安全地点，并且有足够的排放流通面积，保证排放畅通。在排水管上不应当装设阀门，并且应当有防冻措施。

安全阀每年至少做一次定期检验，每天人为排放一次，排放压力最好为规定最高工作压力的80％以上。

2. 压力表

压力表是测量和显示锅炉汽水系统压力大小的仪表。严密监视锅炉各受压元件实际承受的压力，将它控制在安全限度之内，是锅炉实现安全运行的基本条件和基本要求，因而压力表是运行操作人员必不可少的耳目。锅炉没有压力表、压力表损坏或压力表的装设不符合要求，都不得投入运行或继续运行。

锅炉中应用得最为广泛的压力表是弹簧管式压力表，它具有结构简单、使用方便、准确可靠、测量范围大等优点。

压力表的量程应与锅炉工作压力相适应，通常为锅炉工作压力的 1.5～3 倍，最好为 2倍。压力表度盘上应该划红线，指出最高允许工作压力。压力表每半年至少应校验一次，校验后应该铅封。压力表的连接管不应有漏气现象，否则会降低压力指示值。

压力表应该装设在便于观察和吹洗的位置，应防止受到高温、冰冻和震动的影响。为避免蒸汽直接进入弹簧弯管影响其弹性，压力表下边应该装设存水弯管。

3. 水位表

水位表是用来显示汽包内水位高低的仪表。操作人员可以通过水位表观察和调节水位，防止发生锅炉缺水或满水事故，保证锅炉安全运行。

水位表是按照连通器内液柱高度相等的原理装设的。水位表的水连管和拽连管分别与汽包的水空间和汽空间相连，水位表和汽包构成连通器，水位表显示的水位即是汽包内的水位。

锅炉上常用的水位表，有玻璃管式和玻璃板式两种。其中，玻璃管式水位表结构简单，价格低廉，在低压小型锅炉上应用得十分广泛；但玻璃管的耐压能力有限，使用工作压力不宜超过 1.6MPa。为防止玻璃管破碎喷水伤人，玻璃管外通常装设有耐热的玻璃防护罩。玻璃板水位表比起玻璃管式水位表，能耐更高的压力和温度，不易泄漏，但结构较为复杂，多用于高压锅炉。

水位表应装在便于观察、冲洗的位置，并有充足的照明；水连接管和汽连接管应水平布置，以防止造成假水位；连接管的内径不得小于 18mm，连接管应尽可能地短；如长度超过 500mm 或有弯曲时，内径应适当放大；汽水连接管上应避免装设阀门，如装有阀门，则在正常运行时必须将阀门全开；水位表应有放水旋塞和接到安全地点放水管，其汽旋塞、水旋塞、放水旋塞的内径，以及水位表玻璃管的内径，不得小于 8mm。水位表应有指示最高、最低安全水位的明显标志。水位表玻璃板（管）的最低可见边缘应比最低安全水位低 25mm，最高可见边缘应比最高安全水位高 5mm。

水位报警器用于在锅炉水位异常（高于最高安全水位或低于最低安全水位）时发出警报，提醒运行人员采取措施，消除险情。额定蒸发量≥2t/h 的锅炉，必须装设高低水位报警器，警报信号应能区分高低水位。

二、锅炉水质处理

1. 锅炉给水处理的重要性

锅炉给水，不管是地面或地下水，都含有各种杂质。这些杂质分为三类：①固体杂质，如悬浮固体、胶溶固体、溶解于水的盐类和有机物等；②气体杂质，如氧气和二氧化碳；③液态杂质，如油类、酸类、工业废液等。这些含有杂质的水如不经过处理就进入锅炉，就会威胁锅炉的安全运行。例如，溶解在水中的钙或镁的碳酸盐、重碳酸盐、硫酸盐，在加热的过程中能在锅炉的受热面上沉积下来结成坚硬的水垢，水垢会给锅炉运行带来很多害处。由于水垢的热导率很小，是金属的几十分之一到百分之一，使受热面传热不良。水垢不但浪费燃料，而且使锅炉壁温升高，强度显著下降，这样，在内压力的作用下，管子就会发生变形，或者鼓包，甚至会引起爆管。另外一些溶解的盐类，在锅炉里会分解出氢氧根，氢氧根的浓度过高，会致锅炉某些部位发生苛性脆化而危害锅炉安全。溶解在水中的氧气和二氧化碳会导致金属的腐蚀，从而缩短锅炉的寿命。

所以，为了确保锅炉的安全，使其经济可靠地运行，就必须对锅炉给水进行必要的处理。

2. 水质指标

对水质的要求，随炉型的不同而不同。低压锅炉主要水质指标有悬浮物、溶解盐类、硬度、碱度、酸度、pH 值、溶解氧等；中、高压锅炉，除上述指标外还有电导率、二氧化硅、铜、铁等。

工业锅炉的水质应当符合《工业锅炉水质》（GB/T 1576—2008）的规定。

3. 水处理方法

因为各地水质不同，锅炉炉型较多，因此水处理方法也各不相同。在选择水处理方法时要因炉、因水而定。目前水处理方法从两方面进行，一种是炉内水处理，另一种是炉外水处理。

炉内水处理也叫锅内水处理，就是将自来水或经过沉淀的天然水直接加入，向汽包内加入适当的药剂，使之与锅水中的钙、镁盐类生成松散的泥渣沉降，然后通过排污装置排除。这种方法较适于小型锅炉使用，也可作为高、中压锅炉的炉外水处理补充，以调整炉水质量。常用的几种药剂有：碳酸钠、氢氧化钠、磷酸钠、六偏磷酸钠、磷酸氢二钠和一些新型有机防垢剂。

炉外水处理就是在给水进入锅炉前，通过各种物理和化学的方法，把水中对锅炉运行有害的杂质除去，使给水达到标准，从而避免锅炉结垢和腐蚀。

常用的方法有离子交换法，能除去水中的钙、镁离子，使水软化（除去硬度），可防止炉壁结垢，中小型锅炉已普遍使用；阴阳离子交换法，能除去水中的盐类，生产脱盐水（亦称纯水），高压锅炉均使用脱盐水，直流锅炉和超高压锅炉的用水要经二级除盐；电渗析法，能除去水中的盐类，常作为离子交换法的前级处理。有些水在软化前要经机械过滤或石灰法除碱。

溶解在锅炉给水中的氧气、二氧化碳，会使锅炉的给水管道和锅炉本体腐蚀，尤其当氧气和二氧化碳同时存在时，金属腐蚀会更加严重。除氧的方法有：喷雾式热力除氧、真空除氧和化学除氧。使用最普遍的是喷雾式热力除氧。

三、锅炉运行的安全管理

1. 锅炉启动的安全要点

由于锅炉是一个复杂的装置，包含着一系列部件、辅机，锅炉的正常运行包含着燃烧、传热、工质流动等过程，因而启动一台锅炉要进行多项操作，要用较长的时间、各个环节协同动作，逐步达到正常工作状态。

锅炉启动过程中，其部件、附件等由冷态（常温或室温）变为受热状态，由不承压转变为承压，其物理形态、受力情况等产生很大变化，最易产生各种事故。据统计，锅炉事故约有半数是在启动过程中发生的。因而对锅炉启动必须进行认真的准备。

（1）全面检查　锅炉启动之前一定要进行全面检查，符合启动要求后才能进行下一步的操作。启动前的检查应按照锅炉运行规程的规定，逐项进行。主要内容有：检查汽水系统、燃烧系统、风烟系统、锅炉本体和辅机是否完好；检查人孔、手孔、看火门、防爆门及各类阀门、接板是否正常；检查安全附件是否齐全、完好并使之处于启动所要求的位置；检查各种测量仪表是否完好等。

（2）上水　为防止产生过大热应力，上水水温最高不应超过 90～100℃；上水速度要缓慢，全部上水时间在夏季不小于 1h，在冬季不小于 2h。冷炉上水至最低安全水位时应停止上水，以防受热膨胀后水位过高。

（3）烘炉和煮炉　新装、大修或长期停用的锅炉，其炉膛和烟道的墙壁非常潮湿，一旦骤然接触高温烟气，就会产生裂纹、变形甚至发生倒塌事故。为了防止这种情况，锅炉在上水后启动前要进行烘炉。

烘炉就是在炉膛中用文火缓慢加热锅炉，使炉墙中的水分逐渐蒸发掉。

烘炉应根据事先制定的烘炉升温曲线进行，整个烘炉时间根据锅炉大小、型号不同而定，一般为3~14天。烘炉后期可以同时进行煮炉。

煮炉的目的是清除锅炉蒸发受热面中的铁锈、油污和其他污物，减少受热面腐蚀，提高锅水和蒸汽的品质。

煮炉时，在锅水中加入碱性药剂，如 $NaOH$、Na_3PO_4 或 Na_2CO_3 等。步骤为：上水至最高水位；加入适量药剂（2~4kg/t）；燃烧加热锅水至沸腾但不升压（开启空气阀或抬起安全阀排气），维持10~12h；减弱燃烧，排污之后适当放水；加强燃烧并使锅炉升压到25%~100%的工作压力，运行12~24h；停炉冷却，排除锅水并清洗受热面。

烘炉和煮炉虽不是正常启动，但锅炉的燃烧系统和汽水系统已经部分或大部分处于工作状态，锅炉已经开始承受温度和压力，所以必须认真进行。

（4）点火与升压 一般锅炉上水后即可点火升压；进行烘炉煮炉的锅炉，待煮炉完毕、排水清洗后再重新上水，然后点火升压。

从锅炉点火到锅炉蒸汽压力上升到工作压力，这是锅炉启动中的关键环节，需要注意以下问题。

① 防止炉膛内爆炸。即点火前应开动引风机数分钟给炉膛通风，分析炉膛内可燃物的含量，低于爆炸下限时，才可点火。

② 防止热应力和热膨胀造成破坏。为了防止产生过大的热应力，锅炉的升压过程一定要缓慢进行。如：水管锅炉在夏季点火升压需要2~4h，在冬季点火升压需要2~6h；立式锅壳锅炉和快装锅炉需要时间较短，为1~2h。

③ 监视和调整各种变化。点火升压过程中，锅炉的蒸汽参数、水位及各部件的工作状况在不断变化。为了防止异常情况及事故出现，要严密监视各种仪表指示的变化。另外，也要注意观察各受热面，使各部位冷热交换温度变化均匀，防止局部过热，烧坏设备。

（5）暖管与并汽 所谓暖管，即用蒸汽缓慢加热管道三阀门、法兰等元件，使其温度缓慢上升，避免向冷态或较低温度的管道突然供入蒸汽，以防止热应力过大而损坏管道、阀门等元件。同时将管道中的冷凝水驱出，防止在供汽时发生水击。冷态蒸汽管道的暖管时间一般不少于2h，热态蒸汽管道的暖管一般为0.5~1h。

并汽也叫并炉、并列，即投入运行的锅炉向共用的蒸汽总管供汽。并汽时应燃烧稳定、运行正常、蒸汽品质合格以及蒸汽压力稍低于蒸汽总管内气压（低压锅炉低0.02~0.05MPa；中压锅炉低0.1~0.2MPa）。

2. 锅炉运行中的安全要点

① 锅炉运行中，保护装置与联锁不得停用。需要检验或维修时，应经有关主要领导批准。

② 锅炉运行中，安全阀每天人为排气试验一次。电磁安全阀电气回路试验每月应进行一次。安全阀排气试验后，其起座压力、回座压力、阀瓣开启高度应符合规定，并作记录。

③ 锅炉运行中，应定期进行排污试验。

3. 锅炉停炉时的安全要点

锅炉停炉分正常停炉和紧急停炉（事故停炉）两种。

（1）正常停炉 正常停炉是计划内停炉。停炉中应注意的主要问题是：防止降压降温过快，以避免锅炉元件因降温收缩不均匀而产生过大的热应力。停炉操作应按规定的次序进行。锅炉正常停炉时先停燃料供应，随之停止送风，降低引风。与此同时，逐渐降低锅炉负荷，相应地减少锅炉上水，但应维持锅炉水位稍高于正常水位。锅炉停止供汽后，应隔绝与蒸汽总管的连接，排汽降压。待锅内无气压时，开启空气阀，以免锅内因降温形成真空。为防止锅炉降温过快，在正常停炉的4～6h内，应紧闭炉门和烟道接板。之后打开烟道接板，缓慢加强通风，适当放水。停炉18～24h，在锅水温度降至70℃以下时，方可全部放水。

（2）紧急停炉　锅炉运行中出现：水位低于水位表的下部可见边缘；不断加大向锅炉给水及采取其他措施，但水位仍继续下降；水位超过最高可见水位（满水），经放水仍不能见到水位；给水泵全部失效或给水系统故障，不能向锅炉进水；水位表或安全阀全部失效；炉元件损坏等严重威胁锅炉安全运行的情况，则应立即停炉。

紧急停炉的操作次序是：立即停止添加燃料和送风，减弱引风。与此同时，设法熄灭炉膛内的燃料，对于一般层燃炉可以用砂土或湿灰灭火，链条炉可以开快挡使炉排快速运转，把红火送入灰坑。灭火后即把炉门、灰门及烟道接板打开，以加强通风冷却。锅内可以较快降压并更换锅水，锅水冷却至70℃左右允许排水。但因缺水紧急停炉时，严禁给炉上水，并不得开启空气阀及安全阀快速降压。

四、锅炉常见事故及处理

1. 水位异常引起的事故

（1）缺水事故　是最常见的锅炉事故。当锅炉水位低于最低许可水位时称作缺水。在缺水后锅筒和锅管被烧红的情况下，若大量上水，水接触到烧红的锅筒和锅管会产生大量蒸汽，气压剧增会导致锅炉烧坏，甚至爆炸。

缺水原因：违规脱岗、工作疏忽、判断错误或误操作；水位测量或警报系统失灵；自动给水控制设备故障；排污不当或排污设施故障，加热面损坏；负荷骤变；炉水含盐量过大等。

处理措施：严密监视水位，定期校对水位计和水位警报器，发现缺陷及时消除；注意缺水现象的观察，缺水时水位计玻璃管（板）呈白色；注意监视和调整给水压力和给水流量，并与蒸汽流量相适应；排污应按规程规定，每开一次排污阀，时间不超过30s，排污后关紧阀门，并检查排污是否泄漏；监视汽水品质，控制炉水含量。严重缺水时须立即按紧急停炉程序停炉，关闭蒸汽阀和给水阀，严禁向锅炉内给水，再按应急专项预案的处理方案实施。

（2）满水事故　是锅炉水位超过了最高许可水位，也是常见事故之一。满水事故会引起蒸汽管道发生水击，易把锅炉本体、蒸汽管道和阀门震坏；此外，满水时蒸汽携带大量炉水，使蒸汽品质恶化。

满水原因：操作人员疏忽大意，违章操作或误操作；水位计、柱塞阀缺陷以及水连管堵塞；自动给水控制设备故障或自动给水调节器失灵，锅炉负荷降低，未及时减少给水量等。

处理措施：如果是轻微满水，应关小鼓风机和引风机的调节门，使燃烧减弱；停止给水，开启排污阀门放水，直到水位正常，关闭所有放水阀，恢复正常运行。如果是严重满水，首先应按紧急停炉程序停炉；停止给水，开启排污阀门放水；开启蒸汽母管及过热器疏水阀门，迅速疏水，水位正常后，关闭排污阀门和疏水阀门，再点火运行。

2. 汽水共腾引起的事故

汽水共腾是锅炉内水位波动幅度超出正常情况，水面翻腾程度异常剧烈的一种现象。其后果是蒸汽大量带水，使蒸汽品质下降；易发生水冲击，使过热器管壁上积附盐垢，影响传热而使过热器超温，严重时会烧坏过热器而引发爆管事故。

汽水共腾原因：锅炉水质没有达到标准；没有及时排污或排污不够，造成锅炉水中盐碱含量过高；锅炉水中油污或悬浮物过多；负荷突然增加等。

处理措施：降低负荷，减少蒸发量；开启表面连续排污阀，降低锅炉水含盐量；适当增加下部排污量，增加给水，使锅炉水不断调换新水。

3. 燃烧异常引起的事故

燃烧异常主要表现在烟道尾部发生二次燃烧和烟气爆炸。多发生在燃油锅炉和煤粉锅炉内。没有燃尽的可燃物，附着在受热面上，在一定的条件下，重新着火燃烧。尾部燃烧常将省煤器、空气预热器、甚至引风机烧坏。

二次燃烧原因：炭黑、煤粉、油等可燃物（燃油雾化不好）能够沉积在对流受热面上，或煤粉粒度较大，不易完全燃烧而进入烟道；点火或停炉时，炉膛温度太低，易发生不完全燃烧，大量未燃烧的可燃物被烟气带入烟道；炉膛负压过大，燃料在炉膛内停留时间太短，来不及燃烧就进入尾部烟道。尾部烟道温度过高是因为尾部受热面上黏附可燃物后，传热效率低，烟气得不到冷却；可燃物在高温下氧化放热；在低负荷特别是在停炉的情况下，烟气流速很低，散热条件差，可燃物氧化产生的热量蓄积起来，温度不断升高，引起自燃。同时烟道各部分的门、孔或风挡门不严，漏入新鲜空气助燃。

处理措施：立即停止供给燃料，实行紧急停炉，严密关闭烟道、风挡板及各门孔，防止漏风，严禁开引风机；尾部使用灭火装置或用蒸汽吹灭器进行灭火；加强锅炉的给水和排水，保证省煤器不被烧坏；待灭火后方可打开门孔进行检查。确认可以继续运行，先开启引风机 $10 \sim 15 min$ 后再重新点火。

4. 承压部件损坏引起的事故

（1）锅管爆破事故　锅炉运行中，水冷壁管和对流管爆破是较常见的事故，性质严重，需停炉检修，甚至造成伤亡。爆破时有显著声响，爆破后有喷汽声，水位迅速下降，气压、给水压力、排烟温度均下降；火焰发暗，燃烧不稳定或熄灭。发生此项事故时，如仍能维持正常水位，可紧急通知有关部门后再停炉，如水位、气压均不能保持正常，必须按程序紧急停炉。

锅管爆破原因：发生这类事故的原因一般是水质不符合要求，管壁结垢或管壁受腐蚀或受飞灰磨损变薄；升火过猛，停炉过快，使锅炉管受热不均匀，造成焊口破裂；下集箱积泥垢未排除，阻塞锅炉管水循环，锅炉管得不到冷却而过热爆破。

预防措施：加强水质监督；定期检查锅炉管；按规定点火、停炉及防止超负荷运行。

（2）过热器管道损坏事故　过热器管道损坏会伴随以下现象：过热器附近有蒸汽喷出的响声；蒸汽流量不正常，给水量明显增加；炉膛负压降低或产生正压，严重时从炉膛喷出蒸汽或火焰；排烟温度显著下降。发生这类事故的原因：水质不良，或水位经常偏高，或汽水共腾，以致过热器结垢；引风量过大，使炉膛出口烟温升高，过热器长期超温使用，也可能烟气偏流使过热器局部超温；检修不良，使焊口损坏或水压试验后，管内积水。

过热器管道损坏原因：事故发生后，如损坏不严重，又生产需要，待备用炉启用后再停炉，但必须密切注意，不使损坏恶化；如损坏严重，则必须立即停炉。

预防措施：控制水、汽品质；防止热偏差，注意疏水；保证检修质量。

（3）省煤器管道损坏事故　沸腾式省煤器出现裂纹和非沸腾式省煤器弯头法兰处泄漏是常见的损害事故，最易造成锅炉缺水。事故发生后的表现是：水位不正常下降；省煤器有泄漏声；省煤器下部灰斗有湿灰，严重者有水流出；省煤器出口处烟温下降。

处理办法：对沸腾式省煤器，加大给水，降低负荷，待备用炉启用后再停炉，若不能维持正常水位则紧急停炉，并利用旁路给水系统，尽力维持水位，但不允许打开省煤器的再循环系统阀门。对非沸腾式省煤器，开启旁路阀门，关闭出、入口的风门，使省煤器与高温烟气隔绝；打开省煤器旁路给水阀门。

省煤器管道损坏原因：给水质量差，水中溶有氧和二氧化碳而发生内腐蚀；经常积灰，潮湿而发生外腐蚀；给水温度变化大，引起管道裂缝；管道材质不好。

预防措施：控制给水质量，必要时装设除氧器；及时吹铲积灰；定期检查，做好维护保养工作。

 **事故案例分析**

合成车间辅助锅炉爆管事故

1993 年 8 月，大庆石化总厂化肥厂合成车间辅助锅炉发生爆管事故。

事故原因：开车期间，由于操作失误，导致锅炉给水泵抽空，高压汽包液位由 55％ 突然降至 16％，汽包另一套电极液位指示为零。在两个液位指示不一致的情况下，操作人员误认为 16％ 的液位是正确的，而没有果断地灭火停炉，造成辅助锅炉干烧而爆管一根。

直接经济损失 90.61 万元。

蒸汽锅炉爆炸事故

1. 事故概况

2002 年 3 月 25 日 8 时 50 分左右，位于长春市长农路 20km 处的长春市农安县合隆镇天海木业制品厂，院内的一台卧式 2t 蒸汽锅炉在生产使用过程中发生爆炸，事故造成 2 人死亡，3 人重伤，1 人轻伤，直接经济损失 40 万元，间接经济损失 80 万元。爆炸造成锅炉全部倒塌，相邻的厂房倒塌或者损坏。锅炉本体被解体，锅筒全部开裂，烟管飞离锅筒。左联箱炸毁，左水冷壁炸毁，右联箱与水冷壁损坏。

该锅炉由吉林省安装公司锅炉受压容器厂于 1986 年制造，由使用单位于 2002 年 1 月自行安装，2002 年 2 月 19 日投入使用，未进行检验。该设备未进行登记注册。

2. 事故原因分析

（1）锅炉发生爆炸时，车间处于正常生产状态，从分汽缸上通往车间的两根主蒸汽管道阀门打开，从分汽缸至车间用汽终端的所有阀门都处于全开的状态，因此锅炉不存在超压爆炸的可能。

（2）经过对锅炉残骸进行检查，未发现有腐蚀减薄，锅炉水垢很少，同时未发现其他损伤。断口金相组织没有变化，是典型的 20G 锅炉钢板。未发现锅炉本体局部过热处，所以不存在锅炉不能承受正常工作压力而导致爆炸的可能。

（3）现场发现锅炉右侧集箱排污阀处于开启状态。据此推断，可能是由于司炉工排污时将锅炉水排干，发现锅炉缺水后又突然大量加水，水在炽热的锅炉钢板上急剧汽化造成锅炉内压力骤然增加，导致锅炉无法承受发生爆炸。同时在左侧的集箱中存有的高温水在压力突然降至大气压力时，再次汽化后造成伴随爆炸。这也是左侧集箱比右侧集箱爆炸能量大的原因，也验证了现场人员听见两个爆炸声音的现象。

因此，司炉工误操作导致锅炉缺水，又违反操作规程突然加水是导致锅炉发生爆炸事故的直接原因和主要原因。

第四节　压力管道安全技术

《特种设备安全监察条例》（国务院令 549 号）规定，压力管道是指利用一定的压力，用于输送气体或者液体的管状设备，其范围规定为最高工作压力大于或者等于 0.1MPa（表压）的气体、液化气体、蒸汽介质或者可燃、易爆、有毒、有腐蚀性、最高工作温度高于或者等于标准沸点的液体介质，且公称直径大于 25mm 的管道。

在化工生产工艺中，存在着大量的压力管道。

一、压力管道安全装置

在生产过程中，为避免管道内介质的压力超过允许的操作压力而造成灾害性事故的发生，一般是利用泄压装置来及时排放管道内的介质，使管道内介质的压力迅速下降。管道中采用的安全泄压装置主要有安全阀、爆破片、视镜、阻火器，或在管道上加安全水封和安全放空管。

1. 安全阀

安全阀作为超压保护装置，其功能是：当管道压力升高超过允许值时，阀门开启全量排放，以防止管道压力继续升高，当压力降低到规定值时，阀门及时关闭，以保护设备和管路的安全运行。

压力管道中常用的安全阀有弹簧式安全阀和隔离式安全阀。弹簧式安全阀可分为封闭式弹簧安全阀、非封闭式弹簧安全阀、带扳手的弹簧式安全阀；隔离式安全阀是在安全阀入口串联爆破片装置。在采用隔离式安全阀时，对爆破片有一定的要求，首先要求爆破过程不得产生任何碎片，以免损伤安全阀，或影响安全阀的开启与回座的性能；其次是要求爆破片抗疲劳和承受背压的能力强等。

2. 爆破片

爆破片功能是：当压力管道中的介质压力大于爆破片的设计承受压力时，爆破片破裂，介质释放，压力迅速下降，从而起到保护主体设备和压力管道的作用。

爆破片的品种规格很多，有反拱带槽型、反拱带刀型、反拱脱落型、正拱开缝型、普通正拱形，应根据操作要求允许的介质压力、介质的相态、管径的大小等来选择合适的爆破片。有的爆破片最好与安全阀串联，如反拱带刀型爆破片；有的爆破片还不能与安全阀串联，如普通正拱形爆破片。从爆破片的发展趋势看，带槽型爆破片的性能在各方面均优于其他类型，尤其是反拱带槽型爆破片，具有抗疲劳能力强、耐背压、允许工作压力高和动作响应时间短等优点。

3. 视镜

视镜多用在排液或受槽前的回流、冷却水等液体管路上，以观察液体流动情况。

常用的视镜有钢制视镜、不锈钢视镜、铝制视镜、硬聚氯乙烯视镜、耐酸酚醛塑料视镜、玻璃管视镜等。

视镜是根据输送介质的化学性质、物理状态及工艺对视镜功能的要求来选用。视镜的材料基本上和管子材料相同。如碳钢管采用钢制视镜，不锈钢管子采用不锈钢视镜，硬聚氯乙烯管子采用硬聚氯乙烯视镜，需要变径的可采用异径视镜，需要多面窥视的可采用双面视镜，需要它代替三通功能的可选用三通视镜。一般视镜的操作压力≤0.25MPa。钢制视镜，操作压力≤0.6MPa。

4. 阻火器

阻火器是一种防止火焰蔓延的安全装置，通常安装在易燃易爆气体管路上。当某一段管道发生事故时，不至于影响另一段的管道和设备。某些易燃易爆的气体如乙炔气，充灌瓶与压缩机之间的管道，要求设 3 个阻火器。

阻火器的种类较多，主要有：碳素钢壳体镀锌铁丝网阻火器，不锈钢壳体不锈钢丝网阻火器，钢制砾石阻火器，碳钢壳体铜丝网阻火器，波形散热片式阻火器，铸铝壳体铜丝网阻火器等。

阻火器的选用应满足以下要求：

① 阻火器的壳体要能承受介质的压力和允许的温度，还要能耐介质的腐蚀；

② 填料要有一定强度，且不能和介质起化学反应；

③ 根据介质的化学性质、温度、压力来选用合适的阻火器。

一般介质，使用压力≤1.0MPa，温度＜80℃时均采用碳钢镀锌铁丝网阻火器。特殊的介质如乙炔气管道，要采用特殊的阻火器。

5. 其他安全装置

压力管道的安全装置还有压力表、安全水封及安全放空管等。压力表的作用主要是显示压力管道内的压力大小。安全水封既能起到安全泄压的作用，还能在发生火灾事故时阻止火势蔓延的作用。放空管主要起到安全泄压的作用。

二、压力管道安全管理

按照《压力管道安全技术监察规程—工业管道》（TSG D0001—2009），压力管道使用单位负责本单位的压力管道安全管理工作，并应履行以下职责：

（1）贯彻执行有关安全法律、法规和压力管道的技术规程、标准，建立、健全本单位的压力管道安全管理制度；

（2）配备专职或兼职专业技术人员负责压力管道安全管理工作；

（3）确保压力管道及其安全设施符合国家的有关规定；对于新建、改建、扩建的压力管道及其安全设施不符合国家有关规定时，应拒绝验收；

（4）建立压力管道技术档案，并到企业所在地的主管部门办理登记手续；

（5）对压力管道操作人员和压力管道检查维护人员进行安全技术培训；经考试合格后，才能上岗；

（6）制定并实施压力管道定期检验计划，安排附属仪器仪表、安全保护装置、测量调控装置的定期校验和检修工作；

（7）对事故隐患及时采取措施进行整改，重大事故隐患应以书面行使报告省级以上安全主管部门和省级以上行政主管部门；

（8）对输送可燃、易爆或有毒介质的压力管道建立巡线检查制度，制定应急措施和救援方案，根据需要建立抢险队伍，并定期演练；

（9）按有关规定及时如实向主管部门和当地劳动行政部门报告压力管道事故，并协助做好事故调查和善后处理认真总结经验教训，防止事故的发生；

（10）压力管道管理人员、检查人员和操作人员应严格遵守有关安全法律、法规、技术规程、标准和企业的安全生产制度。

在压力管道的日常安全管理过程中，加强对压力管道的维护保养至关重要。主要内容有：

（1）经常检查压力管道的防腐措施，保证其完好无损，保持管道表面的光洁，从而减少各种腐蚀；

（2）阀门的操作机构要经常除锈上油，并配置保护塑料套管，定期进行活动，确保其开关灵活；

（3）安全阀、压力表要经常擦拭，确保其灵活、准确。并按时进行检查和校验；

（4）定期检查紧固螺栓完好状况，做到齐全、不锈蚀、丝扣完整，连接可靠；

（5）压力管道因外界因素产生较大振动时，应采取隔断振源、加强支撑等减振措施；

（6）静电跨接、接地装置要保持良好完整，及时消除缺陷；

（7）停用的压力管道应排除内部的腐蚀性介质，并进行置换、清洗和干燥，必要时做惰性气体保护，外表面应涂刷防腐油漆，防止环境因素腐蚀；

（8）禁止将管道及支架作电焊的零线和起重作业的支点；

（9）及时消除"跑、冒、滴、漏"现象；

（10）管道的底部和弯曲处是系统的薄弱环节，这些地方最易发生腐蚀和磨损，因此必须经常对这些部位进行检查，以便及时发现问题、及时进行修理或更换。

三、压力管道事故

1. 压力管道事故类型及特点

（1）压力管道事故按设备破坏程度划分　可分为爆炸事故、严重损坏事故和一般损坏事故。

① 爆炸事故是指压力管道在使用中或压力试验时，受压部件发生破坏，设备中介质蓄积的能量迅速释放，内压瞬间降至外界大气压力以及压力管道泄漏而引发的各类爆炸事故。

② 严重损坏事故是指由于受压部件、安全附件、安全保护装置损坏以及因泄漏而引起的火灾、人员中毒以及压力管道设备遭到破坏的事故。

③ 一般损坏事故是指压力管道在使用中受压部件轻微损坏而不需要停止运行进行修理以及发生泄漏未引起其他次生灾害的事故。

（2）压力管道事故按事故原因划分　可分为爆管事故、裂纹事故和泄漏事故。

① 爆管事故是指压力管道在其试压或运行过程中由于各种原因造成的穿孔、破裂致使系统被迫停止运行的事故。

② 裂纹事故是指压力管道在运行过程中由于各种原因产生不同程度的裂纹，从而影响系统安全的事故。裂纹是压力管道最危险的一种缺陷，是导致脆性破坏的主要原因，应该引起高度重视。裂纹的扩展很快，如不及时采取措施就会发生爆管。

③ 泄漏事故是指压力管道由于各种原因造成的介质泄漏称的事故。由于管道内的介质不同，如果发生泄漏，轻则造成浪费能源和环境污染，重则造成燃烧爆炸事故，危及人民生命财产的安全。

（3）压力管道事故的特点　由于压力管道具有使用广泛性、敷设隐蔽性、管道组成复杂性、环境恶劣腐蚀性、距离长难于管理等特点，导致压力管道事故具有以下特点及危害：

① 压力管道在运行中由于超压、过热，或腐蚀、磨损，而使受压元件难以承受，发生爆炸、撕裂等事故；

② 当管道发生爆管事故时，管内压力瞬间突降，释放出大量的能量和冲击波，危及周围环境和人身安全，甚至能将建筑物摧毁；

③ 压力管道发生爆炸、撕裂等重大事故后，有毒物质的大量外溢会造成人畜中毒和火灾、爆炸等恶性事故。

2. 压力管道事故应急措施

（1）发生重大事故时应启动应急预案，保护现场，并按相关法规要求及时报告。

（2）压力管道发生超压时要马上切断进气阀；对于无毒非易燃介质，要打开排空管排气；对于有毒易燃易爆介质要打开放空管，将介质通过接管排至安全地点。

（3）压力管道本体泄漏时，要根据管道、介质不同使用专用堵漏技术和堵漏工具进行堵漏。

（4）易燃易爆介质泄漏时，要对周边明火进行控制，切断电源，严禁一切用电设备运行，防止火灾、爆炸事故产生。

3. 压力管道事故原因分析

由于压力管道安全监察与管理起步晚，事故总量明显增加，根据统计和分析，压力管道事故主要涉及五个方面原因。

（1）设计原因　主要是选材不当，应力分析失误（尤其是未能考虑管道热应力）、管道振动加速裂纹等缺陷扩展导致失效，管道系统结构设计不符合法规标准和工艺要求，管道组成件和支承件选型不合理。

（2）制造（阀门等附件）原因　主要是管道组成件制造缺陷引发事故。其中阀门、管件（三通、弯头）、法兰、垫片等是事故的源头，管子厚薄不均，管材存在裂纹、夹渣、气孔等严重缺陷，密封性能差，引起泄漏爆炸。

（3）安装原因　主要是安装单位质量体系失控，焊接质量低劣，违法违章施工，错用材料和未实施安装质量监检而引发的事故。

（4）管理不善　主要是使用管理混乱，管理制度不全，违章操作，不按规定定期检验和检修。

（5）管道腐蚀　腐蚀是导致管道失效的主要形式。主要原因是选材不当，防腐措施不妥，定检不落实。

因此，压力管道事故涉及设计、制造、安装、使用、检验、修理和改造等多个环节，要使压力管道事故控制到最低限度，确保压力管道经济、安全运行，必须对压力管道实行全过程管理。

事故案例分析

尿素厂压力管道泄漏事故

1. 事故概况

2002年9月15日9时15分，山东省济宁市金乡县，山东峄山化工集团有限公司金乡尿素厂发生一起压力管道泄漏重大事故，造成4人死亡，1人重伤。

该厂尿素车间5楼氨冷器8的下液管至缓冲槽之间的法兰短管（管子直径108mm，长度100mm）分别于2002年7月31日、8月22日发生2次泄漏，尿素车间主任组织人员进行处理。9月13日该漏点又发生泄漏，该车间主任又组织人员进行抢修堵漏，泄漏无法制止，9月14日报告厂部，厂部安排抢修，抢修工作直到15日9时15分，该泄漏点突然断裂，造成现场5名维修人员受伤送入医院，经抢救无效4人先后死亡，1人重伤。

2. 事故原因分析

违反安全技术规程，违章指挥，违章作业，带压堵漏是导致人员伤亡事故的直接原因。

压力管道爆炸事故

1. 事故概况

2004年10月16日20时40分，广东省东莞市望牛墩镇朱平沙工业区，东莞顺裕纸业有限公司发生一起压力管道爆炸严重事故，造成2人死亡，2人重伤，直接经济损失0.6万元。

发生爆炸的压力管道为蒸汽管道，设计压力为0.49MPa，规格为直径426mm。爆炸部位为蒸汽管网波纹管补偿器。

10月16日18时20分，该公司工程师付某去巡视蒸汽管道的运行情况，发现2号、3号波纹管金属膨胀节有漏气现象，随后，他将漏气情况电话报告该公司李总。18时45分，李总带设备主任余某、调度室主任周某以及主管施工的付某来到现场，研究处理方案，最后决定用短管连接代替泄漏的膨胀节，该3人分头准备材料、工具及安排维修人员，20时20分，维修人员到场并组织相应的维修设备到场。20时40分，一声闷响，2号波纹管金属膨胀节发生爆炸。事故造成4位维修人员被炸倒在地上，蒸汽管网金属波纹膨胀节爆炸的碎块掉落在地上，相邻冷凝回水管道受爆炸影响掉落管架，膨胀节拉杆全部断裂，4个混凝土管道支架倾斜。

发生事故的蒸汽管道在安装前，安装单位未得到当地特种设备安全监督管理部门办理安装告知手续，安装开始直至试运行，也未经核准的检验检测机构进行监督检验。

经调查，东莞顺裕纸业有限公司不能提供压力管道系统产品的质量证明书、安装及使用维修说明书等文件。发生爆炸的蒸汽管网波纹管补偿器未见产品铭牌或其他标记，仅有一复印件的产品合格证（经调查该复印件是伪造的）。

2. 事故原因分析

波纹管金属膨胀节严重泄漏以及所采取的应对措施错误是导致人员伤亡事故的直接原因。

压力管道系统及其附件在设计、制造、安装、检验、使用等诸环节不符合相关法规及标准的规定是事故的间距原因，也是主要原因。

相关单位违反相关法规及标准的规定的具体情形如下。

(1) 使用单位

① 设计人员不具备资质，蒸汽管道的施工图设计不合理，未按规定请有资格单位设计。

② 购买的波纹管补偿器无产品质量证明书、安装使用说明书等证明文件，明知不符合要求，仍交付安装。

③ 发现波纹管补偿器发生严重泄漏时，在可预见有危险存在时，未采取有效措施禁止人员接近泄漏点。

（2）供货商

① 伪造波纹管补偿器合格证。

② 经销未经许可的单位生产的波纹管补偿器。

（3）安装单位

① 未办理压力管道安装告知手续，未向核准的检验检测单位申请安装质量监督检验。

② 对厂方提供的波纹管补偿器未进行认真检查核对，明知波纹管补偿器不符合要求，继续安装并进行调试，调试过程中未对运行参数进行详细记录。

课堂讨论

1. 你认为应如何防止压力容器事故？

2. 你认为应如何防止气瓶安全事故？

3. 你认为应如何防止工业锅炉安全事故？

4. 你认为应如何防止压力管道安全事故？

思考题

1. 什么叫压力容器？如何分类？

2. 如何进行压力容器的安全管理？

3. 压力容器有哪些安全附件？有何作用？

4. 如何安全使用气瓶？

5. 锅炉运行中安全要点有哪些？

6. 锅炉运行中在什么情况下必须停炉？

7. 如何应对压力管道事故？

能力测试题

1. 如何防止压力容器事故？

2. 如何防止气瓶安全事故？

3. 如何防止工业锅炉安全事故？

4. 如何防止压力管道安全事故？

第六章
电气安全与静电防护技术

 知识目标

1. 掌握电气安全事故的基本类型及技术对策。
2. 熟悉触电急救的基本方法。
3. 掌握静电危害及静电防护技术。
4. 了解雷电危害及防护技术。

 能力目标

1. 初步具有实施触电急救的能力。
2. 初步具有静电防护的能力。

第一节　电气安全技术

一、电气安全基本知识

1. 电流对人体的伤害

当人体接触带电体时，电流会对人体造成程度不同的伤害，即发生触电事故。触电事故可分为电击和电伤两种类型。

（1）电击　是指电流通过人体时所造成的身体内部伤害，它会破坏人的心脏、呼吸及神经系统的正常工作，使人出现痉挛、窒息、心颤、心脏骤停等症状，甚至危及生命。在低压系统通电电流不大、通电时间不长的情况下，电流引起人体的心室颤动是电击致死的主要原因。在通电电流较小但通电时间较长的情况下，电流会造成人体窒息而导致死亡。

绝大部分触电死亡事故都是由电击造成的。通常所说的触电事故基本上是指电击事故。电击后通常会留下较明显的特征：电标、电纹、电流斑。电标是指在电流出入口处所产生的炭化标记；电纹是指电流通过皮肤表面，在其出入口间产生的树枝状不规则发红线条；电流斑是指电流在皮肤出入口处所产生的大小溃疡。

电击又可分为直接电击和间接电击。直接电击是指人体直接接触及正常运行的带电体所发生的电击；间接电击则是指电气设备发生故障后，人体触及意外带电部位所发生的电击。故直接电击也称为正常情况下的电击，间接电击也称为故障情况下的电击。

直接电击多数发生在误触相线、闸刀或其他设备带电部分。间接电击大多发生在以下几种情况：大风刮断架空线或接户线后，搭落在金属物或广播线上；相线和电杆拉线搭连；电动机等用电设备的线圈绝缘损坏而引起外壳带电等情况。在触电事故中，直接电击和间接电击都占有相当比例，因此采取安全措施时要全面考虑。

（2）电伤 是指由电流的热效应、化学效应或机械效应对人体造成的伤害。电伤可伤及人体内部，但多见于人体表面，且常会在人体上留下伤痕。电伤可分为以下几种情况。

① 电弧烧伤。又称为电灼伤，是电伤中最常见也最严重的一种。多由电流的热效应引起，但与一般的水、火烫伤性质不同。具体症状是皮肤发红、起泡，甚至皮肉组织破坏或被烧焦。通常发生在：低压系统带负荷拉开裸露的闸刀开关时；线路发生短路或误操作引起短路时；开启式熔断器熔断时炽热的金属微粒飞溅出来时；高压系统因误操作产生强烈电弧时（可导致严重烧伤）；人体过分接近带电体（间距小于安全距离或放电距离）而产生的强烈电弧时（可造成严重烧伤而致死）。

② 电烙印。是指电流通过人体后，在接触部位留下的斑痕。斑痕处皮肤变硬，失去原有弹性和色泽，表层坏死，失去知觉。

③ 皮肤金属化。是指由于电流或电弧作用产生的金属微粒渗入了人体皮肤造成的，受伤部位变得粗糙坚硬并呈特殊颜色（多为青黑色或褐红色）。需要说明的是，皮肤金属化多在弧光放电时发生，而且一般都伤在人体的裸露部位，与电弧烧伤相比，皮肤金属化并不是主要伤害。

④ 电光眼。表现为角膜炎或结膜炎。在弧光放电时，紫外线、可见光、红外线均可能损伤眼睛。对于短暂的照射，紫外线是引起电光眼的主要原因。

2. 引起触电的三种情形

发生触电事故的情况是多种多样的，但归纳起来主要包括以下三种情形：单相触电，两相触电，跨步电压、接触电压和雷击触电。

（1）单相触电 在电力系统的电网中，有中性点直接接地系统中的单相触电和中性点不接地系统中的单相触电两种情况。

① 中性点直接接地系统中的单相触电如图 6-1 所示。当人体接触导线时，人体承受相电压。电流经人体、大地和中性点接地装置形成闭合回路。触电电流的大小取决于相电压和回路电阻。

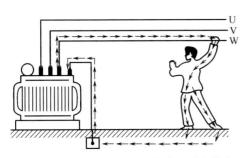

图 6-1 中性点直接接地系统中的单相触电

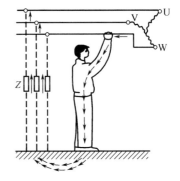

图 6-2 中性点不接地系统中的单相触电

② 中性点不接地系统中的单相触电如图 6-2 所示。因为中性点不接地，所以有两个回路的电流通过人体。一个是从 W 相导线出发，经人体、大地、线路对地阻抗 Z 到 U 相导

线，另一个是同样路径到 V 相导线。触电电流的数值取决于线电压、人体电阻和线路的对地阻抗。

（2）两相触电　人体同时与两相导线接触时，电流就由一相导线经人体至另一相导线，这种触电方式称为两相触电，如图 6-3 所示。两相触电最危险，因施加于人体的电压为全部工作电压（即线电压），且此时电流将不经过大地，直接从 V 相经人体到 W 相，而构成了闭合回路。故不论中性点接地与否、人体对地是否绝缘，都会使人触电。

图 6-3　两相触电

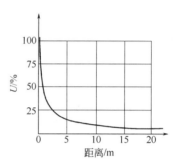

图 6-4　对地电位的分布曲线

（3）跨步电压、接触电压和雷击触电　当一根带电导线断落地上时，落地点的电位就是导线所具有的电位，电流会从落地点直接流入大地。离落地点越远，电流越分散，地面电位也就越低。对地电位的分布曲线如图 6-4 所示。以电线落地点为圆心可划出若干同心圆，它们表示了落地点周围的电位分布。离落地点越近，地面电位越高。人的两脚若站在离落地点远近不同的位置上，两脚之间就存在电位差，这个电位差就称为跨步电压。落地电线的电压越高，距落地点同样距离处的跨步电压就越大。跨步电压触电如图 6-5 所示。此时由于电流通过人的两腿而较少通过心脏，故危险性较小。但若两脚发生抽筋而跌倒时，触电的危险性就显著增大。此时应赶快将双脚并拢或用单脚着地跳出危险区。

图 6-5　跨步电压触电

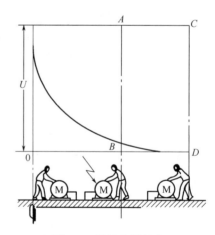

图 6-6　接触电压触电

导线断落地面后，不但会引起跨步电压触电，还容易产生接触电压触电，如图 6-6 所示。图中当一台电动机的绕组绝缘损坏并碰外壳接地时，因三台电动机的接地线连在一起故它们的外壳都会带电且都为相电压，但地面电位分布却不同。左边人体承受的电压是电动机外壳与地面之间的电位差，即等于零。右边人体所承受的电压却大不相同，因为他站在离接地体较远的地方用手摸电动机的外壳，而该处地面电位几乎为零，故他所承受的电压实际上就是电动机外壳的对地电压即相电压，显然就会使人触电，这种触电称为接触电压触电，它对人体有相当严重的危害。所以，使用中每台电动机都要实行单独的保护接地。

此外，雷电时发生的触电现象称为雷击触电。人和牲畜也有可能由于跨步电压或接触电压而导致触电。

3. 影响触电伤害程度的因素

触电所造成的各种伤害，都是由于电流对人体的作用而引起的。它是指电流通过人体内部时，对人体造成的种种有害作用。如电流通过人体时，会引起针刺感、压迫感、打击感、痉挛、疼痛、血压升高、心律不齐、昏迷，甚至心室颤动等症状。

电流对人体的伤害程度，亦即影响触电后果的因素主要包括：通过人体的电流大小、通电时间与电流途径、电流的频率高低、人体的健康状况等。其中，以通过人体的电流大小和触电时间的长短最主要。

（1）伤害程度与电流大小的关系　通过人体的电流越大，人体的生理反应越明显，感觉越强烈，引起心室颤动所需的时间越短，致命的危险性就越大。对于常用的工频交流电，按照通过人体的电流大小，将会呈现出不同的人体生理反应，详见表6-1。

表 6-1　工频电流所引起的人体生理反应

电流范围/mA	通电时间	人体生理反应
0～0.5	连续通电	没有感觉
0.5～5	连续通电	开始有感觉,手指、腕等处有痛感,没有痉挛,可以摆脱带电体
5～30	数分钟以内	痉挛,不能摆脱带电体,呼吸困难,血压升高,是可以忍受的极限
30～50	数秒钟到数分钟	心脏跳动不规则,昏迷,血压升高,强烈痉挛,时间过长可引起心室颤动
50～数百	低于心脏搏动周期	受强烈冲击,但未发生心室颤动
	超过心脏搏动周期	昏迷,心室颤动,接触部位留有电流通过的痕迹
超过数百	低于心脏搏动周期	在心脏搏动周期特定相位触电时,发生心室颤动,昏迷,接触部位留有电流通过的痕迹
	超过心脏搏动周期	心脏停止跳动,昏迷,可能产生致命的电灼伤

根据人体对电流的生理反应，还可将电流划分为以下三级。

① 感知电流。引起人体感觉的最小电流称感知电流。人体对电流最初的感觉是轻微的发麻和刺痛。实验表明，对不同的人感知电流也不同：成年男性的平均感知电流约1.1mA，成年女性约0.7mA。感知电流一般不会造成伤害，但若增大时，感觉增强反应加大，可能会导致坠落等间接事故。

② 摆脱电流。当电流增大到一定程度，触电者将因肌肉收缩、发生痉挛而紧抓带电体，将不能自行摆脱电源。触电后能自主摆脱电源的最大电流称为摆脱电流。对一般男性平均为16mA，女性约为10mA；儿童的摆脱电流较成人小。实例表明，当电流略大于摆脱电流、触电者中枢神经麻痹、呼吸停止时，若立即切断电源则可恢复呼吸。可见，摆脱电流的能力是随着触电时间的延长而减弱的。故一旦触电若不能及时摆脱电源，其后果将十分严重。

③ 致命电流。在较短时间内会危及生命的电流称为致命电流。电击致死的主要原因大都是由于电流引起了心室颤动而造成的。因此，通常也将引起心室颤动的电流称为致命

电流。

正常情况下心脏有节奏地收缩与扩张，不断把新鲜血液送到肺部、大脑及全身，及时提供生命所需的氧气。而电流通过心脏时，心脏原有的节律将受到破坏，可能引起每分钟达数百次的"颤动"，并极易引起心力衰竭、血液循环终止、大脑缺氧而导致死亡。

（2）伤害程度与通电时间的关系　引起心室颤动的电流与通电时间的长短有关。显然，通电时间越长，便越容易引起心室颤动，触电的危险性也就越大。电流对人体作用区域与通电时间的关系可参考图 6-7。图中 a 以左的 I 区是没有感觉的区域，a 是人体有感觉的起点；a 与 b 之间的 II 区是开始有感觉但一般没有病理伤害的区域；b 与 c 之间的 III 区是有感觉但一般不引起心室颤动的区域；c 与 d 之间的 IV 区是有心室颤动危险的区域；d 以右的 V 区是心室颤动危险很大的区域。

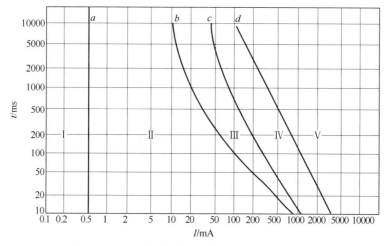

图 6-7　电流对人体作用区域与通电时间的关系

（3）伤害程度与电流途径的关系　人体受伤害程度主要取决于通过心脏、肺及中枢神经的电流大小。电流通过大脑是最危险的，会立即引起死亡，但这种触电事故极为罕见。绝大多数场合是由于电流刺激人体心脏引起心室纤维性颤动致死。因此大多数情况下，触电的危险程度是取决于通过心脏的电流大小。由试验得知，电流在通过人体的各种途径中，流经心脏的电流占人体总电流的百分比如表 6-2 所示。

表 6-2　不同途径流经心脏的电流占人体总电流的百分比

电流通过人体的途径	流经心脏的电流占通过人体总电流的百分比	电流通过人体的途径	流经心脏的电流占通过人体总电流的百分比
从一只手到另一只手	3.3%	从右手到脚	6.7%
从左手到脚	3.7%	从一只脚到另一只脚	0.4%

可见，当电流从手到脚及从一只手到另一只手时，触电的伤害最为严重。电流纵向通过人体，比横向通过人体时更易发生心室颤动，故危险性更大；电流通过脊髓时，很可能使人截瘫；若通过中枢神经，会引起中枢神经系统强烈失调，造成窒息而导致死亡。

（4）伤害程度与电流频率高低的关系　触电的伤害程度还与电流的频率高低有关。直流电由于不交变，其频率为零。而工频交流电则为 50Hz。由实验得知，频率为 30～300Hz 的交流电最易引起人体心室颤动。工频交流电正处于这一频率范围，故触电时也最危险。在此范围之外，频率越高或越低，对人体的危害程度反而会相对小一些，但并不是说就没有危险性。

4. 人体电阻和人体允许电流

（1）人体电阻　当电压一定时，人体电阻越小，通过人体的电流就越大，触电的危险性也就越大。电流通过人体的具体路径为：皮肤→血液→皮肤。

人体电阻包括内部组织电阻（简称体内电阻）和皮肤电阻两部分。体内电阻较稳定，一般不低于 500Ω。皮肤电阻主要由角质层（厚约 0.05～0.2mm）决定。角质层越厚，电阻就越大。角质层电阻为 1000～1500Ω。因此人体电阻一般为 1500～2000Ω（保险起见，通常取为 800～1000Ω）。如果角质层有损坏，则人体电阻将大为降低。

影响人体电阻的因素很多。除皮肤厚薄外，皮肤潮湿、多汗、有损伤、带有导电粉尘等都会降低人体电阻。清洁、干燥、完好的皮肤电阻值就较高，接触面积加大、通电时间加长、发热出汗会降低人体电阻；接触电压增高，会击穿角质层并增加机体电解，也可导致人体电阻降低；人体电阻值也与电流频率有关，一般随频率的增大而有所降低。此外，人体与带电体的接触面积增大、压力加大，电阻就越小，触电的危险性也就越大。

（2）人体允许电流　由实验得知，在摆脱电流范围内，人若被电击后一般多能自主地摆脱带电体，从而摆脱触电危险。因此，通常便把摆脱电流看作人体允许电流。如前所述，成年男性的允许电流约为 16mA；成年女性的允许电流约为 10mA。在线路及设备装有防止触电的电流速断保护装置时，人体允许电流可按 30mA 考虑；在空中、水面等可能因电击导致坠落、溺水的场合，则应按不引起痉挛的 5mA 考虑。

若发生人手接触带电导线而触电时，常会出现紧握导线丢不开的现象。这并不是因为电有吸力，而是由于电流的刺激作用，使该部分机体发生了痉挛、肌肉收缩的缘故，是电流通过人手时所产生的生理作用引起的。显然，这就增大了摆脱电源的困难，从而也就会加重触电的后果。

5. 电压对人体安全的影响和选用要求

（1）电压对人体安全的影响　通常确定对人体的安全条件并不采用安全电流而是用安全电压。因为影响电流变化的因素很多，而电力系统的电压却是较为固定的。

当人体接触电流后，随着电压的升高，人体电阻会有所降低；若接触了高压电，则因皮肤受损破裂而会使人体电阻下降，通过人体的电流也就会随之增大。实验证实，电压对人体的影响及允许接近的最小安全距离见表 6-3。

表 6-3　电压对人体的影响及允许接近的最小安全距离

接触时的情况		允许接近的距离	
电压/V	对人体的影响	电压/kV	设备不停电时的安全距离/m
10	全身在水中时跨步电压界限为 10V/m	10	0.7
20	为湿手的安全界限	35	2.0
30	为干燥手的安全界限	60～110	2.5
50	对人的生命没有危险的界限		
100～200	危险性急剧增大	220	4.0
200 以上	危及人的生命	300	5.0
3000	被带电体吸引	500	6.0

（2）不同场所对使用电压的要求　不同类型的场所（建筑物），在电气设备或设施的安

装、维护、使用以及检修等方面，也都有不同的要求。按照触电的危险程度，可将它们分成以下三类。

① 无高度触电危险的建筑物。它是指干燥（湿度不大于75%）、温暖、无导电粉尘的建筑物。室内地板由干木板或沥青、瓷砖等非导电性材料制成，且室内金属性构建与制品不多，金属占有系数（金属制品所占面积与建筑物总面积之比）小于20%。属于这类建筑物的有：住宅、公共场所、生活建筑物、实验室等。

② 有高度触电危险的建筑物。它是指地板、天花板和四周墙壁经常处于潮湿、室内炎热高温（气温高于30℃）和有导电粉尘的建筑物。一般金属占有系数大于20%。室内地坪由泥土、砖块、湿木板、水泥和金属等制成。属于这类建筑物的有：金工车间、锻工车间、拉丝车间、电炉车间、泵房、变（配）电所、压缩机房等。

③ 有特别触电危险的建筑物。它是指特别潮湿、有腐蚀性液体及蒸汽、煤气或游离性气体的建筑物。属于这类建筑物的有：化工车间、铸工车间、锅炉房、酸洗车间、染料车间、漂洗间、电镀车间等。

不同场所里，各种携带型电气工具要选择不同的使用电压。具体是：无高度触电危险的场所，不应超过交流220V；有高度触电危险的场所，不应超过交流36V；有特制触电危险的场所，不应超过交流12V。

6. 触电事故的规律及其发生原因

触电事故往往发生得很突然，且常常是在极短时间内就可能造成严重后果。但触电事故也有一定的规律，掌握这些规律并找出触电原因，对如何适时而恰当地实施相关的安全技术措施、防止触电事故的发生，以及安排正常生产等都具有重要意义。

根据对触电事故的分析，从触电事故的发生频率上看，可发现以下规律。

（1）有明显的季节性　一般每年以二、三季度事故较多，其中6～9月最集中。主要是因为这段时间天气炎热、人体衣着单薄且易出汗，触电危险性较大；还因为这段时间多雨、潮湿，电气设备绝缘性能降低；操作人员常因气温高而不穿戴工作服和绝缘护具。

（2）低压设备触电事故多　国内外统计资料均表明：低压触电事故远高于高压触电事故。主要是因为低压设备远多于高压设备，与人接触的机会多；对于低压设备思想麻痹；与之接触的人员缺乏电气安全知识。因此应把防止触电事故的重点放在低压用电方面。但对于专业电气操作人员往往有相反的情况，即高压触电事故多于低压触电事故。特别是在低压系统推广了漏电保护器之后，低压触电事故大为降低。

（3）携带式和移动式设备触电事故多　主要是这些设备因经常移动，工作条件较差，容易发生故障；而且经常在操作人员紧握之下工作。

（4）电气连接部位触电事故多　大量统计资料表明，电气事故点多数发生在分支线、接户线、地爬线、接线端、压线头、焊接头、电线接头、电缆头、灯座、插头、插座、控制器、开关、接触器、熔断器等处。主要是由于这些连接部位机械牢固性较差，电气可靠性也较低，容易出现故障的缘故。

（5）单相触电事故多　据统计，在各类触电方式中，单相触电占触电事故的70%以上。所以，防止触电的技术措施也应重点考虑单相触电的危险。

（6）事故多由两个以上因素构成　统计表明，90%以上的事故是由于两个以上原因引起的。构成事故的四个主要因素是：缺乏电气安全知识；违反操作规程；设备不合格；维修不善。其中，仅一个原因的占不到8%，两个原因的占35%，三个原因的占38%，四个原因的占 20%。应当指出，由操作者本人过失所造成的触电事故是较多的。

（7）青年、中年以及非电工触电事故多　一方面这些人多数是主要操作者，且大都接触电气设备；另一方面这些人都已有几年工龄，不再如初学时那么小心谨慎，但经验还不足，电气安全知识尚欠缺。

二、电气安全技术措施

如前所述，化工生产中所使用的物料多为易燃易爆、易导电及腐蚀性强的物质，且生产环境条件较差。对安全用电造成较大的威胁。为了防止触电事故，除了在思想上提高对安全用电的认识，树立"安全第一"的思想，严格执行安全操作规程，以及采取必要的组织措施外，还必须依靠一些完善的技术措施。

1. 隔离带电体的防护措施

有效隔离带电体是防止人体遭受直接电击事故的重要措施，通常采用以下几种方式。

（1）绝缘　绝缘是用绝缘物将带电体封闭起来的技术措施。良好的绝缘既是保证设备和线路正常运行的必要条件，也是防止人体触及带电体的基本措施。电气设备的绝缘只有在遭到破坏时才能除去。电工绝缘材料是指体积电阻率在 $10^7 \Omega \cdot m$ 以上的材料。

电工绝缘材料的品种很多，通常分为：

① 气体绝缘材料。常用的有空气、氮气、二氧化碳等；

② 液体绝缘材料。常用的有变压器油、开关油、电容器油、电缆油、十二烷基苯、硅油、聚丁二烯等；

③ 固体绝缘材料。常用的有绝缘漆胶、漆布、漆管、绝缘云母制品、聚四氟乙烯、瓷和玻璃制品等。

电气设备的绝缘应符合其相应的电压等级、环境条件和使用条件。电气设备的绝缘应能长时间耐受电气、机械、化学、热力以及生物等有害因素的作用而不失效。

应当注意，电气设备的喷漆及其他类似涂层尽管可能具有很高的绝缘电阻，但一律不能单独当作防止电击的技术措施。

（2）屏护　屏护是采用屏护装置控制不安全因素，即采用遮栏、护罩、护盖、箱（匣）等将带电体同外界隔绝开来的技术措施。

屏护装置既有永久性装置，如配电装置的遮栏、电气开关的罩盖等；也有临时性屏护装置，如检修工作中使用的临时性屏护装置。既有固定屏护装置，如母线的护网；也有移动屏护装置，如跟随起重机移动的滑触线的屏护装置。

对于高压设备，不论是否有绝缘，均应采取屏护措施或其他防止人体接近的措施。

在带电体附近作业时，可采用能移动的遮栏作为防止触电的重要措施。检修遮栏可用干燥的木材或其他绝缘材料制成，使用时置于过道、入口或工作人员与带电体之间，可保证检修工作的安全。

对于一般固定安装的屏护装置，因其不直接与带电体接触，对所用材料的电气性能没有严格要求，但屏护装置所用材料应有足够的机械强度和良好的耐火性能。

屏护措施是最简单也是很常见的安全装置。为了保证其有效性，屏护装置必须符合以下安全条件。

① 屏护装置应有足够的尺寸。遮栏高度不应低于 1.7m，下部边缘离地面不应超过 0.1m。对于低压设备，网眼遮栏与裸导体距离不宜小于 0.15m；10kV 设备不宜小于 0.35m；20～

30kV 设备不宜小于 0.6m。户内栅栏高度不应低于 1.2m，户外不应低于 1.5m。

② 保证足够的安装距离。对于低压设备，栅栏与裸导体距离不宜小于 0.8m，栏条间距离不应超过 0.2m。户外变电装置围墙高度一般不应低于 2.5m。

③ 接地。凡用金属材料制成的屏护装置，为了防止屏护装置意外带电造成触电事故，必须将屏护装置接地（或接零）。

④ 标志。遮栏、栅栏等屏护装置上，应根据被屏护对象挂上"高压危险""止步，高压危险""禁止攀登，高压危险"等标示牌。

⑤ 信号或联锁装置。应配合采用信号装置和联锁装置。前者一般是用灯光或仪表显示有电；后者是采用专门装置，当人体越过屏护装置可能接近带电体时，被屏护的装置自动断电。屏护装置上锁的钥匙应有专人保管。

（3）间距　间距是将可能触及的带电体置于可能触及的范围之外。为了防止人体及其他物品接触或过分接近带电体、防止火灾、防止过电压放电和各种短路事故及操作方便，在带电体与地面之间、带电体与其他设备设施之间、带电体与带电体之间均须保持一定的安全距离。如架空线路与地面、水面的距离，架空线路与有火灾爆炸危险厂房的距离等。安全距离的大小取决于电压的高低、设备的类型、安装的方式等因素。

2. 采用安全电压

安全电压值取决于人体允许电流和人体电阻的大小。我国规定工频安全电压的上限值，即在任何情况下，两导体间或导体与地之间均不得超过的工频有效值为 50V。这一限制是根据人体允许电流 30mA 和人体电阻 1700Ω 的条件下确定的。国际电工委员会还规定了直流安全电压的上限值为 120V。

我国规定工频有效值 42V、36V、24V、12V、6V 为安全电压的额定值。凡手提照明灯、特别危险环境的携带式电动工具，如无特殊安全结构或安全措施，应采用 42V 或 36V 安全电压；金属容器内、隧道内等工作地点狭窄、行动不便以及周围有大面积接地体的环境，应采用 24V 或 12V 安全电压。

3. 保护接地

保护接地就是把在正常情况下不带电、在故障情况下可能呈现危险的对地电压的金属部分同大地紧密地连接起来，把设备上的故障电压限制在安全范围内的安全措施（保护接地原理如图 6-8 所示）。保护接地常简称为接地。保护接地应用十分广泛，属于防止间接接触电击的安全技术措施。

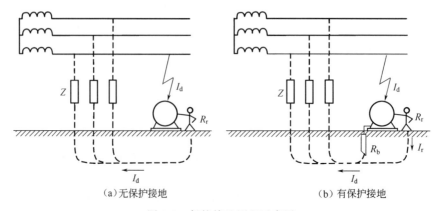

（a）无保护接地　　　　（b）有保护接地

图 6-8　保护接地原理示意图

保护接地的作用原理是利用数值较小的接地装置电阻（低压系统一般应控制在 4Ω 以下）与人体电阻并联，将漏电设备的对地电压大幅度地降低至安全范围内。此外，因人体电阻远大于接地电阻，由于分流作用，通过人体的故障电流将远比流经接地装置的电流要小得多，对人体的危害程度也就极大地减小了。

采用保护接地的电力系统不宜配置中性线，以简化过电流保护和便于寻找故障。

（1）保护接地应用范围　保护接地适用于各种中性点不接地电网。在这类电网中，凡由于绝缘破坏或其他原因而可能呈现危险电压的金属部分，除另有规定外，均应接地。主要包括：①电机、变压器及其他电器的金属底座和外壳；②电气设备的传动装置；③室内外配电装置的金属或钢筋混凝土构架以及靠近带电部分的金属遮栏和金属门；④配电、控制、保护用的盘、台、箱的框架；⑤交、直流电力电缆的接线盒，终端盒的金属外壳和电缆的金属护层，穿线的钢管；⑥电缆支架；⑦装有避雷针的电力线路杆塔；⑧在非沥青地面的居民区内，无避雷针的小接地电流架空电力线路的金属杆塔和钢筋混凝土杆塔；⑨装在配电线路杆上的电力设备。

此外，对所有高压电气设备，一般都是实行保护接地。

（2）接地装置　接地装置是接地体和接地线的总称。运行中电气设备的接地装置应始终保持在良好状态。

① 接地体。接地体有自然接地体和人工接地体两种类型。

自然接地体　是指用于其他目的但与土壤保持紧密接触的金属导体。如埋设在地下的金属管道（有可燃或爆炸介质的管道除外）、与大地有可靠连接的建（构）筑物的金属结构等自然导体均可用作自然接地体。利用自然接地体不但可以节约钢材、节省施工经费，还可以降低接地电阻。因此，如果有条件应当先考虑利用自然接地体。自然接地体至少应有两根导体自不同地点与接地网相连（线路杆塔除外）。

人工接地体　可采用钢管、圆钢、角钢、扁钢或废钢铁制成。人工接地体宜垂直埋设；多岩石地区可水平埋设。垂直埋设的接地体可采用直径 40～50mm 的钢管或（40mm×40mm×4mm）～（50mm×50mm×5mm）的角钢。垂直接地体的长度以 2.5m 左右为宜。垂直接地体一般由两根以上的钢管或角钢组成，可以成排布置，也可做环形布置。相邻钢管或角钢之间的距离以不超过 3～5m 为宜。钢管或角钢上端用扁钢或圆钢联结成一个整体。垂直接地体几种典型布置如图 6-9 所示。水平埋设的接地体可采用 40mm×40mm×4mm 的扁钢或直径 16mm 的圆钢。水平接地体多呈放射状布置，也可成排布置或环状布置。水平接地体几种典型布置如图 6-10 所示。

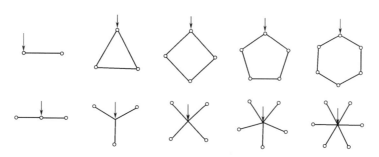

图 6-9　垂直接地体的典型布置

② 接地线。接地线即连接接地体与电气设备应接地部分的金属导体。有自然接地线

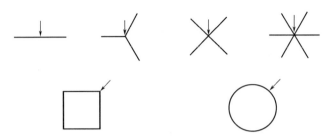

图 6-10　水平接地体的典型布置

与人工接地线之分，接地干线与接地支线之分。交流电气设备应优先利用自然导体作接地线。如建筑物的金属结构及设计规定的混凝土结构内部的钢筋、生产用的金属结构、配线的钢管等均可用作接地线。对于低压电气系统，还可以利用不流经可燃液体或气体的金属管道作接地线。在非爆炸危险场所，如自然接地线有足够的截面积，可不再另行敷设人工接地线。

如果生产现场电气设备较多，宜敷设接地干线，如图 6-11 所示。必须指出，各电气设备外壳应分别与接地干线连接（各设备的接地支线不能串联），接地干线应经两条连接线与接地体连接。

③ 接地装置的安装与连接。接地体宜避开人行道和建筑物出入口附近；如不能避开腐蚀性较强的地带，应采取防腐措施。为了提高接地的可靠性，电气设备的接地支线应单独与接地干线或接地体相连，而不允许串联连接。接地干线应有两处与接地体相连接，以提高可靠性。除接地体外，接地体的引出线亦应作防腐处理。

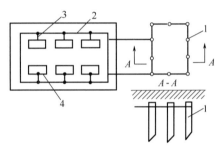

图 6-11　接地装置示意图
1—接地体；2—接地干线；
3—接地支线；4—电气设备

接地体与建筑物的距离不应小于 1.5m，与独立避雷针的接地体之间的距离不应小于 3m。为了减小自然因素对接地电阻的影响，接地体上端的埋入深度一般不应小于 0.6m，并应在冻土层以下。

接地线位置应便于检查，并不应妨碍设备的拆卸和检修。

接地线的涂色和标志应符合国家标准。不经允许，接地线不得做其他电气回路使用。

必须保证电气设备至接地体之间导电的连续性，不得有虚接和脱落现象。接地体与接地线的连接应采用焊接，且不得有虚焊；接地线与管道的连接可采用螺丝连接，但必须防止锈蚀，在有震动的地方，应采取防松措施。

④ 保护接地的局限性。在中性点接地的低压配电网络中，假如电气设备发生了单相碰壳漏电故障，若实行了保护接地，由于电源电压为 220V，如按工作接地电阻为 4Ω、保护接地电阻为 4Ω 计算，则故障回路将产生 27.5A 的电流。为保证使熔丝熔断或自动开关跳闸，一般规定故障电流必须分别大于熔丝或开关额定电流的 2.5 倍或 1.25 倍。因此，故障电流便只能保证使额定电流为 11A 的熔丝或 22A 的开关动作；若电气设备容量较大，所选用的熔丝与开关的额定电流超过了上述数值，则此时便不能保证切断电源，进而也就无法保障人身安全了。所以，接地保护方式存在一定的局限性。

4. 保护接零

保护接零时将电气设备在正常情况下不带电的金属部分用导线与低压配电系统的零线相连接的技术防护措施，如图 6-12 所示。常简称为接零。与保护接地相比，保护接零能在更多的情况下保证人身的安全，防止触电事故。

在实施上述保护接零的低压系统中，如果电气设备一旦发生了单项碰壳漏电故障，便形成了一个单项短路回路。因该回路内不包含工作接地电阻与保护接地电阻，整个回路的阻抗就很小，因此故障电流必将很大

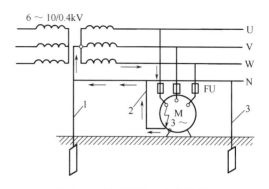

图 6-12　工作接地、保护接零、
重复接地示意图

1—工作接地；2—保护接零；3—重复接地

（远远超出 27.5A），就足以保证在最短的时间内使熔丝熔断、保护装置或自动开关跳闸，从而切断电源，保障了人身安全。

保护接零适用于中性点直接接地的 380/220V 三相四线制电网。

（1）采用保护接零的基本要求　在低压配电系统内采用接零保护方式时，应注意如下要求。

① 三相四线制低压电源的中性点必须接地良好，工作接地电阻应符合要求。

② 采用保护接零方式时，必须装设足够数量的重复接地装置。

③ 统一低压电网中（指同一台配电变压器的供电范围内），在采用保护接零方式后，便不允许再采用保护接地方式。

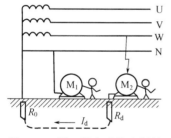

图 6-13　同一配电系统内保护
接地与接零混用

如果同时采用了接地与接零两种保护方式，如图 6-13 所示，当实行保护接地的设备 M_2 发生了碰壳故障，则零线的对地电压将会升高到电源相电压的一半或更高。这时，实行保护接零的所有设备（如 M_1）都会带有同样高的电位，使设备外壳等金属部分呈现较高的对地电压，从而危及操作人员的安全。

④ 零线上不准装设开关和熔断器。零线的敷设要求与相线的一样，以免出现零线断线故障。

⑤ 零线截面应保证在低压电网内任何一处短路时，能够承受大于熔断器额定电流 2.5～4 倍及自动开关额定电流 1.25～2.5 倍的短路电流。

⑥ 所有电气设备的保护接零线，应以"并联"方式连接到零干线上。

必须指出，在实行保护接零的低压配电系统中，电气设备的金属外壳在其正常情况下有时也会带电。产生这种情况的原因不外乎有以下三种。

① 三相负载不均衡时，在零线阻抗过大（线径过小）或断线的情况下，零线上便可能会产生一个有麻电感觉的接触电压。

② 保护接零系统中有部分设备采用了保护接地时，若接地设备发生了单相碰壳故障，则接零设备的外壳便会因零线电位的升高而产生接触电压。

③ 当零线断线又同时发生了零线断开点之后的电气设备单相碰壳，这时，零线断开点之后的所有接零电气设备都会带有较高的接触电压。

（2）保护接地与保护接零的比较　详见表 6-4。

表 6-4　保护接地与保护接零的比较

种　类	保　护　接　地	保　护　接　零
含义	用电设备的外壳接地装置	用电设备的外壳接电网的零干线
适用范围	中性点不接地电网	中性点接地的三相四线制电网
目的	起安全保护作用	起安全保护作用
作用原理	平时保持零电位不显作用；当发生碰壳或短路故障时能降低对地电压，从而防止触电事故	平时保持零干线电位不显作用，且与相线绝缘；当发生碰壳或短路时能促使保护装置速动以切断电源
注意事项	必须克服零线、接地线并不重要的错误认识，而要树立零线、接地线对于保证电气安全比相线更具重要意义的科学观念	
	确保接地可靠。在中性点接地系统，条件许可时要尽可能采用保护接零方式，在同一电源的低压配电网范围内，严禁混用接地与接零保护方式	禁止在零线上装设各种保护装置和开关等；采用保护接零时必须有重复接地才能保证人身安全，严禁出现零线断线的情况

5. 采用漏电保护器

漏电保护器主要用于防止单相触电事故，也可用于防止有漏电引起的火灾，有的漏电保护器还具有过载保护、过电压和欠电压保护、缺相保护等功能。主要应用于 1000V 以下的低压系统和移动电动设备的保护，也可用于高压系统的漏电检测。漏电保护器按动作原理可分为电流型和电压型两大类。目前以电流型漏电保护器的应用为主。

电流型漏电保护器的主要参数为：动作电流和动作时间。

动作电流可分为 0.006、0.01、0.015、0.03、0.05、0.075、0.1、0.2、0.5、1、3、5、10、20A 14 个等级。其中，30mA 以下（包括 30mA）的属于高灵敏度，主要用于防止各种人身触电事故；30mA 以上及 1000mA 以下（包括 1000mA）的属于中灵敏度，用于防止触电事故和漏电火灾事故；1000mA 以上的属于低灵敏度，用于防止漏电火灾和监视一相接地事故。为了避免误动作，保护装置的不动作电流不得低于额定动作电流的一半。

漏电保护器的动作时间是指动作时的最大分段时间。应根据保护要求确定，有快速型、定时限型和延时型之分。快速型和定时限型漏电保护器的动作时间应符合表 6-5 的要求。延时型只能用于动作电流 30mA 以上的漏电保护器，其动作时间可选为 0.2、0.4、0.8、1、1.5、2s。防止触电的漏电保护，宜采用高灵敏度、快速型漏电保护器，其动作电流与动作时间的乘积不应超过 30mA·s。

表 6-5　快速型和定时限型漏电保护器的动作时间

额定动作电流 I/mA	额定电流/A	动作时间/s		
		I	$2I$	$5I$
≤30	任意值	0.2	0.1	—
>30	任意值	0.2	0.1	0.04
	≥40[①]	0.2	—	0.15[①]

① 适用于组合型漏电保护器。

6. 正确使用防护用具

为了防止操作人员发生触电事故，必须正确使用相应的电气安全用具。常用电气安全用具主要有如下几种。

（1）绝缘杆　是一种主要的基本安全用具，又称绝缘棒或操作杆，其结构如图 6-14 所示。绝缘杆在变配电所里主要用于闭合或断开高压隔离开关、安装或拆除携带型接地线以及进行电气测量和试验等工作。在带电作业中，则是使用各种专用的绝缘杆。使用绝缘杆时应注意握手部分不能超出护环，且要戴上绝缘手套、穿绝缘靴（鞋）；绝缘杆每年要进行一次定期试验。

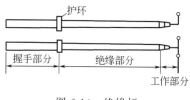

图 6-14　绝缘杆

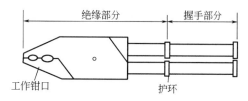

图 6-15　绝缘夹钳

（2）绝缘夹钳　其结构如图 6-15 所示。绝缘夹钳只允许在 35kV 及以下的设备上使用。使用绝缘夹钳夹熔断器时，工作人员的头部不可超过握手部分，并应戴护目镜、绝缘手套，穿绝缘靴（鞋）或站在绝缘台（垫）上；绝缘夹钳的定期试验为每年一次。

（3）绝缘手套　是在电气设备上进行实际操作时的辅助安全用具，也是在低压设备的带电部分上工作时的基本安全用具。绝缘手套一般分为 12kV 和 5kV 两种，这都是以试验电压值命名的。

- 使用绝缘手套应注意以下事项

① 使用前检查时可将手套朝手指方向卷曲，检查有无漏气或裂口等现象。

② 戴手套时应将外衣袖放入手套的伸长部分。

③ 绝缘手套使用后必须擦干净，并且要与其他工具分开放置。

④ 绝缘手套每半年应检查一次。

（4）绝缘靴（鞋）　是在任何等级的电气设备上工作时，用来与地面保持绝缘的辅助安全用具，也是防跨步电压的基本安全用具。

- 使用绝缘靴（鞋）应注意以下事项

① 绝缘靴（鞋）要存放在柜子里，并应与其他工具分开放置。

② 绝缘靴（鞋）使用期限，制造厂规定以大底磨光为止，即当大底露出黄色面胶（绝缘层）时就不适合在电气作业中使用了。

③ 绝缘靴（鞋）每半年试验一次。

（5）绝缘垫　是在任何等级的电气设备上带电工作时，用来与地面保持绝缘的辅助安全用具。使用电压在 1000V 及以上时，可作为辅助安全用具；1000V 以下时可作为基本安全用具。绝缘垫的规格：厚度有 4、6、8、10、12mm 5 种，宽度为 1m，长度为 5m。

- 使用绝缘垫应注意以下事项

① 注意防止与酸、碱、盐类及其他化学品和各种油类接触，以免受腐蚀后老化、龟裂或变黏，降低绝缘性能。

② 避免与热源直接接触使用，应在空气温度为 20～40℃的环境中使用。

③ 绝缘垫定期每两年试验一次。

（6）绝缘台　是在任何等级的电气设备上带电工作时的辅助安全用具。其台面用干燥的、漆过绝缘漆的木板或木条做成，四角用绝缘瓷瓶作台角，如图 6-16 所示。绝缘台面的最小尺寸为 800mm×800mm。为便于移动、清扫和检查，台面不宜做得太大，一般不超过 1500mm×1000mm。绝缘台必须放在干燥的地方。绝缘台的定期试验为每三年一次。

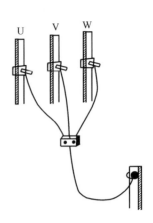

图 6-16　绝缘台　　　　　　　　　　图 6-17　携带型接地线

（7）携带型接地线　可用来防止设备因突然来电如错误合闸送电而带电、消除临近感应电压或放尽已断开电源的电气设备上的剩余电荷。其结构如图 6-17 所示。短路软导线与接地软导线应采用多股裸软铜线，其截面不应小于 $25mm^2$。

- 使用携带型接地线应注意以下事项

① 电气设备上需安装接地线时，应安装在导电部分的规定位置，并保证接触良好。

② 装设携带型接地线必须两人进行。装设时应先接接地端，后接导体端。拆接地线的顺序与此相反。装设时应使用绝缘杆并戴绝缘手套。

③ 凡是可能送电至停电设备，或停电设备上有感应电压时，都应装设接地线；检修设备若分散在电气连接的几个部分时，则应分别验电并装设接地线。

④ 接地线和工作设备之间不允许连接刀闸或熔断器，以防它们断开时设备失去接地，使检修人员触电。

⑤ 装设时严禁用缠绕的方法进行接地或短路。这是由于缠绕接触不良，通过短路电流时容易产生过热而烧坏，同时还会产生较大的电压降作用于停电设备上。

⑥ 禁止用普通导线作为接地线或短路线。

⑦ 为了保存和使用好接地线，所有接地线都应编号，放置的处所亦应编号，以便对号存放。每次使用要做记录，交接班时要交接清楚。

（8）验电笔　有高压验电笔和低压验电笔两类。它们都是用来检验设备是否带电的工具。当设备断开电源、装设携带型接地线之前，必须用验电笔验明设备是否确已无电。

高压验电笔　是一个用绝缘材料制成的空心管，管上装有金属制成的工作触头，触头里装有氖光灯和电容器。绝缘部分和握柄用胶木或硬橡胶制成。其结构如图 6-18所示。

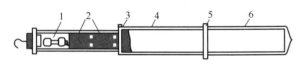

图 6-18　高压验电笔

1—氖光灯；2—电容器；3—接地螺丝；

4—绝缘部分；5—护环；6—握柄

- 使用高压验电笔应注意以下事项

① 必须使用额定电压和被检验设备电压等级一致的合格验电笔。验电前应将验电笔在带电的设备上验电，证实验电笔良好时，再在设备进出线两侧逐相进行验电（不能只验一相，因在实际工作中曾发生过开关故障跳闸后某一相仍然有电压的情况）。验明

无电后再把验电笔在带电设备上复核它是否良好。上述操作顺序称为"验电三步骤"。

② 反复验证验电笔的目的，是防止使用中验电笔突然失灵而把有电设备判断为无电设备，以致发生触电事故。

③ 在没有验电笔的情况下，可用合格的绝缘杆进行验电。验电时要将绝缘杆缓慢地接近导体（但不准接触），以形成间隙放电并根据有无放电火花和噼啪声判断有无电压。

④ 在高压设备上进行验电工作时，工作人员必须戴绝缘手套。

⑤ 高压验电笔每六个月要定期试验一次。

低压验电笔　是用来检查低压设备是否有电以及区别火线（相线）与地线（中性线）的一种验电工具。其外形通常为钢笔式或旋凿式，前端有金属探头，后端有金属挂钩（使用时，手必须接触金属挂钩），内部有发光氖泡、降压电阻及弹簧，其结构如图 6-19 所示。

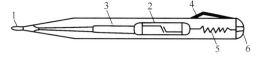

图 6-19　低压验电笔
1—工作触头（金属探头）；2—氖灯；3—炭精电阻；
4—金属挂钩；5—弹簧；6—中心螺钉

● 使用低压验电笔应注意以下事项

① 测试前应先在确认的带电体上试验以证明是否良好，防止因氖泡损坏而造成误判断。

② 日常工作中要养成使用验电笔的良好习惯，使用验电笔时一般应穿绝缘鞋（俗称电工鞋）。

③ 在明亮光线下测试时，往往不容易看清楚氖泡的辉光，此时，应采用避光观察并注意仔细测试。

④ 有些设备特别是测试仪表，其外壳常会因感应而带电，验电时氖泡也会发亮，但不一定构成触电危险。此时，可用万用表测量或用其他方法以判断是否真正带电。

三、触电急救

1. 触电急救的要点与原则

触电急救的要点是抢救迅速与救护得法。发现有人触电后，首先要尽快使其脱离电源；然后根据触电者的具体情况，迅速对症救护。现场常用的主要救护方法是心肺复苏法，它包括口对口人工呼吸和胸外心脏按压法。

人触电后会出现神经麻痹、呼吸中断、心脏停止跳动等症状，外表呈现昏迷不醒状态，即"假死状态"，有触电者经过 4h 甚至更长时间的连续抢救而获得成功的先例。据资料统计，从触电后 1min 开始救治的约 90% 有良好效果；从触电后 6min 开始救治的约 10% 有良好效果；从触电后 12min 开始救治的，则救活的可能性就很小了。所以，抢救及时并坚持救护是非常重要的。

对触电人（除触电情况轻者外）都应进行现场救治。在医务人员接替救治前，切不能放弃现场抢救，更不能只根据触电人当时已没有呼吸或心跳，便擅自判定伤员为死亡，从而放弃抢救。

触电急救的基本原则是：应在现场对症地采取积极措施保护触电者生命，并使其能减轻伤情、减少痛苦。具体而言就是应遵循：迅速（脱离电源）、就地（进行抢救）、准确（姿势）、坚持（抢救）的"八字原则"。同时应根据伤情的需要，迅速联系医疗部门救治。尤其对于触电后果严重的人员，急救成功的必要条件是动作迅速、操作正确。任何迟疑拖延和操作错误都会导致触电者伤情加重或造成死亡。此外，急救过程中要认真观察触电者的全身情况，以防止伤情恶化。

2. 解救触电者脱离电源的方法

使触电者脱离电源，就是要把触电者接触的那一部分带电设备的开关或其他断路设备断开；或设法将触电者与带电设备脱离接触。

- 使触电者脱离电源的安全注意事项

① 救护人员不得采用金属和其他潮湿的物品作为救护工具。

② 在未采取任何绝缘措施前，救护人员不得直接触及触电者的皮肤和潮湿衣服。

③ 在使触电者脱离电源的过程中，救护人员最好用一只手操作，以防再次发生触电事故。

④ 当触电者站立或位于高处时，应采取措施防止脱离电源后触电者的跌倒或坠落。

⑤ 夜晚发生触电事故时，应考虑切断电源后的事故照明或临时照明，以利于救护。

- 使触电者脱离电源的具体方法

① 触电者若是触及低压带电设备，救护人员应设法迅速切断电源，如拉开电源开关、拔出电源插头等；或使用绝缘工具、干燥的木棒、绳索等不导电的物品解脱触电者；也可抓住触电者干燥而不贴身的衣服将其脱离开（切记要避免碰到金属物体和触电者的裸露身躯）；也可戴绝缘手套或将手用干燥衣物等包起来去拉触电者，或者站在绝缘垫等绝缘物体上拉触电者使其脱离电源。

② 低压触电时，如果电流通过触电者入地，且触电者紧握电线，可设法用干木板塞进其身下，使触电者与地面隔开；也可用干木把斧子或有绝缘柄的钳子等将电线剪断（剪电线时要一根一根地剪，并尽可能站在绝缘物或干木板上）。

③ 触电者若是触及高压带电设备，救护人员应迅速切断电源；或用适合该电压等级的绝缘工具（戴绝缘手套、穿绝缘靴并用绝缘棒）去解脱触电者（抢救过程中应注意保持自身与周围带电部分有必要的安全距离）。

④ 如果触电发生在杆塔上，若是低压线路，凡能切断电源的应迅速切断电源；不能立即切断时，救护人员应立即登杆（系好安全带），用带有绝缘胶柄的钢丝钳或其他绝缘物使触电者脱离电源。如是高压线路且又不可能迅速切断电源时，可用抛铁丝等办法使线路短路，从而导致电源开关跳闸。抛挂前要先将短路线固定在接地体上，另一段系重物（抛掷时应注意防止电弧伤人或因其断线危及人员安全）。

⑤ 不论是高压或低压线路上发生的触电，救护人员在使触电者脱离电源时，均要预先注意防止发生高处坠落和再次触及其他有电线路的可能。

⑥ 若触电者触及了断落在地面上的带电高压线，在未确认线路无电或未做好安全措施（如穿绝缘靴等）之前，救护人员不得接近断线落地点8~12m范围内，以防止跨步电压伤人（但可临时将双脚并拢蹦跳地接近触电者）。在使触电者脱离带电导线后，亦应迅速将其带至8~12m外并立即开始紧急救护。只有在确认线路已经无电的情况下，方可在触电者倒地现场就地立即进行对症救护。

3. 脱离电源后的现场救护

抢救触电者使其脱离电源后，应立即就近移至干燥与通风场所，且勿慌乱和围观，首先应进行情况判别，再根据不同情况进行对症救护。

（1）情况判别　①触电者若出现闭目不语、神志不清情况，应让其就地仰卧平躺，且确保气道通畅。可迅速呼叫其名字或轻拍其肩部（时间不超过 5s），以判断触电者是否丧失意识。但禁止摇动触电者头部进行呼叫。②触电者若神志不清、意识丧失，应立即检查是否有呼吸、心跳，具体可用"看、听、试"的方法尽快（不超过 10s）进行判定：所谓看，即仔细观看触电者的胸部和腹部是否还有起伏动作；所谓听，即用耳朵贴近触电者的口鼻与心房处，细听有无微弱呼吸声和心跳音；所谓试，即用手指或小纸条测试触电者口鼻处有无呼吸气流，再用手指轻按触电者左侧或右侧喉结凹陷处的颈动脉有无搏动，以判定是否还有心跳。

（2）对症救护　触电者除出现明显的死亡症状外，一般均可按以下三种情况分别进行对症处理。

① 伤势不重、神志清醒但有点心慌、四肢发麻、全身无力；或触电过程中曾一度昏迷、但已清醒过来。此时应让触电者安静休息，不要走动，并严密观察。也可请医生前来诊治，或必要时送往医院。

② 伤势较重、已失去知觉，但心脏跳动和呼吸存在，应使触电者舒适、安静地平卧。不要围观，让空气流通，同时解开其衣服包括领口与裤带以利于呼吸。若天气寒冷则还应注意保暖，并速请医生诊治或送往医院。若出现呼吸停止或心跳停止，应随即分别施行口对口人工呼吸法或胸外心脏按压法进行抢救。

③ 伤势严重、呼吸或心跳停止，甚至都已停止，即处于所谓"假死状态"。则应立即施行口对口人工呼吸及胸外心脏按压进行抢救，同时速请医生或送往医院。应特别注意，急救要尽早进行，切不能消极地等待医生到来；在送往医院途中，也不应停止抢救。

4. 心肺复苏法简介

心肺复苏法包括人工呼吸法与胸外按压法两种急救方法。对于抢救触电者生命来说，既至关重要又相辅相成。所以，一般情况下该两法要同时施行。因为心跳和呼吸相互联系，心跳停止了，呼吸很快就会停止；呼吸停止了，心脏跳动也维持不了多久。所以，呼吸和心脏跳动是人体存活的基本特征。

采用心肺复苏法进行抢救，以维持触电者生命的三项基本措施是：通畅气道、口对口人工呼吸和胸外心脏按压。

（1）通畅气道　触电者呼吸停止时，最主要的是要始终确保其气道通畅；若发现触电者口内有异物，则应清理口腔阻塞。即将其身体及头部同时侧转，并迅速用一个或两个手指从口角处插入以取出异物。操作中要防止将异物推向咽喉深处。

采用使触电者鼻孔朝天头后仰的"仰头抬颌法"（图 6-20）通畅气道。具体做法是用一只手放在触电者前额，另一只手的手指将触电者下颌骨向上抬起，两手协同将头部推向后仰，此时舌根随之抬起，气道即可通畅（图 6-21）。禁止用枕头或其他物品垫在触电者头下，因为头部太高更会加重气道阻塞，且使胸外按压时流向脑部的血流减少。

（2）口对口人工呼吸　正常的呼吸是由呼吸中枢神经支配的，由肺的扩张与缩小，排出二氧化碳，维持人体的正常生理功能。一旦呼吸停止，机体不能建立正常的气体交换，最后便导致人的死亡。口对口人工呼吸就是采用人工机械的强制作用维持气体交换，并使其逐步地恢复正常呼吸。具体操作方法如下。

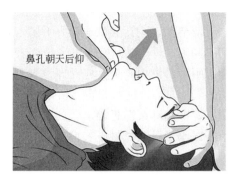

图 6-20　仰头抬颌法

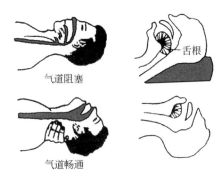

图 6-21　气道阻塞与通畅

① 在保持气道畅通的同时，救护人员在用放在触电者额上那只手捏住其鼻翼，深深地吸足气后，与触电者口对口接合并贴近吹气，然后放松换气，如此反复进行（图 6-22）。开始时（均在不漏气情况下）可先快速连续而大口地吹气 4 次（每次用 1～1.5s）。经 4 次吹气后观察触电者胸部有无起伏状，同时测试其颈动脉，若仍无搏动，便可判断为心跳已停止，此时应立即同时施行胸外按压。

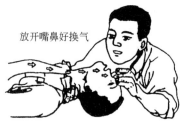

图 6-22　口对口人工呼吸法

② 除开始施行时的 4 次大口吹气外。此后正常的口对口吹气量均不需过大（但应达800～1200mL），以免引起胃膨胀。施行速度为每分钟 12～16 次；对儿童为每分钟 20 次。吹气和放松时，应注意触电者胸部要有起伏状呼吸动作。吹气中如遇有较大阻力，便可能是头部后仰不够，气道不畅，要及时纠正。

③ 触电者如牙关紧闭且无法弄开时，可改为口对鼻人工呼吸。口对鼻人工呼吸时，要将触电者嘴唇紧闭以防止漏气。

（3）胸外心脏按压（人工循环）　心脏是血液循环的"发动机"。正常的心脏跳动是一种自主行为，同时受交感神经、副交感神经及体液的调节。由于心脏的收缩与舒张，把氧气和养料输送给机体，并把机体的二氧化碳和废料带回。一旦心脏停止跳动，机体因血液循环中止，将缺乏供氧和养料而丧失正常功能，最后导致死亡。胸外心脏按压法就是采用人工机械的强制作用维持血液循环，并使其逐步过渡到正常的心脏跳动。

• 正确的按压位置

正确按压位置（称"压区"）是保证胸外按压效果的重要前提，正确的按压部位为胸骨下三分之一处或双乳头与前正中线交界处。其步骤［图 6-23(a)］如下：

① 右手食指和中指沿触电者右侧肋弓下缘向上，找到肋骨和胸骨结合处的中点；

② 两手指并齐，中指放在切迹中点（剑突底部），食指平放在胸骨下部；

③ 另一手的掌根紧挨食指上缘，置于胸骨上，此处即为正确的按压位置。

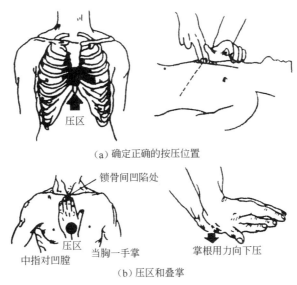

（a）确定正确的按压位置

锁骨间凹陷处

压区　当胸一手掌

中指对凹膛

掌根用力向下压

（b）压区和叠掌

图 6-23　胸外按压的准备工作

- 正确的按压姿势

正确按压姿势是达到胸外按压效果的基本保证，其方法如下。

① 使触电者仰面躺在平硬的地方，救护人员立或跪在伤员一侧肩旁，两肩位于伤员胸骨正上方，两臂伸直，肘关节固定不屈，两手掌根相叠［图 6-23（b）］。此时，贴胸手掌的中指尖刚好抵在触电者两锁骨间的凹陷处，然后再将手指翘起，不触及触电者胸壁，或者采用两手指交叉抬起法（图 6-24）。

图 6-24　两手指交叉抬起法

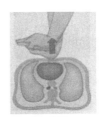

（a）下压　　　　（b）上压

图 6-25　胸外心脏按压法

② 以髋关节为支点，利用上身的重力，垂直地将成人的胸骨压陷至少 5cm（儿童和瘦弱者酌减，约 2.5～4cm，对婴儿则为 1.5～2.5cm）。

③ 按压至要求程度后，要立即全部放松，但放松时救护人员的掌根不应离开胸壁，以免改变正确的按压位置（图 6-25）。

按压时正确地操作是关键。尤应注意，抢救者双臂应绷直，双肩在患者胸骨上方正中，垂直向下用力按压。按压时应利用上半身的体重和肩、臂部肌肉力量（图 6-26），避免不正确的按压（图 6-27）。

按压救护是否有效的标志，是在施行按压急救过程中再次测试触电者的颈动脉，看其有无搏动。由于颈动脉位置靠近心脏，容易反映心跳的情况。此外，因颈部暴露，便于迅速触摸，且易于学会与记牢。

● 胸外按压方法

① 胸外按压的动作要平稳，不能冲击式地猛压。而应以均匀的速度有规律地进行，每分钟至少 100 次，每次按压和放松的时间要相等。

② 胸外按压与口对口人工呼吸两种方法同时进行时，其节奏为：单人抢救时，按压 30 次，吹气 2 次，如此反复进行；双人抢救时，每按压 30 次，由另一人吹气 2 次，反复进行（图 6-28）。

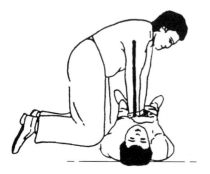

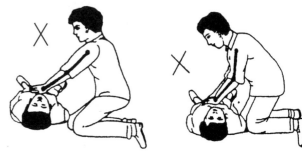

图 6-26　正确的按压姿势　　　　　图 6-27　不正确的按压姿势

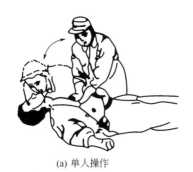

(a) 单人操作　　　　　　　　　　(b) 双人操作

图 6-28　胸外按压与口对口人工呼吸同时进行

第二节　静电防护技术

一、静电危害及特性

1. 静电的产生与危害

静电通常是指静止的电荷，它是由物体间的相互摩擦或感应而产生的。静电现象是一种常见的带电现象。在干燥的天气中用塑料梳子梳头，可以听到清晰的噼啪声；夜晚脱衣服时，还能够看见明亮的蓝色小火花；冬、春季节的北方或西北地区，有时会在客人握手寒暄之际，出现双方骤然缩手或几乎跳起的喜剧场面。这是由于客人在干燥的地毯或木质地板上走动，电荷积累又无法泄漏，握手时发生了轻微电击的缘故。这些生活中静电现象，一般由于电量有限，尚不致造成多大危害。

在工业生产中，静电现象也是很常见的。特别是石油化工部门，塑料、化纤等合成材料生产部门，橡胶制品生产部门，印刷和造纸部门，纺织部门以及其他制造、加工、运输高电阻材料的部门，都会经常遇到有害的静电。

化工生产中，静电的危害主要有三个方面，即引起火灾和爆炸、静电电击和引起生产中各种困难而妨碍生产。

（1）静电引起火灾和爆炸　静电放电可引起可燃、易燃液体蒸气、可燃气体以及可燃性粉尘的着火、爆炸。在化工生产中，由静电火花引起爆炸和火灾事故是静电最为严重的危害。从已发生的事故实例中，由静电引起的火灾、爆炸事故见于苯、甲苯、汽油等有机溶剂的运输；见于易燃液体的灌注、取样、过滤过程，见于一些可产生静电的原料、成品、半成品的包装、称重过程；见于物料泄漏喷出、摩擦搅拌、液体及粉体物料的输送、橡胶和塑料制品的剥离等。

在化工操作过程中，操作人员在活动时，穿的衣服、鞋以及携带的工具与其他物体摩擦时，就可能产生静电。当携带静电荷的人走近金属管道和其他金属物体时，人的手指或脚趾会释放出电火花，往往酿成静电灾害。

（2）静电电击　橡胶和塑料制品等高分子材料与金属摩擦时，产生的静电荷往往不易泄漏。当人体接近这些带电体时，就会受到意外的电击。这种电击是由于从带电体向人体发生放电，电流流向人体而产生的。同样，当人体带有较多静电电荷时，电流流向接地体，也会发生电击现象。

静电电击不是电流持续通过人体的电击，而是由静电放电造成的瞬间冲击性电击。这种瞬间冲击性电击不至于直接使人死亡，人大多数只是产生痛感和震颤。但是，在生产现场却可造成指尖负伤，或因为屡遭电击后产生恐惧心理，从而使工作效率下降。

上海某轮胎厂的卧式裁断机上，测得橡胶布静电的电位是 $20\sim28kV$，当操作人员接近橡胶布时，头发会竖立起来。当手靠近时，会受到强烈的电击。人体受到静电电击时的反应见表 6-6。

表 6-6　静电电击时人体的反应

静电电压/kV	人 体 反 应	备 注
1.0	无任何感觉	
2.0	手指外侧有感觉但不痛	发生微弱的放电响声
2.5	放电部分有针刺感,有些微颤样的感觉,但不痛	
3.0	有像针刺样的痛感	可看到放电时的发光
4.0	手指有微痛感,好像用针深深地刺一下的痛感	
5.0	手掌至前腕有电击痛感	由指尖延伸放电的发光
6.0	感到手指强烈疼痛,受电击后手腕有沉重感	
7.0	手指、手掌感到强烈疼痛,有麻木感	
8.0	手掌至前腕有麻木感	
9.0	手腕感到强烈疼痛,手麻木而沉重	
10.0	全手感到疼痛和电流流过感	
11.0	手指感到剧烈麻木,全手有强烈的触电感	
12.0	有较强的触电感,全手有被狠打的感觉	

（3）静电妨碍生产　静电对化工生产的影响，主要表现在粉体筛分、塑料、橡胶和感光胶片行业中。

① 在粉体筛分时，由于静电电场力的作用，筛网吸附了细微的粉末，使筛孔变小降低了生产效率；在气流输送工序，管道的某些部位由于静电作用，积存一些被输送物料，减小了管道的流通面积，使输送效率降低；在球磨工序里，因为钢球带电而吸附了一层粉末，这不但会降低球磨的粉碎效果，而且这一层粉末脱落下来混进产品中，会影响产品细度，降低产品质量；在计量粉体时，由于计量器具吸附粉体，造成计量误差，影响投料或包装重量的正确性；粉体装袋时，因为静电斥力的作用，使粉体四散飞扬，既损失了物料，又污染了

环境。

② 在塑料和橡胶行业，由于制品与辊轴的摩擦或制品的挤压或拉伸，会产生较多的静电。因为静电不能迅速消失，会吸附大量灰尘，而为了清扫灰尘要花费很多时间，浪费了工时。塑料薄膜还会因静电作用而缠卷不紧。

③ 在感光胶片行业，由于胶片与辊轴的高速摩擦，胶片静电电压可高达数千至数万伏。如果在暗室发生静电放电的话，胶片将因感光而报废；同时，静电使胶卷基片吸附灰尘或纤维，降低了胶片质量，还会造成涂膜不均匀等。

随着科学技术的现代化，化工生产普遍采用电子计算机，由于静电的存在可能会影响到电子计算机的正常运行，致使系统发生误动作而影响生产。

但静电也有其可被利用的一面。静电技术作为一项先进技术，在工业生产中已得到了越来越广泛的应用。如静电除尘、静电喷漆、静电植绒、静电选矿、静电复印等都是利用静电的特点来进行工作的。它们是利用外加能源来产生高压静电场，与生产工艺过程中产生的有害静电不尽相同。

2. 静电的特性

① 化工生产过程中产生的静电电量都很小，但电压却很高，其放电火花的能量大大超过某些物质的最小点火能，所以易引起着火爆炸，因此是很危险的。

② 在绝缘体上静电泄漏很慢，这样就使带电体保留危险状态的时间也长，危险程度相应增加。

③ 绝缘的静电导体所带的电荷平时无法导走，一有放电机会，全部自由电荷将一次经放电点放掉，因此带有相同数量静电荷和表观电压的绝缘的导体要比非导体危险性大。

④ 远端放电（静电于远处放电）。若厂房中一条管道或部件产生了静电，其周围与地绝缘的金属设备就会在感应下将静电扩散到远处，并可在预想不到的地方放电，或使人受到电击，它的放电是发生在与地绝缘的导体上，自由电荷可一次全部放掉，因此危害性很大。

⑤ 尖端放电。静电电荷密度随表面曲率增大而升高，因此在导体尖端部分电荷密度最大，电场最强，能够产生尖端放电。尖端放电可导致火灾、爆炸事故的发生，还可使产品质量受损。

⑥ 静电屏蔽。静电场可以用导体的金属元件加以屏蔽。如可以用接地的金属网、容器等将带静电的物体屏蔽起来，不使外界遭受静电危害。相反，使被屏蔽的物体不受外电场感应起电，也是一种"静电屏蔽"。静电屏蔽在安全生产上被广为利用。

二、静电防护技术

防止静电引起火灾爆炸事故是化工静电安全的主要内容。为防止静电引起火灾爆炸所采取的安全防护措施，对防止其他静电危害也同样有效。

静电引起燃烧爆炸的基本条件有四个，一是有产生静电的来源；二是静电得以积累，并达到足以引起火花放电的静电电压；三是静电放电的火花能量达到爆炸性混合物的最小点燃能量；四是静电火花周围有可燃性气体、蒸气和空气形成的可燃性气体混合物。因此，只要采取适当的措施，消除以上四个基本条件中的任何一个，就能防止静电引起的火灾爆炸。防止静电危害主要有七个措施。

1. 场所危险程度的控制

为了防止静电危害，可以采取减轻或消除所在场所周围环境火灾、爆炸危险性的间接措施。如用不燃介质代替易燃介质、通风、惰性气体保护、负压操作等。在工艺允许的情况下，采用较大颗粒的粉体代替较小颗粒粉体，也是减轻场所危险性的一个措施。

2. 工艺控制

工艺控制是从工艺上采取措施，以限制和避免静电的产生和积累，是消除静电危害的主要手段之一。

（1）应控制的输送物料流速以限制静电的产生　输送液体物料时允许流速与液体电阻率有着十分密切的关系，当电阻率小于 $10^7\Omega\cdot cm$ 时，允许流速不超过 10m/s；当电阻率为 $1\times(10^7\sim10^{11})\Omega\cdot cm$ 时，允许流速不超过 5m/s；当电阻率大于 $10^{11}\Omega\cdot cm$ 时，允许流速取决于液体的性质、管道直径和管道内壁光滑程度等条件。例如，烃类燃料油在管内输送，管道直径为 50mm 时，流速不得超过 3.6m/s；直径 100mm 时，流速不得超过 2.5m/s。但是，当燃料油带有水分时，必须将流速限制在 1m/s 以下。输送管道应尽量减少转弯和变径。操作人员必须严格执行工艺规定的流速，不能擅自提高流速。

（2）选用合适的材料　一种材料与不同种类的其他材料摩擦时，所带的静电电荷数量和极性随其材料的不同而不同。可以根据静电起电序列选用适当的材料匹配，使生产过程中产生的静电互相抵消，从而达到减少或消除静电危险的目的。如氧化铝粉经过不锈钢漏斗时，静电电压为 $-100V$，经过虫胶漆漏斗时，静电电压为 $+500V$。采用适当选配，由这两种材料制成的漏斗，静电电压可以降低为零。

同样，在工艺允许的前提下，适当安排加料顺序，也可降低静电的危险性。例如，某搅拌作业中，最后加入汽油时，液浆表面的静电电压高达 $11\sim13kV$。后来改变加料顺序，先加入部分汽油，后加入氧化锌和氧化铁，进行搅拌后加入石棉等填料及剩余少量的汽油，能使液浆表面的静电电压降至 400V 以下。这一类措施的关键，在于确定了加料顺序或器具使用的顺序后，操作人员不可任意改动。否则，会适得其反，静电电位不仅不会降低，相反还会增加。

（3）增加静止时间　化工生产中将苯、二硫化碳等液体注入容器、贮罐时，都会产生一定的静电荷。液体内的电荷将向器壁及液面集中并可慢慢泄漏消散，完成这个过程需要一定的时间。如向燃料罐注入重柴油，装到 90% 时停泵，液面静电位的峰值常常出现在停泵以后的 $5\sim10s$ 内，然后电荷就很快衰减掉，这个过程持续时间约为 $70\sim80s$。由此可知，刚停泵就进行检测或采样是危险的，容易发生事故。应该静止一定的时间，待静电基本消散后再进行有关的操作。操作人员懂得这个道理后，就应自觉遵守安全规定，千万不能操之过急。

静电消散静止时间应根据物料的电阻率、槽罐容积、气象条件等具体情况决定，也可参考表 6-7 的经验数据。

表 6-7　静电消散静止时间　　　　单位：min

物料电阻率/($\Omega\cdot cm$)		$1\times10^8\sim1\times10^{12}$	$1\times10^{12}\sim1\times10^{14}$	$>1\times10^{14}$
物料容积	$<10m^3$	2	4	10
	$10\sim50m^3$	3	5	15

（4）改变灌注方式　为了减少从贮罐顶部灌注液体时的冲击而产生的静电，要改变灌注管头的形状和灌注方式。经验表明，T 形、锥形、45°斜口形和人字形灌注管头，有利于降低贮罐液面的最高静电电位。为了避免液体的冲击、喷射和溅射，应将进液管延伸至近底部位。

3. 接地

接地是消除静电危害最常见的措施。在化工生产中，以下工艺设备应采取接地措施。

① 凡用来加工、输送、贮存各种易燃液体、气体和粉体的设备必须接地。如过滤器、升华器、吸附器、反应器、贮槽、贮罐、传送胶带、液体和气体等物料管道、取样器、检尺棒等应该接地。输送可燃物料的管道要连成一个整体，并予以接地。管道的两端和每隔 200～300m 处，均应接地。平行管道相距 10cm 以内时，每隔 20m 应用连接线连接起来；管道与管道、管道与其他金属构件交叉时，若间距小于 10cm，也应互相连接起来。

② 倾注溶剂漏斗、浮动罐顶、工作站台、磅秤等辅助设备，均应接地。

③ 在装卸汽车槽车之前，应与贮存设备跨接并接地；装卸完毕，应先拆除装卸管道，静置一段时间后，然后拆除跨接线和接地线。

油轮的船壳应与水保持良好的导电性连接，装卸油时也要遵循先接地后接油管、先拆油管后拆接地线的原则。

④ 可能产生和积累静电的固体和粉体作业设备，如压延机、上光机、砂磨机、球磨机、筛分机、捏和机等，均应接地。

⑤ 在具有火灾爆炸危险的场所、静电对产品质量有影响的生产过程以及静电危害人身安全的作业区内，所有的金属用具及门窗零部件、移动式金属车辆、梯子等均应接地。

静电接地的连接线应保证足够的机械强度和化学稳定性，连接应当可靠，操作人员在巡回检查中，经常检查接地系统是否良好，不得有中断处。防静电接地电阻不超过规定值（现行有关规定为小于等于 100Ω）。

4. 增湿

存在静电危险的场所，在工艺条件许可时，宜采用安装空调设备、喷雾器等办法，以提高场所环境相对湿度，消除静电危害。用增湿法消除静电危害的效果显著。例如，某粉体筛选过程中，相对湿度低于 50% 时，测得容器内静电电压为 40kV；相对湿度为 60%～70% 时，静电电压为 18kV；相对湿度为 80% 时，静电电压为 11kV。从消除静电危害的角度考虑，相对湿度在 70% 以上较为适宜。

5. 抗静电剂

抗静电剂具有较好的导电性能或较强的吸湿性。因此，在易产生静电的高绝缘材料中，加入抗静电剂，使材料的电阻率下降，加快静电泄漏，消除静电危险。

抗静电剂的种类很多，有无机盐类，如氯化钾、硝酸钾等；有表面活性剂类，如脂肪族磺酸盐、季铵盐、聚乙二醇等；有无机半导体类，如亚铜、银、铝等的卤化物；有高分子聚合物类等。

在塑料行业，为了长期保持抗静电性能，一般采用内加型表面活性剂。在橡胶行业，一般采用炭黑、金属粉等添加剂。在石油行业，采用油酸盐、环烷酸盐、合成脂肪酸盐等作为抗静电剂。

6. 静电消除器

静电消除器是一种产生电子或离子的装置，借助于产生的电子或离子中和物体上的静电，从而达到消除静电的目的。静电消除器具有不影响产品质量、使用比较方便等优点。常用的静电消除器有以下几种。

（1）感应式消除器　这是一种没有外加电源、最简便的静电消除器，可用于石油、化工、橡胶等行业。它由若干只放电针、放电刷或放电线及其支架等附件组成。生产资料上的静电在放电针上感应出极性相反的电荷，针尖附近形成很强的电场，当局部场强超过 30kV/cm 时，空气被电离，产生正负离子，与物料电荷中和，达到消除静电的目的。

（2）高压静电消除器　这是一种带有高压电源和多支放电针的静电消除器，可用于橡胶、塑料行业。它是利用高电压使放电针尖端附近形成强电场，将空气电离以达到消除静电的目的。使用较多的是交流电压消除器。直流电压消除器由于会产生火花放电，不能用于有爆炸危险的场所。

在使用高压静电消除器时，要十分注意绝缘是否良好，要保持绝缘表面的洁净，定期清扫和维护保养，防止发生触电事故。

（3）高压离子流静电消除器　这种消除器是在高压电源作用下，将经电离后的空气输送到较远的需要消除静电的场所。它的作用距离大，距放电器 30～100cm 有满意的消电效能，一般取 60cm 比较合适。使用时，空气要经过净化和干燥，不应有可见的灰尘和油雾，相对湿度应控制在 70% 以下，放电器的压缩空气进口处的正压不能低于 0.049～0.098MPa。此种静电消除器，采用了防爆型结构，安全性能良好，可用于爆炸危险场所。如果加上挡光装置，还可以用于严格防光的场所。

（4）放射性辐射消除器　这是利用放射性同位素使空气电离，产生正负离子去中和生产物料上的静电。放射性辐射消除器距离带电体愈近，消电效应就愈好，距离一般取 10～20cm，其中采用 α 射线不应大于 4～5cm；采用 β 射线不宜大于 40～60cm。

放射线辐射消除器结构简单，不要求外接电源，工作时不会产生火花，适用于有火灾和爆炸危险的场所。使用时要有专人负责保养和定期维修，避免撞击，防止射线的危害。

静电消除器的选择，应根据工艺条件和现场环境等具体情况而定。操作人员要做好消除器的有效工作，不能借口生产操作不便而自行拆除或挪动其位置。

7. 人体的防静电措施

人体的防静电主要是防止带电体向人体放电或人体带静电所造成的危害，具体有以下几个措施。

① 采用金属网或金属板等导电材料遮蔽带电体，以防止带电体向人体放电。操作人员在接触静电带电体时，宜戴用金属线和导电性纤维做的混纺手套、穿防静电工作服。

② 穿防静电工作鞋。防静电工作鞋的电阻为 $1\times(10^5～10^7)\Omega$，穿着后人体所带静电荷可通过防静电工作鞋及时泄漏掉。

③ 在易燃场所入口处，安装硬铝或铜等导电金属的接地通道，操作人员从通道经过后，可以导除人体静电。同时，入口门的扶手也可以采用金属结构并接地，当手触门扶手时可导除静电。

④ 采用导电性地面是一种接地措施，不但能导走设备上的静电，而且有利于导除积累在人体上的静电。导电性地面是指用电阻率 $1\times10^6\Omega\cdot cm$ 以下的材料制成的地面。

第三节　防雷技术

一、雷电的形成、分类及危害

1. 雷电的形成

地面蒸发的水蒸气在上升过程中遇到上部冷空气凝成小水滴而形成积云，此外，水平移动的冷气团或热气团在其前锋交界面上也会形成积云。云中水滴受强气流吹袭时，通常会分成较小和较大的部分，在此过程中发生了电荷的转移，形成带相反电荷的雷云。随着电荷的增加，雷云的电位逐渐升高。当带有不同电荷的雷云或雷云与大地凸出物相互接近到一定程度时，将会发生激烈的放电，同时出现强烈闪光。由于放电时瞬间产生高温，使空气受热急剧膨胀，随之发生爆炸的轰鸣声，这就是电闪与雷鸣。

2. 雷电的分类

如前所述，雷电实质上就是大气中的放电现象，最常见的是线形雷，有时也能见到片形雷，个别情况下还会出现球形雷。雷电通常可分为直击雷和感应雷两种。

(1) 直击雷 大气中带有电荷的雷云对地电压可高达几十万千伏。当雷云同地面凸出物之间的电场强度达到该空间的击穿强度时所产生的放电现象，就是通常所说的雷击。这种对地面凸出物直接的雷击称为直击雷。雷云接近地面时，地面感应出异性电荷，两者组成巨大的电容器。雷云中的电荷分布很不均匀，地面又是起伏不平的，故其间的电场强度也是很不均匀的。当电场强度达到 $25\sim30kV/cm$ 时，即发生由雷云向大地发展的跳跃式"先驱放电"，到达大地时，便发生大地向雷云发展的极明亮的"主放电"，其放电电流可达数十至数百千安培，放电时间仅 $50\sim100\mu s$，放电速度约 $(6\sim10)\times10^4 km/s$；主放电再向上发展，到达云端即告结束。主放电结束后继续有微弱的余光，大约 50% 的直击雷具有重复放电性质，平均每次雷击含 $3\sim4$ 个冲击。全部放电时间一般不超过 $0.5s$。

(2) 感应雷 也称雷电感应，分为静电感应和电磁感应两种。静电感应是在雷云接近地面，在架空线路或其他凸出物顶部感应出大量电荷引起的。在雷云与其他部位放电后，架空线路或凸出物顶部的电荷失去束缚，以雷电波的形式，沿线路或凸出物极快地传播。电磁感应是由雷击后伴随的巨大雷电流在周围空间产生迅速变化的强磁场引起的。这种磁场能使附近金属导体或金属结构感应出很高的电压。

3. 雷电的危害

雷击时，雷电流很大，其值可达数十至数百千安培，由于放电时间极短，故放电陡度甚高，每秒达 $50kA$；同时雷电压也极高。因此雷电有很大的破坏力，它会造成设备或设施的损坏，造成大面积停电及生命财产损失。其危害主要有以下几个方面。

(1) 电性质破坏 雷电放电产生极高的冲击电压，可击穿电气设备的绝缘，损坏电气设备和线路，造成大面积停电。由于绝缘损坏还会引起短路，导致火灾或爆炸事故。绝缘的损坏为高压窜入低压、设备漏电创造了危险条件，并可能造成严重的触电事故。巨大的雷电流流入地下，会在雷击点及其连接的金属部分产生极大的对地电压，也可直接导致因接触电压或跨步电压而产生的触电事故。

(2) 热性质破坏 强大雷电流通过导体时，在极短的时间将转换为大量热量，产生的高温会造成易燃物燃烧，或金属熔化飞溅，而引起火灾、爆炸。

(3) 机械性质破坏 由于热效应使雷电通道中木材纤维缝隙或其他结构中缝隙里的空气剧烈膨胀，同时使水分及其他物质分解为气体，因而在被雷击物体内部出现强大的机械压力，使被击物体遭受严重破坏或造成爆裂。

(4) 电磁感应 雷电的强大电流所产生的强大交变电磁场会使导体感应出较大的电动势，并且还会在构成闭合回路的金属物中感应出电流，这时如果回路中有的地方接触电阻较大，就会发生局部发热或发生火花放电，这对于存放易燃、易爆物品的场所是非常危险的。

(5) 雷电波入侵 雷电在架空线路、金属管道上会产生冲击电压，使雷电波沿线路或管道迅速传播。若侵入建筑物内，可造成配电装置和电气线路绝缘层击穿，产生短路，或使建筑物内易燃易爆品燃烧和爆炸。

（6）防雷装置上的高电压对建筑物的反击作用 当防雷装置受雷击时，在接闪器、引下线和接地体上均具有很高的电压。如果防雷装置与建筑物内、外的电气设备、电气线路或其他金属管道的相隔距离很近，它们之间就会产生放电，这种现象称为反击。反击可能引起电气设备绝缘破坏，金属管道烧穿，甚至造成易燃、易爆品着火和爆炸。

（7）雷电对人的危害 雷击电流若迅速通过人体，可立即使人的呼吸中枢麻痹，心室颤动、心搏骤停，以致使脑组织及一些主要脏器受到严重损坏，出现休克甚至突然死亡。雷击时产生的火花、电弧，还会使人遭到不同程度的灼伤。

二、常用防雷装置的种类与作用

常用防雷装置主要包括避雷针、避雷线、避雷网、避雷带、保护间隙及避雷器。完整的防雷装置包括接闪器、引下线和接地装置。而上述避雷针、避雷线、避雷网、避雷带及避雷器实际上都只是接闪器。除避雷器外，它们都是利用其高出被保护物的突出地位，把雷电引向自身，然后通过引下线和接地装置把雷电流泄入大地，使被保护物免受雷击。各种防雷装置的具体作用如下。

（1）避雷针 主要用来保护露天变配电设备及比较高大的建（构）筑物。它是利用尖端放电原理，避免设置处所遭受直接雷击。

（2）避雷线 主要用来保护输电线路，线路上的避雷线也称为架空地线。避雷线可以限制沿线路侵入变电所的雷电冲击波幅值及陡度。

（3）避雷网 主要用来保护建（构）筑物。分为明装避雷网和笼式避雷网两大类。沿建筑物上部明装金属网格作为接闪器，沿外墙装引下线接到接地装置上，称为明装避雷网，一般建筑物中常采用这种方法。而把整个建筑物中的钢筋结构连成一体，构成一个大型金属网笼，称为笼式避雷网。笼式避雷网又分为全部明装避雷网、全部暗装避雷网和部分明装部分暗装避雷网等几种。如高层建筑中都用现浇的大模板和预制装配式壁板，结构中钢筋较多，把它们从上到下与室内的上下水管、热力管网、煤气管道、电气管道、电气设备及变压器中性点等均连接起来，形成一个等电位的整体，称为笼式暗装避雷网。

（4）避雷带 主要用来保护建（构）筑物。该装置包括沿建筑物屋顶四周易受雷击部位明设的金属带、沿外墙安装的引下线及接地装置构成。多用在民用建筑，特别是山区的建筑。

一般而言，使用避雷带或避雷网的保护性能比避雷针的要好。

（5）保护间隙 是一种最简单的避雷器。将它与被保护的设备并联，当雷电波袭来时，间隙先行被击穿，把雷电流引入大地，从而避免被保护设备因高幅值的过电压而被击穿。保护间隙的原理结构如图 6-29 所示。

保护间隙主要由直径 6～9mm 的镀锌圆钢制成的主间隙和辅助间隙组成。主间隙做成羊角型，以便其间产生电弧时，因空气受热上升，被推移到间隙的上方，拉长而熄灭。因为主间隙暴露在空气中，比较容易短接，所以加上辅助间隙，防止意外短路。保护间隙的击穿电压应低于被保护设备所能承受的最高电压。

保护间隙的灭弧能力有限，主要用于缺乏其他避雷器的场合。

（6）避雷器 主要用来保护电力设备，是一种专用的防

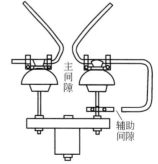

图 6-29 保护间隙的
原理结构

雷设备。分为管型和阀型两类。它可进一步防止沿线路侵入变电所或变压器的雷电冲击波对电气设备的破坏。防雷电波的接地电阻一般不得大于 5～30Ω，其中阀型避雷器的接地电阻不得大于 5～10Ω。

三、建（构）筑物、化工设备及人体的防雷

1. 建（构）筑物的防雷

建（构）筑物的防雷保护按各类建（构）筑物对防雷的不同要求，可将它们分为三类。

（1）第一类建筑物及其防雷保护 凡在建筑物中存放爆炸物品或正常情况下能形成爆炸性混合物，因电火花而会发生爆炸，致使房屋毁坏和造成人身伤亡者。这类建筑物应装设独立避雷针防止直击雷；对非金属屋面应敷设避雷网，室内一切金属设备和管道，均应良好接地并不得有开口环路，以防止感应过电压；采用低压避雷器和电缆进线，以防雷击时高电压沿低压架空线侵入建筑物内。采用低压电缆与避雷器防止高电位侵入时，电缆首端设低压 FS 型阀型避雷器，与电缆外皮及绝缘子铁脚共同接地；电缆末端外皮一般须与建筑物防感应雷接地电阻相连。当高电位到达电缆首端时，避雷器击穿，电缆外皮与电缆芯连通，由于肌肤效应及芯线与外皮的互感作用，便限制了芯线上的电流通过。当电缆长度在 50m 以上、接地电阻不超过 10Ω 的，绝大部分电流将经电缆外皮及首端接地电阻入地。残余电流经电缆末端电阻入地，其上压降即为侵入建筑物的电位，通常可降低到原值的 1%～2% 以下。

（2）第二类建筑物及其防雷保护 划分条件同第一类，但在因电火花而发生爆炸时，不致引起巨大破坏或人身事故，或政治、经济及文化艺术上具有重大意义的建筑物。这类建筑物可在建筑物上装避雷针或采用避雷针和避雷带混合保护，以防直击雷。室内一切金属设备和管道，均应良好接地并不得有开口环路，以防感应雷；采用低压避雷器和架空进线，以防高电位沿低压架空线侵入建筑物内。采用低压避雷器与架空进线防止高电位侵入时，必须将 150m 内进线段所有电杆上的绝缘子铁脚都接地；低压避雷器装在入户墙上。当高电位沿架空线侵入时，由于绝缘子表面发生闪络及避雷器击穿，便降低了架空线上的高电位，限制了高电位的侵入。

（3）第三类建筑物及其防雷保护 凡不属第一、二类建筑物但需实施防雷保护者。这类建筑物防止直击雷可在建筑物最易遭受雷击的部位（如屋脊、屋角、山墙等）装设避雷带或避雷针，进行重点保护。若为钢筋混凝土屋面，则可利用其钢筋作为防雷装置；为防止高电位侵入，可在进户线上安装放电间隙或将其绝缘子铁脚接地。

对建（构）筑物防雷装置的要求如下。

① 建（构）筑物防雷接地的导体截面不应小于表 6-8 中所列数值。

表 6-8　建（构）筑物防雷接地装置的导体截面

防雷装置		钢管直径 /mm	扁钢截面 /mm²	角钢厚度 /mm	钢绞线面 /mm²	备注
接闪器	避雷针在 1m 及以下时	φ12	—	—	—	镀锌或涂漆，在腐蚀性较大的场所，应增大一级或采取其他防腐蚀措施
	避雷针在 1～2m 时	φ16	—	—	—	
	避雷针装在烟囱顶端	φ20	—	—	—	
	避雷带（网）	φ8	48,厚 4mm	—	—	
	避雷带装在烟囱顶端	φ12	100,厚 4mm	—	—	
	避雷网	—	—	—	35	

防雷装置		钢管直径/mm	扁钢截面/mm²	角钢厚度/mm	钢绞线面/mm²	备注
引下线	明设	$\phi 8$	48,厚 4mm	—	—	镀锌或涂漆,在腐蚀性较大的场所,应增大一级或采取其他防腐蚀措施
	暗设	$\phi 10$	60,厚 5mm	—	—	
	装在烟囱上时	$\phi 12$	100,厚 4mm	—	—	
接地线	水平埋设	$\phi 12$	100,厚 4mm	—	—	在腐蚀性土壤中应镀锌或加大截面
	垂直埋设	$\phi 50$ 壁厚 3.5	—	4.0	—	

② 引下线要沿建筑物外墙以最短路径敷设，不应构成环套或锐角，引下线的一般弯曲点为软弯，且不小于 90°；弯曲过大时，必须满足 $D \geqslant L/10$ 的要求。D 指弯曲时开口点的垂直长度（m），L 为弯曲部分的实际长度（m）。若因建筑艺术有专门要求时，也可采取暗敷设方式，但其截面要加大一级。

③ 建（构）筑物的金属构件（如消防梯）等可作为引下线，但所有金属部件之间均应连接成良好的电气通路。

④ 采取多根引下线时，为便于检查接地电阻及检查引下线与接地线的连接状况，宜在各引下线距地面 1.8m 处设置断续卡。

⑤ 易受机械损伤的地方，在地面上约 1.7m 至地下 0.3m 的一段应加保护管。保护管可为竹管、钢管或塑料管。如用钢管则应顺其长度方向开一豁口，以免高频雷电流产生的磁场在其中引起涡流而导致电感量增大，加大了接地阻抗，不利于雷电流入地。

⑥ 建（构）筑物过电压保护的接地电阻值应符合要求，具体规定可见表 6-9。

表 6-9　建（构）筑物过电压保护的接地电阻值

建（构）筑物类型		直击雷冲击接地电阻/Ω	感应雷工频接地电阻/Ω	利用基地钢筋工频接地电阻/Ω	电气设备与避雷器的共用工频接地电阻/Ω	架空引入线间隙及金属管道的冲击接地电阻/Ω
工业建筑	第一类	≤10	≤10	—	≤10	≤20
	第二类	≤10	与直击雷共同接地≤10	—	≤5	入户处10 第一根杆10 第二根杆20 架空管道10
	第三类	20～30	—	≤5	—	≤30
	烟囱	20～30	—	—	—	—
	水塔	≤30	—	—	—	—
民用建筑	第一类	5～10	—	1～5	≤10	第一根杆10 第二根杆30
	第二类	20～30	—	≤5	20～30	≤30

⑦ 对垂直接地体的长度、极间距离等要求，与接地或接零中的要求相同，而防止跨步电压的具体措施，则和对独立避雷针时的要求一样。

2. 化工设备的防雷

① 当罐顶钢板厚度大于 4mm，且装有呼吸阀时，可不装设防雷装置。但油罐体应作良好的接地，接地点不少于两处，间距不大于 30m，其接地装置的冲击接地电阻不大于 30Ω。

② 当罐顶钢板厚度小于 4mm 时，虽装有呼吸阀，也应在罐顶装设避雷针，且避雷针与呼吸阀的水平距离不应小于 3m，保护范围高出呼吸阀不应小于 2m。

③ 浮顶油罐（包括内浮顶油罐）可不设防雷装置，但浮顶与罐体应有可靠的电气连接。

④ 非金属易燃液体的贮罐应采用独立的避雷针，以防止直接雷击。同时还应有防止感应雷措施。避雷针冲击接地电阻不大于 30Ω。

⑤ 覆土厚度大于 0.5m 的地下油罐，可不考虑防雷措施，但呼吸阀、量油孔、采气孔应做良好接地。接地点不少于两处，冲击接地电阻不大于 10Ω。

⑥ 易燃液体的敞开贮罐应设独立避雷针，其冲击接地电阻不大于 5Ω。

⑦ 户外架空管道的防雷

a. 户外输送可燃气体、易燃或可燃体的管道，可在管道的始端、终端、分支处、转角处以及直线部分每隔 100m 处接地，每处接地电阻不大于 30Ω。

b. 当上述管道与爆炸危险厂房平行敷设而间距小于 10m 时，在接近厂房的一段，其两端及每隔 30～40m 应接地，接地电阻不大于 20Ω。

c. 当上述管道连接点（弯头、阀门、法兰盘等）不能保持良好的电气接触时，应用金属线跨接。

d. 接地引下线可利用金属支架，若是活动金属支架，在管道与支持物之间必须增设跨接线；若是非金属支架，必须另作引下线。

e. 接地装置可利用电气设备保护接地的装置。

3. 人体的防雷

雷电活动时，由于雷云直接对人体放电，产生对地电压或二次反击放电，都可能对人造成电击。因此，应注意必要的安全要求。

① 雷电活动时，非工作需要，应尽量少在户外或旷野逗留；在户外或野外处最好穿塑料等不浸水的雨衣；如有条件，可进入有宽大金属构架或有防雷设施的建筑物、汽车或船只内；如依靠建筑物屏蔽的街道或高大树木屏蔽的街道躲避时，要注意离开墙壁和树干距离 8m 以上。

② 雷电活动时，应尽量离开小山、小丘或隆起的小道，应尽量离开海滨、湖滨、河边、池旁，应尽量离开铁丝网、金属晾衣绳以及旗杆、烟囱、高塔、孤独的树木附近，还应尽量离开没有防雷保护的小建筑物或其他设施。

③ 雷电活动时，在户内应注意雷电侵入波的危险，应离开照明线、动力线、电话线、广播线、收音机电源线、收音机和电视机天线以及与其相连的各种设备，以防止这些线路或设备对人体的二次放电。调查资料说明，户内 70% 以上的人体二次放电事故发生在相距 1m 以内的场合，相距 1.5m 以上的尚未发现死亡事故。由此可见，在发生雷电时，人体最好离开可能传来雷电侵入波的线路和设备 1.5m 以上。应当注意，仅仅拉开开关防止雷击是不起作用的。雷电活动时，还应注意关闭门窗，防止球形雷进入室内造成危害。

④ 防雷装置在接受雷击时，雷电流通过会产生很高电位，可引起人身伤亡事故。为防止反击发生，应使防雷装置与建筑物金属导体间的绝缘介质网络电压大于反击电压，并划出一定的危险区，人员不得接近。

⑤ 当雷电流经地面雷击点的接地体流入周围土壤时，会在它周围形成很高的电位，如有人站在接地体附近，就会受到雷电流所造成的跨步电压的危害。

⑥ 当雷电流经引下线接地装置时，由于引下线本身和接地装置都有阻抗，因而会产生较高的电压降，这时人若接触，就会受接触电压危害，均应引起人们注意。

⑦ 为了防止跨步电压伤人，防直击雷接地装置距建筑物、构筑物出入口和人行道的距离不应小于 3m。当小于 3m 时，应采取接地体局部深埋、隔以沥青绝缘层、敷设地下均压

条等安全措施。

4. 防雷装置的检查

为了使防雷装置具有可靠的保护效果，不仅要有合理的设计和正确的施工，还要建立必要的维护保养制度，进行定期和特殊情况下的检查。

① 对于重要设施，应在每年雷雨季节以前做定期检查。对于一般性设施，应每 2～3 年在雷雨季节前做定期检查。如有特殊情况，还要做临时性的检查。

② 检查是否由于维修建筑物或建筑物本身变形，使防雷装置的保护情况发生变化。

③ 检查各处明装导体有无因锈蚀或机械损伤而折断的情况，如发现锈蚀在 30% 以上，则必须及时更换。

④ 检查接闪器有无因遭受雷击后而发生熔化或折断，避雷器瓷套有无裂纹、碰伤的情况，并应定期进行预防性试验。

⑤ 检查接地线在距地面 2m 至地下 0.3m 的保护处有无被破坏的情况。

⑥ 检查接地装置周围的土壤有无沉陷现象。

⑦ 测量全部接地装置的接地电阻，如发现接地电阻有很大变化，应对接地系统进行全面检查，必要时设法降低接地电阻。

⑧ 检查有无因施工挖土、敷设其他管道或种植树木而损坏接地装置的情况。

事故案例

[案例 6-1]　某年 4 月，河北省某油漆厂发生火灾事故，重伤 7 人，轻伤 3 人。事故的原因是，对输送苯、汽油等易燃物品的设备和管道在设计时没有考虑静电接地装置，以致物料流动摩擦产生的静电不能及时导出，积累形成很高的电位，放电火花导致油漆稀料着火。

[案例 6-2]　某年 7 月，吉林省某有机化工厂从国外引进的乙醇装置中，乙烯压缩机的公称直径 150mm 的二段缸出口管道上，因设计时考虑不周，在离机体 2.1m 处焊有一根公称直径 25mm 的立管，在长 284mm 的端部焊有一个重 18.5kg 的截止阀，在试车时由于压缩机开车震动，导致焊缝开裂，管内压力高达 0.75MPa，使浓度为 80% 的乙烯气体冲出，由于高速气流产生静电引起火灾。

[案例 6-3]　某年 3 月，北京某电石厂溶解乙炔装置，乙炔压缩机设计上没有把安全阀的引出口接至室外，当压缩机超压时安全阀动作，乙炔排放在室内，形成爆炸性混合气，遇点火源发生爆炸。经分析，点火源可能是乙炔排放时产生的静电火花，或是现场非防爆电机产生的电火花。

[案例 6-4]　某年 12 月，江苏省某化工厂聚氯乙烯车间共聚工段 11 号聚合釜（$7m^3$）在升温过程中超温、超压，致使人孔垫片破裂，氯乙烯外泄，导致氯乙烯在车间空间爆炸，使 $860m^2$ 两层（局部三层）混合结构的厂房粉碎性倒塌，当场死亡 5 人，重伤 1 人，轻伤 6 人（其中 1 人中毒）。造成全厂停产，直接损失 12.15 万元。

现场勘察证明，此次爆炸是 11 号釜人孔铰链部位的密封垫片冲开 65mm 和 75mm，氯乙烯大量泄漏而引起的。升温过程中，看釜工未在岗位监护，以致漏气后误判断为 10 号釜漏气，导致处理失误。漏气时因摩擦产生静电而构成这次爆炸的点火源。该装置安装在旧厂房，厂房为砖木混合结构，不符合防爆要求，大部分伤亡者是因建筑物倒塌砸伤所致。

课堂讨论

1. 在何种情形下容易发生触电事故？
2. 在何种情形下容易产生静电？如何避免？

 思考题

1. 简述电流对人体的作用。
2. 化工生产中应采用哪些防触电措施？
3. 静电具有哪些特性？
4. 化工生产中的静电危害主要发生在哪些环节？
5. 雷电有哪些危害？

 能力测试题 ▶▶ ....

1. 如何进行触电急救？
2. 化工生产过程中如何防止静电危害？
3. 化工生产过程中如何防止雷电危害？

第七章
化工装置安全检修

知识目标

1. 熟悉化工装置检修准备工作的基本要求。
2. 掌握化工装置停车的安全处理方法。
3. 熟悉化工装置安全检修的安全管理要求及技术措施。
4. 掌握化工装置检修后安全开车的基本知识。

能力目标

初步具有实现化工装置检修期间安全的基本能力。

化工装置在长周期运行中，由于外部负荷、内部应力和相互磨损、腐蚀、疲劳以及自然侵蚀等因素影响，使个别部件或整体改变原有尺寸、形状，机械性能下降、强度降低，造成隐患和缺陷，威胁着安全生产。所以，为了实现安全生产，提高设备效率，降低能耗，保证产品质量，要对装置、设备定期进行计划检修，及时消除缺陷和隐患，使化工生产装置能够"安、稳、长、满、优"运行。

第一节　概　　述

一、化工装置检修的分类与特点

1. 化工装置检修的分类

化工装置和设备检修可分为计划检修和非计划检修。

计划检修是指企业根据设备管理、使用的经验以及设备状况，制订设备检修计划，对设备进行有组织、有准备、有安排的检修。计划检修又可分为大修、中修、小修。由于化工装置为设备、机器、公用工程的综合体，因此化工装置检修比单台设备（或机器）检修要复杂得多。

非计划检修是指因突发性的故障或事故而造成设备或装置临时性停车进行的抢修。计划外检修事先无法预料，无法安排计划，而且要求检修时间短，检修质量高，检修的环境及工况复杂，故难度较大。

2. 化工装置检修的特点

化工生产装置检修与其他行业的检修相比，具有复杂、危险性大的特点。

由于化工生产装置中使用的设备如炉、塔、釜、器、机、泵及罐槽、池等大多是非定型设备，种类繁多，规格不一，要求从事检修作业的人员具有丰富的知识和技术，熟悉掌握不同设备的结构、性能和特点；装置检修因检修内容多、工期紧、工种多、上下作业、设备内外同时并进、多数设备处于露天或半露天布置，检修作业受到环境和气候等条件的制约，加之外来工、农民工等临时人员进入检修现场机会多，对作业现场环境又不熟悉，从而决定了化工装置检修的复杂性。

由于化工生产的危险性大，决定了生产装置检修的危险性亦大。加之化工生产装置和设备复杂，设备和管道中的易燃、易爆、有毒物质，尽管在检修前做过充分的吹扫置换，但是易燃、易爆、有毒物质仍有可能存在。检修作业又离不开动火、动土、受定空间等作业，客观上具备了发生火灾、爆炸、中毒、化学灼伤、高处坠落、物体打击等事故的条件。实践证明，生产装置在停车、检修施工、复工过程中最容易发生事故。据统计，在中石化总公司发生的重大事故中，装置检修过程的事故占事故总起数的 42.63%。由于化工装置检修作业复杂、安全教育难度较大，很难保证进入检修作业现场的人员都具备比较高的安全知识和技能，也很难使安全技术措施自觉到位，因此化工装置检修具有危险性大的特点，同时也决定了化工装置检修的安全工作的重要地位。为此，我国原化学工业部曾专门制定了《厂区设备检修作业安全规程》（HG 23018—1999），以规范设备检修的安全工作。化工装置检修应遵守的现行法规为《化学品生产单位特殊作业安全规范》（GB 30871—2014）。

二、化工装置停车检修前的准备工作

化工装置停车检修前的准备工作是保证装置停好、修好、开好的主要前提条件，必须做到集中领导、统筹规划、统一安排，并做好"四定"（定项目、定质量、定进度、定人员）和"八落实"（组织、思想、任务、物资包括材料与备品备件、劳动力、工器具、施工方案、安全措施八个方面工作的落实）工作。除此以外，准备工作还应做到以下几点。

1. 设置检修指挥部

为了加强停车检修工作的集中领导和统一计划、统一指挥，形成一个信息畅通、决策迅速的指挥核心，以确保停车检修的安全顺利进行。检修前要成立以厂长（经理）为总指挥，主管设备、生产技术、人事保卫、物资供应及后勤服务等的副厂长（副经理）为副总指挥，机动、生产、劳资、供应、安全、环保、后勤等部门参加的指挥部。检修指挥部下设施工检修组、质量验收组、停开车组、物资供应组、安全保卫组、政工宣传组、后勤服务组。针对装置检修项目及特点，明确分工，分片包干，各司其职，各负其责。

2. 制定安全检修方案

装置停车检修必须制定停车、检修、开车方案及其安全措施。安全检修方案由检修单位的机械员或施工技术员负责编制。

安全检修方案，按设备检修任务书中的规定格式认真填写齐全，其主要内容应包括：检修时间、设备名称、检修内容、质量标准、工作程序、施工方法、起重方案、采取的安全技术措施，并明确施工负责人、检修项目安全员、安全措施的落实人等。方案中还应包括设备的置换、吹洗、盲板流程示意图。尤其要制定合理工期，以确保检修质量。

方案编制后，编制人经检查确认无误并签字，经检修单位的设备主任审查并签字，然后送机动、生产、调度、消防队和安技部门，逐级审批，经补充修改使方案进一步完善。重大项目或危险性较大项目的检修方案、安全措施，由主管厂长或总工程师批准，书面公布，严格执行。

3. 制定检修安全措施

除了已制定的动火、动土、罐内空间作业、登高、电气、起重等安全措施外，应针对检修作业的内容、范围，制定相应的安全措施；安全部门还应制定教育、检查、奖罚的管理办法。

4. 进行技术交底，做好安全教育

检修前，安全检修方案的编制人负责向参加检修的全体人员进行检修方案技术交底，使其明确检修内容、步骤、方法、质量标准、人员分工、注意事项、存在的危险因素和由此而采取的安全技术措施等，从而分工明确、责任到人。同时还要组织检修人员到检修现场，了解和熟悉现场环境，进一步核实安全措施的可靠性。技术交底工作结束后，由检修单位的安全负责人或安全员，根据本次检修的难易程度、存在的危险因素、可能出现的问题和工作中容易疏忽的地方，结合典型事故案例，进行系统全面的安全技术和安全思想教育，以提高执行各种规章制度的自觉性和落实安全技术措施重要性的认识，从思想上、劳动组织上、规章制度上、安全技术措施上进一步落实，从而为安全检修创造必要的条件。对参与关键部位或特殊技术要求的项目检修人员，还要进行专门的安全技术教育和考核，身体检查合格后方可参加装置检修工作。

检修前，还应对参加作业的人员进行安全教育，主要内容如下：

① 相关的安全规章制度；

② 作业现场和作业过程中可能存在的危险、有害因素及应采取的具体安全措施；

③ 作业过程中所使用的个体防护器具的使用方法及使用注意事项；

④ 事故的预防、避险、逃生、自救、互救等知识和技能；

⑤ 相关事故案例和经验教训。

5. 全面检查，消除隐患

装置停车检修前，应由检修指挥部统一组织，分组对停车前的准备工作进行一次全面细致的检查。

检修工作前，使用的各种工具、器具、设备，特别是起重工具、脚手架、登高用具、通风设备、照明设备、气体防护器具和消防器材，要有专人进行准备和检查。检查人员要将检查结果认真登记，并签字存档。同时，要落实好（可能存在的）以下几项工作：

① 有腐蚀性介质的作业场所应配备应急冲洗设备及水源；

② 对放射源采取相应的安全处置措施；

③ 作业现场消防通道、行车通道应保持畅通；影响作业安全的杂物应清洗干净；

④ 作业现场的梯子、栏杆、平台、篦子板、盖板等设施应完整、牢固，采用的临时设施应确保安全。

第二节　化工装置停车的安全处理

一、停车操作注意事项

停车方案一经确定，应严格按照停车方案确定的时间、停车步骤、工艺变化幅度，以及确认的停车操作顺序图表，有秩序地进行。停车操作应注意下列问题。

① 降温降压的速度应严格按工艺规定进行。高温部位要防止设备因温度变化梯度过大使设备产生泄漏。化工装置，多为易燃、易爆、有毒、腐蚀性介质，这些介质漏出会造成火

灾爆炸、中毒窒息、腐蚀、灼伤事故。

② 停车阶段执行的各种操作应准确无误，关键操作采取监护制度。必要时，应重复指令内容，克服麻痹思想。执行每一种操作时都要注意观察是否符合操作意图。例如：开关阀门动作要缓慢等。

③ 装置停车时，所有的机、泵、设备、管线中的物料要处理干净，各种油品、液化石油气、有毒和腐蚀性介质严禁就地排放，以免污染环境或发生事故。可燃、有毒物料应排至火炬烧掉，对残留物料排放时，应采取相应的安全措施。停车操作期间，装置周围应杜绝一切火源。

- 主要设备停车操作

① 制定停车和物料处理方案，并经车间主管领导批准认可，停车操作前，要向操作人员进行技术交底，告之注意事项和应采取的防范措施。

② 停车操作时，车间技术负责人要在现场监视指挥，有条不紊，忙而不乱，严防误操作。

③ 停车过程中，对发生的异常情况和处理方法，要随时做好记录。

④ 对关键性操作，要采取监护制度。

二、吹扫与置换

化工设备、管线的抽净、吹扫、排空作业的好坏，是关系到检修工作能否顺利进行和人身、设备安全的重要条件之一。当吹扫仍不能彻底清除物料时，则需进行蒸汽吹扫或用氮气等惰性气体置换。

1. 吹扫作业注意事项

① 吹扫时要注意选择吹扫介质。炼油装置的瓦斯线、高温管线以及闪点低于130℃的油管线和装置内物料爆炸下限低的设备、管线，不得用压缩空气吹扫。空气容易与这类物料混合形成爆炸性混合物，并达到爆炸浓度，吹扫过程中易产生静电火花或其他明火，发生着火爆炸事故。

② 吹扫时阀门开度应小（一般为2扣）。稍停片刻，使吹扫介质少量通过，注意观察畅通情况。采用蒸汽作为吹扫介质时，有时需用胶皮软管，胶皮软管要绑牢，同时要检查胶皮软管承受压力情况，禁止这类临时性吹扫作业使用的胶管用于中压蒸汽。

③ 设有流量计的管线，为防止吹扫蒸汽流速过大及管内带有铁渣、锈、垢，损坏计量仪表内部构件，一般经由副线吹扫。

④ 机泵出口管线上的压力表阀门要全部关闭，防止吹扫时发生水击把压力表震坏。压缩机系统倒空置换原则，以低压到中压再到高压的次序进行，先倒净一段，如未达到目的而压力不足时，可由二、三段补压倒空，然后依次倒空，最后将高压气体排入火炬。

⑤ 管壳式换热器、冷凝器在用蒸汽吹扫时，必须分段处理，并要放空泄压，防止液体汽化，造成设备超压损坏。

⑥ 吹扫时，要按系统逐次进行，再把所有管线（包括支路）都吹扫到，不能留有死角。吹扫完应先关闭吹扫管线阀门，后停气，防止被吹扫介质倒流。

⑦ 精馏塔系统倒空吹扫，应先从塔顶回流罐、回流泵倒液、关阀，然后倒塔釜、再沸器、中间再沸器液体，保持塔压一段时间，待盘板积存的液体全部流净后，由塔釜再次倒空放压。塔、容器及冷换设备吹扫之后，还要通过蒸汽在最低点排空，直到蒸汽中不带油为止，最后停汽，打开低点放空阀排空，要保证设备打开后无油、无瓦斯，确保检修动火安全。

⑧ 对低温生产装置，考虑到复工开车系统内对露点指标控制很严格，所以不采用蒸汽

吹扫，而要用氮气分片集中吹扫，最好用干燥后的氮气进行吹扫置换。

⑨ 吹扫采用本装置自产蒸汽，应首先检查蒸汽中是否带油。装置内油、汽、水等有互窜的可能，一旦发现互窜，蒸汽就不能用来灭火或吹扫。

一般说来，较大的设备和容器在物料退出后，都应进行蒸煮水洗，如炼化厂塔、容器、油品贮罐等。乙烯装置、分离热区脱丙烷塔、脱丁烷塔，由于物料中含有较高的双烯烃、炔烃，塔釜、再沸器提馏段物料极易聚合，并且有重烃类难挥发油，最好也采用蒸煮方法。蒸煮前必须采取防烫措施。处理时间视设备容积的大小、附着易燃、有毒介质残渣或油垢多少、清除难易、通风换气快慢而定，通常为 8～24h。

2. 特殊置换

① 存放酸碱介质的设备、管线，应先予以中和或加水冲洗。如硫酸贮罐（铁质）用水冲洗，残留的浓硫酸变成强腐蚀性的稀硫酸，与铁作用，生成氢气与硫酸亚铁，氢气遇明火会发生着火爆炸。所以硫酸贮罐用水冲洗以后，还应用氮气吹扫，氮气保留在设备内，对着火爆炸起抑制作用。如果进入作业，则必须再用空气置换。

② 丁二烯生产系统，停车后不宜用氮气吹扫，因氮气中有氧的成分，容易生成丁二烯自聚物。丁二烯自聚物很不稳定，遇明火和氧、受热、受撞击可迅速自行分解爆炸。检修这类设备前，必须认真确认是否有丁二烯过氧化自聚物存在，要采取特殊措施破坏丁二烯过氧化自聚物。目前多采用氢氧化钠水溶液处理法直接破坏丁二烯过氧化自聚物。

三、装置环境安全标准

通过各种处理工作，生产车间在设备交付检修前，必须对装置环境进行分析，达到下列标准：

① 在设备内检修、动火时，氧含量应为 19％～21％，燃烧爆炸物质浓度应低于安全值，有毒物质浓度应低于职业接触限值；

② 设备外壁检修、动火时，设备内部的可燃气体含量应低于安全值；

③ 检修场地水井、沟，应清理干净，加盖砂封，设备管道内无余压、无灼烫物、无沉淀物；

④ 设备、管道物料排空后，加水冲洗、再用氮气、空气置换至设备内可燃物含量合格，氧含量在 19％～21％。

四、 盲板抽堵

盲板抽堵作业是指在设备、管道上安装和拆卸盲板的作业。

化工生产装置之间、装置与贮罐之间、厂际之间，有许多管线相互连通输送物料，因此生产装置停车检修，在装置退料进行蒸、煮、水洗置换后，需要在检修的设备和运行系统管线相接的法兰接头之间插入盲板，以切断物料窜进检修装置的可能。盲板抽堵作业根据《化学品生产单位特殊作业安全规范》（GB 30871—2014）和《化学品单位盲板抽堵作业安全规范》（AQ 3027—2008）来规范此项工作。

盲板抽堵应注意以下几点：

① 盲板抽堵作业应由专人负责，根据工艺技术部门审查批复的工艺流程盲板图，进行盲板抽堵作业，统一编号，作好抽堵记录；

② 负责盲板抽堵的人员要相对稳定，一般情况下，盲板抽堵的工作由一人负责；

③ 盲板抽堵的作业人员，要进行安全教育及防护训练，落实安全技术措施；

④ 登高作业要考虑防坠落、防中毒、防火、防滑等措施；

⑤ 拆除法兰螺栓时要逐步缓慢松开，防止管道内余压或残余物料喷出；发生意外事故，堵盲板的位置应在来料阀的后部法兰处，盲板两侧均应加垫片，并用螺栓紧固，做到无泄漏；

⑥ 盲板应具有一定的强度，其材质、厚度要符合技术要求，原则上盲板厚度不得低于管壁厚度，且要留有把柄，并于明显处挂牌标记。

根据《化学品生产单位特殊作业安全规范》（GB 30871—2014）的要求，在抽堵盲板作业前，必须办理《抽堵盲板安全作业证》，没有《抽堵盲板安全作业证》不能进行抽堵盲板作业。《抽堵盲板安全作业证》的格式参考表 7-1。

表 7-1 《抽堵盲板安全作业证》的格式

申请单位				申请人				作业证编号		
设备管道名称	介质	温度	压力	盲板			实施时间	作业人		监护人
				材质	规格	编号	堵 抽	堵 抽		堵 抽
生产单位作业指挥										
作业单位负责人										
涉及的其他特殊作业										

盲板位置图及编号

序号	安全措施	确认人
1	在有毒介质的管道、设备上作业时，尽可能降低系统压力，作业点应为常压	
2	在有毒介质的管道、设备上作业时，作业人员穿戴适合的防护用具	
3	易燃易爆场所，作业人员穿防静电工作服、工作鞋，作业时使用防爆灯具和防爆工具	
4	易燃易爆场所，距作业地点 30m 内无其他动火作业	
5	在强腐蚀性介质的管道、设备上作业时，作业人员已采取防酸碱灼伤的措施	
6	介质温度较高、可能造成烫伤的情况下，作业人员已采取防烫伤措施	
7	同一管道上不同时进行两处以上的抽堵盲板作业	
8	其他安全措施	

实施安全教育人	

生产车间（分厂）意见

签字： 年 月 日

作业单位意见

签字： 年 月 日

审批单位意见

签字： 年 月 日

盲板抽堵作业单位确认意见

签字 年 月 日

生产车间（分厂）确认意见

签字： 年 月 日

第三节　化工装置的安全检修

一、检修许可制度

化工生产装置停车检修，尽管经过全面吹扫、蒸煮水洗、置换、抽堵盲板等工作，但检修前仍需对装置系统内部进行取样分析、测爆，进一步核实空气中可燃或有毒物质是否符合安全标准，认真执行安全检修票证制度。

二、检修作业安全要求

作业前，作业单位应办理作业审批手续，并有相关责任人签字确认。

为保证检修安全工作顺利进行，应做好以下几个方面的工作：

① 参加检修的一切人员都应严格遵守检修指挥部颁布的《检修安全规定》；

② 开好检修班前会，向参加检修的人员进行"五交"工作，即交施工任务、交安全措施、交安全检修方法、交安全注意事项、交遵守有关安全规定，认真检查施工现场，落实安全技术措施；

③ 严禁使用汽油等易挥发性物质擦洗设备或零部件；

④ 进入检修现场人员必须按要求着装及正确佩戴相应的个体防护用品；特种作业和特种设备作业人员应持证上岗；

⑤ 认真检查各种检修工器具，发现缺陷，立即修理或更换；作业使用的个体防护器具、消防器材、通信设备、照明设备等应完好；作业使用的脚手架、起重机械、电气焊用具、手持电动工具等各种工器具应符合作业安全要求，超过安全电压的手持式、移动式电动工具应逐个配置漏电保护器和电源开关；

⑥ 消防井、栓周围 5m 以内禁止堆放废旧设备、管线、材料等物件，确保消防通道、行车通道保持畅通；影响作业安全的杂物应清理干净；作业现场可能危及安全的坑、井、沟、孔洞等应采取有效防护措施，并设警示标志，夜间应设警示红灯；需要检修的设备上的电器电源应可靠断电，在电源开关处加锁并挂安全警示牌；

⑦ 检修施工现场，不许存放可燃、易燃物品；检修现场的梯子、栏杆、平台、篦子板、盖板等设施应完整、牢固，采用的临时设施应确保安全；

⑧ 严格贯彻谁主管谁负责检修原则和安全监察制度；

⑨ 作业完毕，应恢复作业时拆移的盖板、篦子板、扶手、栏杆、防护罩等安全设施的安全使用功能；将作业用的工器具、脚手架、临时电源、临时照明设备等及时撤离作业现场；将废料、杂物、垃圾、油污等清理干净。

三、动火作业

动火作业是指除可直接或间接产生明火的工艺设备以外的禁火区内可能产生的火焰、火花或炽热表面的非常规作业，如使用电焊、气焊（割）、喷灯、砂轮等的作业。

依据《化学品生产单位特殊作业安全规范》（GB 30871—2014）的规定，固定动火区外动火作业一般分为二级动火、一级动火、特殊动火三个级别，遇节日、假日或其他特殊情况，动火作业应升级管理。特殊动火为最高级别。

特殊动火作业是指在生产运行状态下的易燃易爆生产装置、输送管道、贮罐、容器等部位上及其他特殊危险场所进行的动火作业。带压不置换动火作业按特殊动火作业管理。

一级动火作业是指在易燃易爆场所进行的除特殊动火作业以外的动火作业。厂区管廊上的动火作业按一级动火作业管理。

二级动火作业是指除特殊动火作业和一级动火作业以外的动火作业。凡生产装置或系统全部停车，装置经清洗、置换、分析合格并采取安全隔离措施后，可根据其火灾、爆炸危险性的大小，经所在单位安全管理部门批准后，动火作业可按二级动火作业管理。

在化工装置中，凡是动用明火或可能产生火种的作业都属于动火作业。例如：电焊、气焊、切割、熬沥青、烘砂、喷灯等明火作业；凿水泥基础、打墙眼、电气设备的耐压试验、电烙铁、锡焊等易产生火花或高温的作业。因此凡检修动火部位和地区，必须按《化学品生产单位动火作业安全规范》（AQ 3022—2008）的要求，采取措施，办理审批手续。

1. 动火作业安全要点

（1）审证　在禁火区内动火应办理动火证的申请、审核和批准手续，明确动火地点、时间、动火方案、安全措施、现场监护人等。审批动火应考虑两个问题：一是动火设备本身，二是动火的周围环境。要做到"三不动火"，即没有动火证不动火，防火措施不落实不动火，监护人不在现场不动火。

（2）联系　动火前要和生产车间、工段联系，明确动火的设备、位置。事先由专人负责做好动火设备的置换、清洗、吹扫、隔离等解除危险因素的工作，并落实其他安全措施。

（3）隔离　动火设备应与其他生产系统可靠隔离，防止运行中设备、管道内的物料泄漏到动火设备中来；将动火地区与其他区域采取临时隔火墙等措施加以隔开，防止火星飞溅而引起事故。

（4）可燃物控制　动火前，将动火周围10m范围以内的一切可燃物，如溶剂、润滑油、未清洗的盛放过易燃液体的空桶、木筐等移到安全场所；动火期间，距动火点30m范围内不应排放可燃气体，距动火点15m内不应排放可燃液体，在动火点10m范围内及用火点下方不应同时进行可燃溶剂清洗或喷漆等作业。

（5）灭火措施　动火期间动火地点附近的水源要保证充分，不能中断；动火场所准备好足够数量的灭火器具；在危险性大的重要地段动火，消防车和消防人员要到现场，做好充分准备。

（6）检查与监护　上述工作准备就绪后，根据动火制度的规定，厂、车间或安全、保卫部门的负责人应到现场检查，对照动火方案中提出的安全措施检查是否落实，并再次明确和落实现场监护人和动火现场指挥，交代安全注意事项。

（7）动火分析及合格标准　动火分析不宜过早，一般不要早于动火前的30min。如现场条件不允许，间隔时间可以适当放宽，但不应超过60min；动火作业中断时间超过60min，应重新做动火分析。每日动火前均应进行动火分析，特殊动火作业期间应随时进行检测。分析试样要保留到动火之后，分析数据应做记录，分析人员应在分析化验报告单上签字。动火分析合格标准为：①当被检测气体或蒸汽（气）的爆炸下限大于或等于4%时，其被测浓度应不大于0.5%（体积分数）；②当被检测气体或蒸汽（气）的爆炸下限小于4%时，其被测浓度应不大于0.2%（体积分数）。

（8）动火　动火应由经安全考核合格的人员担任，压力容器的焊补工作应由锅炉压力容器考试合格的工人担任。无合格证者不得独自从事焊接工作。动火作业出现异常时，监护人员或动火指挥应果断命令停止动火，待恢复正常、重新分析合格并经批准部门同意后，方可重新动火。高处动火作业应戴安全帽、系安全带，遵守高处作业的安全规定。使用气焊、气割动火作业时，乙炔瓶应直立放置，氧气瓶和移动式乙炔瓶发生器不得有泄漏，二者应距作业地点10m以上，且氧气瓶和乙炔发生器的间距不得小于5m。有五级以上大风时不宜高处动火。电焊机应放在指定的地方，火线和接地线应完整无损、牢靠，禁止用铁棒等物代替接地线和固定接地点。电焊机的接地线应接在被焊设备上，接地点应靠近焊接处，不准采用远距离接地回路。

（9）善后处理　动火作业结束后应清理现场，熄灭余火，切断动火作业所用电源，确认无残留火种后方可离开。

2. 特殊动火作业安全要求

（1）油罐带油动火　油罐带油动火除了检修动火应做到安全要点外，还应注意：在油面以上不准动火；补焊前应进行壁厚测定，根据测定的壁厚确定合适的焊接方法；动火前用铅或石棉绳等将裂缝塞严，外面用钢板补焊。罐内带油油面下动火补焊作业危险性很大，只在万不得已的情况下才采用，作业时要求稳、准、快，现场监护和补救措施比一般检修动火更应该加强。

（2）油管带油动火　油管带油动火处理的原则与油罐带油动火相同，只是在油管破裂、生产无法进行的情况下，抢修堵漏才用。带油管路动火应注意：测定焊补处管壁厚度，决定焊接电流和焊接方案，防止烧穿；清理周围现场，移去一切可燃物；准备好消防器材，并利用难燃或不燃挡板严格控制火星飞溅方向；降低管内油压，但需保持管内油品的不停流动；对泄漏处周围的空气要进行分析，合乎动火安全要求才能进行；若是高压油管，要降压后再打卡子焊补；动火前与生产部门联系，在动火期间不得卸放易燃物资。

（3）带压不置换动火　带压不置换动火指可燃气体设备、管道在一定的条件下未经置换直接动火补焊。带压不置换动火的危险性极大，一般情况下不主张采用。必须采用带压不置换动火时，应注意：整个动火作业必须保持稳定的正压；必须保证系统内的含氧量低于安全标准（除环氧乙烷外一般规定可燃气体中含氧量不得超过 1%）；焊前应测定壁厚，保证焊时不烧穿才能工作；动火焊补前应对泄漏处周围的空气进行分析，防止动火时发生爆炸和中毒；作业人员进入作业地点前穿戴好防护用品，作业时作业人员应选择合适位置，防止火焰外喷烧伤。整个作业过程中，监护人、扑救人员、医务人员及现场指挥都不得离开，直至工作结束。

根据《化学品生产单位特殊作业安全规范》（GB 30871—2014）的要求，在动火作业前，必须办理《动火安全作业证》，没有《动火安全作业证》不准进行动火作业。《动火安全作业证》的格式可参考表 7-2。

表 7-2　《动火安全作业证》的格式

申请单位			申请人			作业证编号		
动火作业级别			动火方式					
动火地点								
动火时间		自　　年　月　日　时　分始至　　年　月　日　　时　　分止						
动火作业负责人			动火人					
动火分析时间		年　月　日　时		年　月　日　时			年　月　日　时	
分析点名称								
分析数据								
分析人								
涉及的其他特殊作业								
危害辨识								
序号		安全措施						确认人
1		动火设备内部构件清理干净,蒸汽吹扫或水洗合格,达到用火条件						
2		断开与动火设备相连接的所有管线,加盲板（　）块						

续表

序号	安全措施	确认人
3	动火点周围的下水井、地漏、地沟、电缆沟等已清除易燃物,已采取覆盖、铺沙、水封等手段进行隔离	
4	罐区内动火点同一围堰和防火间距内油罐不同时进行脱水作业	
5	高处作业已采取防火花飞溅措施	
6	动火点周围易燃物已清除	
7	电焊回路线已接在焊件上,未穿过下水井或未与其他设备搭接	
8	乙炔气瓶(直立放置),氧气瓶与火源间的间距大于10m	
9	现场配备消防蒸汽带()根,灭火器()台,铁锹()把,石棉布()块	
10	其他安全措施	

生产单位负责人		监火人		动火初审人	
实施安全教育人					

申请单位意见

签字: 年   月   日   时   分

安全管理部门意见

签字: 年   月   日   时   分

动火审批人意见

签字: 年   月   日   时   分

动火前岗位当班班长

签字: 年   月   日   时   分

完工验收确认意见

签字: 年   月   日   时   分

四、检修用电

检修使用的电气设施有两种:一是照明电源,二是检修施工机具电源(卷扬机、空压机、电焊机)。以上电气设施的接线工作须由电工操作,其他工种不得私自乱接。

电气设施要求线路绝缘良好,没有破皮漏电现象。线路敷设整齐不乱,埋地或架高敷设均不能影响施工作业、行人和车辆通过。线路不能与热源、火源接近。移动或局部式照明灯要有铁网罩保护。光线阴暗、设备内以及夜间作业要有足够的照明,临时照明灯具悬吊时,不能使导线承受张力,必须用附属的吊具来悬吊。行灯应用导线预先接地。检修装置现场禁用闸刀开关板。正确选用熔断丝,不准超载使用。

电气设备,如电钻、电焊机等手拿电动机具,在正常情况下,外壳没有电,当内部线圈年久失修,腐蚀或机械损伤,其绝缘遭到破坏时,它的金属外壳就会带电,如果人站在地上、设备上,手接触到带电的电气工具外壳或人体接触到带电导体上,人体与脚之间产生了电位差,并超过40V,就会发生触电事故。因此使用电气工具,其外壳应可靠接地,并安装触电保护器,避免触电事故发生。国外某工厂检修一台直径1m的溶解锅,检修人员在锅内作业使用220V电源,功率仅0.37kW的电动砂轮机打磨焊缝表面,因砂轮机绝缘层破损漏电，背脊碰到锅壁，触电死亡。

电气设备着火、触电，应首先切断电源。不能用水灭电气火灾，宜用干粉机扑救；如触电，用木棍将电线挑开，当触电人停止呼吸时，进行人工呼吸，送医院急救。

电气设备检修时，应先切断电源，并挂上"有人工作，严禁合闸"的警告牌。停电作业应履行停、复用电手续。停用电源时，应在开关箱上加锁或取下熔断器。

在生产装置运行过程中，临时抢修用电时，应办理用电审批手续。电源开关要采用防爆型，电线绝缘要良好，宜空中架设，远离传动设备、热源、酸碱等。抢修现场使用临时照明灯具宜为防爆型，严禁使用无防护罩的行灯，不得使用 220V 电源，手持电动工具应使用安全电压。

根据《化学品生产单位特殊作业安全规范》（GB 30871—2014）的规定，办理《临时用电安全作业证》，持证作业。

五、动土作业

化工厂区的地下生产设施复杂隐蔽，如地下敷设电缆，其中有动力电缆、信号、通信电缆，另外还有敷设的生产管线。凡是影响到地下电缆、管道等设施安全的地上作业都包括在动土作业的范围内。如：挖土、打桩埋设接地极等入地超过一定深度的作业；用推土机、压路机等施工机械的作业。随意开挖厂区土方，有可能损坏电缆或管线，造成装置停工，甚至人员伤亡。因此，必须按《化学品生产单位特殊作业安全规范》（GB 30871—2014）和《化学品生产单位动土作业安全规范》（AQ 3023—2008）的要求加强动土作业的安全管理。

1. 审证

根据企业地下设施的具体情况，划定各区域动土作业级别，按分级审批的规定办理审批手续。申请动土作业时，需写明作业的时间、地点、内容、范围、施工方法、挖土堆放场所和参加作业人员、安全负责人及安全措施。一般由基建、设备动力、仪表和工厂资料室的有关人员根据地下设施布置总图对照申请书中的作业情况仔细核对，逐一提出意见，然后按动土作业规定交有关部门或厂领导批准，根据基建等部门的意见，提出补充安全要求。办妥上述手续的动土作业许可证方才有效。

2. 安全注意事项

防止损坏地下设施和地面建筑，施工时必须小心。为防止坍塌，挖掘时应自上而下进行，禁止采用挖空底角的方法挖掘；同时应根据挖掘深度装设支撑；在铁塔、电杆、地下埋设物及铁道附近挖土时，必须在周围加固后，方可进行施工。为防止机器工具伤害，夜间作业必须有足够的照明。为防止坠落，挖掘的沟、坑、池等应在周围设置围栏和警告标志，夜间设红灯警示。

此外，在可能出现煤气等有毒有害气体的地点工作时，应预先告知工作人员，并做好防毒准备。在挖土作业时如突然发现煤气等有毒气体或可疑现象，应立即停止工作，撤离全部工作人员并报告有关部门处理，在有毒有害气体未彻底清除前不准恢复工作。在禁火区内进行动土作业还应遵守禁火的有关安全规定。动土作业完成后，现场的沟、坑应及时填平。

六、高处作业

凡在坠落高度基准面 2m 以上（含 2m）有可能坠落的高处进行作业，均称为高处作业。在化工企业，作业虽在 2m 以下，但属下列作业的，仍视为高处作业：虽有护栏的框架结构装置，但进行的是非经常性工作，有可能发生意外的工作；在无平台，无护栏的塔、釜、炉、罐等化工设备和架空管道上的作业；高大独自化工设备容器内进行的登高作业；作业地段的斜坡（坡度大于 45°）下面或附近有坑、井和风雪袭击、机械震动以及有机械转动或堆放物易伤人的地方作业等。

一般情况下，高处作业按作业高度可分为四个等级。作业高度在 2～5m 时，称为一级高处作业；作业高度在 5～15m 时，称为二级高处作业；作业高度在 15～30m 时，称为三级高处作业；作业高度在 30m 以上时，称为四级高处作业。

化工装置多数为多层布局，高处作业的机会比较多。如设备、管线拆装，阀门检修更换，仪表校对，电缆架空敷设等。高处作业，事故发生率高，伤亡率也高。发生高处坠落事故的原因主要是：洞、坑无盖板或检修中移去盖板；平台、扶梯的栏杆不符合安全要求，临时拆除栏杆后没有防护措施，不设警告标志；高处作业不系安全带、不戴安全帽、不挂安全网；梯子使用不当或梯子不符合安全要求；不采取任何安全措施，在石棉瓦之类不坚固的结构上作业；脚手架有缺陷；高处作业用力不当、重心失稳；工器具失灵，配合不好，危险物料伤害坠落；作业附近对电网设防不妥触电坠落等。

一名体重为 60kg 的工人，从 5m 高处滑下坠落地面，经计算可产生 300kg 冲击力，会置人于死亡。

1. 高处作业的一般安全要求

（1）作业人员　患有精神病等职业禁忌证的人员不准参加高处作业。检修人员饮酒、精神不振时禁止登高作业。作业人员必须持有作业证。

（2）作业条件　高处作业人员应佩戴符合《安全带》（GB 6095—2009）要求的安全带；带电高处作业应使用绝缘工具或穿均压服；四级高处作业（30m 以上）宜配备通信联络工具。

（3）现场管理　高处作业现场应设有围栏或其他明显的安全界标，除有关人员外，不准其他人在作业点的下面通行或逗留。应设专人监护，作业人员不应在作业处休息。

（4）防止工具材料坠落　高处作业应一律使用工具袋。较粗、重工具用绳拴牢在坚固的构件上，不准随便乱放；在格栅式平台上工作，为防止物件坠落，应铺设木板；递送工具、材料不准上下投掷，应用绳系牢后上下吊送；上下层同时进行作业时，中间必须搭设严密牢固的防护隔板、罩棚或其他隔离设施；工作过程中除指定的、已采取防护围栏处或落料管槽可以倾倒废料外，任何作业人员严禁向下抛掷物料。

（5）防止触电和中毒　脚手架搭设时应避开高压电线，无法避开时，作业人员在脚手架上的活动范围及其所携带的工具、材料等与带电导线的最短距离要大于安全距离（电压等级 ≤110kV，安全距离为 2m；电压等级 220kV，3m；电压等级 330kV，4m）。高处作业地点靠近放空管时，要事先与生产车间联系，保证高处作业期间生产装置不向外排放有毒有害物质，并事先向高处作业的全体人员交代明白，万一有毒有害物质排放时，应迅速采取撤离现场等安全措施。

（6）气象条件　雨天和雪天作业时，应采取可靠的防滑、防寒措施；遇有五级以上强风、浓雾等恶劣天气，不应进行高处作业、露天攀登与悬空高处作业；暴风雪、台风、暴雨后，应对作业安全设施进行检查，发现问题立即处理。

（7）注意结构的牢固性和可靠性　在槽顶、罐顶、屋顶等设备或建筑物、构筑物上作业时，除了临空一面应装安全网或栏杆等防护措施外，事先应检查其牢固可靠程度，防止失稳或破裂等可能出现的危险；严禁直接站在油毛毡、石棉瓦等易碎裂材料的结构上作业。为防止误登,应在这类结构的醒目处挂上警告牌;登高作业人员不准穿塑料底等易滑的或硬性厚底的鞋子;冬季严寒作业应采取防冻防滑措施或轮流进行作业。

2. 脚手架的安全要求

高处作业使用的脚手架和吊架必须能够承受站在上面的人员、材料等的重量。禁止在脚手架和脚手板上放置超过计算荷重的材料。一般脚手架的荷重量不得超过 $270kg/m^2$。脚手架使用前,应经有关人员检查验收,认可后方可使用。

(1) 脚手架材料　脚手架的杆柱可采用木杆、竹竿或金属管,木杆应采用剥皮杉木或其他坚韧的硬木,禁止使用杨木、柳木、桦木、油松和其他腐朽、折裂、枯节等易折断的木料;竹竿应采用坚固无伤的毛竹;金属管应无腐蚀,各根管子的连接部分应完整无损,不得使用弯曲、压扁或者有裂缝的管子。木质脚手架踏脚板的厚度不应小于4cm。

(2) 脚手架的连接与固定　脚手架要与建筑物连接牢固。禁止将脚手架直接搭靠在楼板的木楞上及未经计算荷重的构件上,也不得将脚手架和脚手架板固定在栏杆、管子等不十分牢固的结构上;立杆或支杆的底端宜埋入地下。遇松土或者无法挖坑时,必须绑设地杆子。

金属管脚手架的立竿应垂直稳固地放在垫板上,垫板安置前需把地面夯实、整平。立竿应套上由支柱底板及焊在底板上管子组成的柱座,连接各个构件间的铰链螺栓一定要拧紧。

(3) 脚手板、斜道板和梯子　脚手板和脚手架应连接牢固;脚手板的两头都应放在横杆上,固定牢固,不准在跨度间有接头;脚手板与金属脚手架则应固定在其横梁上。

斜道板要满铺在架子的横杆上;斜道两边、斜道拐弯处和脚手架工作面的外侧应设1.2m高的栏杆,并在其下部加设18cm高的挡脚板;通行手推车的斜道坡度不应大于1:7,其宽度单方向通行应大于1m,双方向通行大于1.5m;斜道板厚度应大于5cm。

脚手架一般应装有牢固的梯子,以便作业人员上下和运送材料。使用起重装置吊重物时,不准将起重装置和脚手架的结构相连接。

(4) 临时照明　脚手架上禁止乱拉电线。必须装设临时照明时,木、竹脚手架应加绝缘子,金属脚手架应另设横担。

(5) 冬季、雨季防滑　冬季、雨季施工应及时清除脚手架上的冰雪、积水,并要撒上沙子、锯末、炉灰或铺上草垫。

(6) 拆除　脚手架拆除前,应在其周围设围栏,通向拆除区域的路段挂警告牌;高层脚手架拆除时应有专人负责监护;敷设在脚手架上的电线和水管先切断电源、水源,然后拆除,电线拆除由电工承担;拆除工作应由上而下分层进行,拆下来的配件用绳索捆牢,用起重设备或绳子吊下,不准随手抛掷;不准用整个推倒的办法或先拆下层主柱的方法来拆除;栏杆和扶梯不应先拆除,而要与脚手架的拆除工作同时配合进行;在电力线附近拆除应停电作业,若不能停电应采取防触电和防碰坏电路的措施。

(7) 悬吊式脚手架和吊篮　悬吊式脚手架和吊篮应经过设计和验收,所用的钢丝绳及大绳的直径要由计算决定。计算时安全系数:吊物用不小于6、吊人用不小于14。钢丝绳和其他绳索事前应作1.5倍静荷重试验,吊篮还需作动荷重试验。动荷重试验的荷重为1.1倍工作荷重,作等速升降,记录试验结果。每天使用前应由作业负责人进行挂钩,并对所有绳索进行检查。悬吊式脚手架之间严禁用跳板跨接使用。拉吊篮的钢丝绳和大绳,应不与吊篮边沿、房檐等棱角相摩擦。升降吊篮的人力卷扬机应有安全制动装置,以防止因操作人员失误使吊篮落下。卷扬机应固定在牢固的地锚或建筑物上,固定处的耐拉力必须大于吊篮设计荷重的 5 倍；升降吊篮由专人负责指挥。使用吊篮作业时应系安全带，安全带拴在建筑物的可靠处。

根据《化学品生产单位特殊作业安全规范》（GB 30871—2014）和《化学品生产单位高处作业安全规范》（AQ 3025—2008）的要求，高处作业，必须办理《高处安全作业证》，持证作业。

七、受限空间作业

受限空间作业是指进入或探入受限空间进行的作业。这里的受限空间是指出入口受限，通风不良，可能存在易燃易爆、有毒有害物质或缺氧，对进入人员的身体健康和生命安全构成威胁的封闭、半封闭设施及场所，如反应器、塔、釜、槽、罐、炉膛、锅筒、管道以及地下室、窑井、坑（池）、下水道或其他封闭、半封闭场所。化工装置受限空间作业频繁，危险因素多，是容易发生事故的作业。人在氧含量为 19%～21% 的空气中，表现正常；如果氧含量降到 13%～16%，人会突然晕倒；降到 13% 以下，会死亡。在受限空间内的富氧环境下，氧含量也不能超过 23.5%，更不能用纯氧通风换气，因为氧是助燃物质，万一作业时有火星，会着火伤人。受限空间作业还会受到爆炸、中毒的威胁。可见受限空间作业，缺氧与富氧、毒害物质超过安全浓度都会造成事故。因此，必须办理作业许可证。

凡是用过惰性气体（氮气）置换的设备，进入受限空间前必须用空气置换，并对空气中的氧含量进行分析。如是受限空间内动火作业，除了空气中的可燃物含量符合规定外，氧含量应在 19%～21% 范围内。若限定空间内具有毒性，还应分析空气中有毒物质含量，保证在容许浓度以下。

值得注意的是动火分析合格，不等于不会发生中毒事故。例如限定空间内丙烯腈含量为 0.2%，符合动火规定，当氧含量为 21% 时，虽为合格，但却不符合卫生规定。车间空气中丙烯腈 PC-STEL 限值为 $2mg/m^3$，经过换算，0.2%（容积百分比）为 PC-STEL 限值的 2167.5 倍。进入丙烯腈含量为 0.2% 的限定空间内作业，虽不会发生火灾、爆炸，但会发生中毒事故。因此，应对受限空间内的气体浓度进行严格监测，监测要求如下：

① 作业前 30min，应对受限空间进行气体采样分析，分析合格后作业人员方可进入，如现场条件不允许，间隔时间可以适当放宽，但不应超过 60min；

② 监测点应有代表性，容积较大的受限空间，应对上、中、下各部位进行监测分析；

③ 分析仪器应在校验有效期内，使用前应保证其处于正常工作状态；

④ 监测人员进入或探入受限空间采样时应采取个体防护措施；

⑤ 作业中应定时监测，至少每 2h 监测一次，如监测结果有明显变化，应立即停止作业，撤离人员，对现场进行处理，分析合格后方可恢复作业；

⑥ 对可能释放有害物质的受限空间，应连续监测，情况异常时应立即停止作业，撤离人员，对现场进行处理，分析合格后方可恢复作业；

⑦ 涂刷具有挥发性溶剂的涂料时，应连续监测分析，并采取强制通风措施；

⑧ 作业中断 30min 时，应重新进行取样分析。

为确保受限空间空气流通良好，可采取如下措施：

① 打开人孔、手孔、料孔、风门、烟门等与大气相通的设施进行自然通风；

② 必要时，应采用风机进行强制通风或管道送风，管道送风前应对管道内介质和风源

进行分析确认。

进入下列受限空间作业应采取如下防护措施：

① 缺氧或有毒的受限空间经清洗或置换仍达不到要求的，应佩戴隔离式呼吸器，必要时应拴带救生绳；

② 易燃易爆的受限空间经清洗或置换仍达不到要求的，应穿防静电工作服及防静电工作鞋，使用防爆型低压灯具及防爆工具；

③ 酸碱等腐蚀性介质的受限空间，应穿戴防酸碱工作服、防护鞋、防护手套等防腐蚀护品；

④ 有噪声的受限空间，应佩戴耳塞或耳罩等防噪声护具；

⑤ 有粉尘产生的受限空间，应佩戴防尘口罩、眼罩等防尘护具；

⑥ 高温的受限空间，进入时应穿戴高温防护用品，必要时采取通风、隔热、佩戴通信设备等防护措施；

⑦ 低温的受限空间，进入时应穿戴低温防护用品，必要时采取供暖、佩戴通信设备等防护措施。

进入酸、碱贮罐作业时，要在贮罐外准备大量清水。人体接触浓硫酸，须先用布、棉花擦净，然后迅速用大量清水冲洗，并送医院处理。如果先用清水冲洗，后用布类擦净，则浓硫酸将变成稀硫酸，而稀硫酸则会造成更严重的灼伤。

进入受限空间内作业，与电气设施接触频繁，照明灯具、电动工具如漏电，都有可能导致人员触电伤亡，所以照明电源应小于或等于36V，潮湿部位应小于或等于12V。在潮湿容器中作业时，作业人员应站在绝缘板上，同时保证金属容器接地可靠。检修带有搅拌机械的设备，作业前应把传动皮带卸下，切除电源，如取下保险丝、拉下闸刀等，并上锁，使机械装置不能启动，再在电源处挂上"有人检修、禁止合闸"的警告牌。上述措施采取后，还应有人检查确认。

罐内作业时，一般应指派两人以上作罐外监护。监护人应了解介质的各种性质，应位于能经常看见罐内全部操作人员的位置，视线不能离开操作人员，更不准擅离岗位。发现罐内有异常时，应立即召集急救人员，设法将罐内受害人救出，监护人员应从事罐外的急救工作。如果没有其他急救人员在场，即使在非常时候，监护人也不得自己进入罐内。凡是进入罐内抢救的人员，必须根据现场情况穿戴防毒面具或氧气呼吸器、安全防带等防护用具，决不允许不采取任何个人防护而冒险入罐救人。

为确保进入受限空间作业安全，必须严格按照《化学品生产单位特殊作业安全规范》（GB 30871—2014）、《化学品生产单位受限空间作业安全规范》（AQ 3028—2008）要求，办理《受限空间安全作业证》，持证作业。

八、吊装作业

吊装作业是指利用各种吊装机具将设备、工件、器具、材料等吊起，使其发生位置变化的作业。

依据《化学品生产单位特殊作业安全规范》（GB 30871—2014）规定，吊装作业按照吊装重物质量（m）不同分为三级：

① 一级吊装作业：$m > 100t$；

② 二级吊装作业：$40t \leqslant m \leqslant 100t$；

③ 三级吊装作业：$m<40t$。

三级以上吊装作业，应编制吊装作业方案。吊装物体质量虽不足 40t，但形状复杂、刚度小、长径比大、精密贵重，以及在作业条件特殊的情况下，也要编制吊装作业方案。吊装作业方案经施工单位技术负责人审批后送生产单位批准。对吊装人员进行技术交底，学习讨论吊装方案。

吊装作业前，作业单位应对所有起重机具及其安全装置等进行检查，确保其处于完好状态。

起重设备应严格根据核定负荷使用，严禁超载，吊运重物时应先进行试吊，离地 20～30cm，停下来检查设备、钢丝绳、滑轮等，经确认安全可靠后再继续起吊。二次起吊上升速度不超过 8m/min，平移速度不超过 5m/min。起吊中应保持平稳，禁止猛走猛停，避免引起冲击、碰撞、脱落等事故。起吊物在空中不应长时间滞留，并严格禁止在重物下方有人通行或停留。长、大物件起吊时，应设有"溜绳"，控制被吊物件平稳上升，以防物件在空中摇摆。吊装现场应设置"禁止入内"等安全警戒标志牌；设专人监护，非作业人员禁止入内，安全警戒标志应符合《安全标志及其使用导则》（GB 2894—2008）的规定。

不应靠近输电线路进行吊装作业。确需在输电线路附近作业时，起重机械的安全距离应大于起重机械的倒塌半径并符合《电业安全工作规程（电力线路部分）》（DL 409—2005）的要求；不能满足时，应停电后再进行作业。吊装现场如有含危险物料的设备、管道时，应制定详细的吊装方案，并对设备、管道采取有效防护措施，必要时停车，放空物料，置换后再进行吊装作业。

遇有大雪、暴雨、大雾及六级以上风等天气时，不应露天作业。

起重吊运不应随意使用厂房梁架、管线、设备基础，防止损坏基础和建筑物。

起重作业必须做到"五好"和"十不吊"。"五好"是：思想集中好；上下联系好；机器检查好；扎紧提放好；统一指挥好。"十不吊"是：无人指挥或者信号不明不吊；斜吊和斜拉不吊；物件有尖锐棱角与钢绳未垫好不吊；重量不明或超负荷不吊；起重机械有缺陷或安全装置失灵不吊；吊杆下方及其转动范围内站人不吊；光线阴暗，视物不清不吊；吊杆与高压电线没有保持应有的安全距离不吊；吊挂不当不吊；人站在起吊物上或起吊物下方有人不吊。

起重机械操作人员应按指挥人员发出的指挥信号进行操作；对任何人发出的紧急停车信号均应立即执行；吊装过程中出现故障时，应立即向指挥人员报告。

各种起重机都离不开钢丝绳、链条、吊钩、吊环和滚筒等附件，这些机件必须安全可靠，若发生问题，都会给起重作业带来严重事故。

钢丝绳在启用时，必须了解其规格、结构（股数、钢丝直径、每股钢丝数、绳芯种类等）、用途和性能、机械强度的试验结果等。起重机钢丝绳应符合《起重机钢丝绳保养、维护、安装、检验和报废》（GB 5972—2009）的规定。选用的钢丝绳应具有合格证，没有合格证，使用前可截去 1～1.5m 长的钢丝绳进行强度试验。未经过试验的钢丝绳禁止使用。

起重用钢丝绳安全系数，应根据机构的工作级别、作业环境及其他技术条件决定。

吊装作业时，应严格按照《化学品生产单位特殊作业安全规范》（GB 30871—2014）、《化学品生产单位吊装作业安全规范》（AQ 3021—2008）的要求办理《吊装安全作业证》，持证作业。

九、运输与检修

化工企业生产、生活物资运输任务繁重，运输机具与检修现场工作关系密切，检修中机运事故也时有发生。事故发生原因：机动车违章进入检修现场，发动车辆时排烟管火星引燃装置泄漏物料，发生火灾事故；电瓶车运送检修材料，装载不合乎规范，司机视线不良，易撞到行人；检修时车身落架，造成伤亡。为作好运输与检修安全工作，必须加强辅助部门人员的安全技术教育工作，以提高职工安全意识。机动车辆进入化工装置前，给排烟管装上火星扑灭器；装置出现跑料时，生产车间对装置周围马路实行封闭，熄灭一切火源。执行监护任务的消防、救护车应选择上风处停放。在正常情况下厂区行驶车速不得大于 15km/h，铁路机车过交叉口要鸣笛减速。液化石油气罐、站操作人员必须经过培训考试，取得合格证。罐车状况，要符合设计标准，定期检验合格。

第四节　化工装置检修后开车

一、装置开车前的安全检查

生产装置经过停工检修后，在开车运行前要进行一次全面的安全检查验收。目的是检查检修项目是否全部完工；质量是否全部合格；职业安全卫生设施是否全部恢复完善；设备、容器、管道内部是否全部吹扫干净、封闭；盲板是否按要求抽加完毕，确保无遗漏；检修现场是否工完料尽场地清；检修人员、工具是否撤出现场，达到了安全开工条件。

检修质量检查和验收工作，必须安排责任心强、有丰富实践经验的设备、工艺管理人员和一线生产人员参加。这项工作，既是评价检修施工效果，又是为安全生产奠定基础，一定要消除各种隐患，未经验收的设备不能开车投产。

1. 焊接检验

凡化工装置使用易燃、易爆、剧毒介质以及特殊工艺条件的设备、管线及经过动火检修的部位，都应按相应的规程要求进行 X 射线拍片检验和残余应力处理。如发现焊缝有问题，必须重焊，直到验收合格，否则将导致严重后果。某厂焊接气分装置脱丙烯塔与再沸器之间一条直径 80mm 的丙烷抽出管线，因焊接质量问题，开车后管线断裂跑料，发生重大爆炸事故。事故的直接原因是焊接质量低劣，有严重的夹渣和未焊透现象，断裂处整个焊缝有 3 个气孔，其中一个气孔直径达 2mm，有的焊缝厚度仅为 1～2mm。

2. 试压和气密试验

任何设备、管线在检修复位后，为检验施工质量，应严格按有关规定进行试压和气密试验，防止生产时跑、冒、滴、漏，造成各种事故。

一般来说，压力容器和管线试压用水作介质，不得采用有危险的液体，也不准用工业风或氮气作耐压试验。气压试验危险性比水压试验大得多，曾有用气压代替水压试验而发生事故的教训。

● 安全检查要点

① 检查设备、管线上的压力表、温度计、液面计、流量计、热电偶、安全阀是否调校安装完毕，灵敏好用。

② 试压前所有的安全阀、压力表应关闭，有关仪表应隔离或拆除，防止起跳或超程损坏。

③ 对被试压的设备、管线要反复检查，流程是否正确，防止系统与系统之间相互串通，必须采取可靠的隔离措施。

④ 试压时，试压介质、压力、稳定时间都要符合设计要求，并严格按有关规程执行。

⑤ 对于大型、重要设备和中、高压及超高压设备、管道，在试压前应编制试压方案，制定可靠的安全措施。

⑥ 情况特殊，采用气压试验时，试压现场应加设围栏或警告牌，管线的输入端应装安全阀。

⑦ 带压设备、管线，在试验过程中严禁强烈机械冲撞或外来气串入，升压和降压应缓慢进行。

⑧ 在检查受压设备和管线时，法兰、法兰盖的侧面和对面都不能站人。

⑨ 在试压过程中，受压设备、管线如有异常情况，如压力下降、表面油漆剥落、压力表指针不动或来回不停摆动，应立即停止试压，并卸压查明原因，视具体情况再决定是否继续试压。

⑩ 登高检查时应设平台围栏，系好安全带，试压过程中发现泄漏，不得带压紧固螺栓、补焊或修理。

3. 吹扫、清洗

在检修装置开工前，应对全部管线和设备彻底清洗，把施工过程中遗留在管线和设备内的焊渣、泥沙、锈皮等杂质清除掉，使所有管线都贯通。如吹扫、清洗不彻底，杂物易堵塞阀门、管线和设备，对泵体、叶轮产生磨损，严重时还会堵塞泵过滤网。如不及时检查，将使泵抽空，导致泵或电机损坏。

一般处理液体管线用水冲洗，处理气体管线用空气或氮气吹扫，蒸汽等特殊管线除外。如仪表风管线应用净化风吹扫，蒸汽管线按压力等级不同使用相应的蒸汽吹扫等。吹扫、清洗中应拆除易堵卡物件（如孔板、调节阀、阻火器、过滤网等），安全阀加盲板隔离，关闭压力表手阀及液位计联通阀，严格按方案执行；吹扫、清洗要严，按系统、介质的种类、压力等级分别进行，并应符合现行规范要求；在吹扫过程中，要有防止噪声和静电产生的措施，冬季用水清洗应有防冻结措施，以防阀门、管线、设备冻坏；放空口要设置在安全的地方或有专人监视；操作人员应配齐个人防护用具，与吹扫无关的部位要关闭或加盲板隔绝；用蒸汽吹扫管线时，要先慢慢暖管，并将冷凝水引到安全位置排放干净，以防水击，并有防止检查人烫伤的安全措施；对低点排凝、高点放空，要顺吹扫方向逐个打开和关闭，待吹扫达到规定时间要求时，先关阀后停气；吹扫后要用氮气或空气吹干，防止蒸汽冷凝液造成真空而损坏管线；输送气体管线如用液体清洗时，核对支撑物强度能否满足要求；清洗过程要用最大安全体积和流量。

4. 烘炉

各种反应炉在检修后开车前，应按烘炉规程要求进行烘炉。

① 编制烘炉方案，并经有关部门审查批准。组织操作人员学习，掌握其操作程序和应注意的事项。

② 烘炉操作应在车间主管生产的负责人指导下进行。

③ 烘炉前，有关的报警信号、生产联锁应调校合格，并投入使用。

④ 点火前，要分析燃料气中的氧含量和炉膛可燃气体含量，符合要求后方能点火。点火时应遵守"先火后气"的原则。点火时要采取防止喷火烧伤的安全措施以及灭火的设施。

炉子熄灭后重新点火前，必须再进行置换，合格后再点火。

5. 传动设备试车

化工生产装置中机、泵起着输送液体、气体、固体介质的作用，由于操作环境复杂，一旦单机发生故障，就会影响全局。因此要通过试车，对机、泵检修后能否保证安全投料一次开车成功进行考核。

① 编制试车方案，并经有关部门审查批准。

② 专人负责进行全面仔细地检查，使其符合要求，安全设施和装置要齐全完好。

③ 试车工作应由车间主管生产的负责人统一指挥。

④ 冷却水、润滑油、电机通风、温度计、压力表、安全阀、报警信号、联锁装置等，要灵敏可靠，运行正常。

⑤ 查明阀门的开关情况，使其处于规定的状态。

⑥ 试车现场要整洁干净，并有明显的警戒线。

6. 联动试车

装置检修后的联动试车，重点要注意做好以下几个方面的工作。

① 编制联动试车方案，并经有关领导审查批准。

② 指定专人对装置进行全面认真地检查，查出的缺陷及时消除。检修资料要齐全，安全设施要完好。

③ 专人检查系统内盲板的抽加情况，登记建档，签字认可，严防遗漏。

④ 装置的自保系统和安全联锁装置，调校合格，正常运行灵敏可靠，专业负责人要签字认可。

⑤ 供水、供气、供电等辅助系统要运行正常，符合工艺要求。整个装置要具备开车条件。

⑥ 在厂部或车间领导统一指挥下进行联动试车工作。

二、装置开车

装置开车要在开车指挥部的领导下，统一安排，并由装置所属的车间领导负责指挥开车。岗位操作工人要严格按工艺卡片的要求和操作规程操作。

1. 贯通流程

用蒸汽、氮气通入装置系统，一方面扫去装置检修时可能残留部分的焊渣、焊条头、铁屑、氧化皮、破布等，防止这些杂物堵塞管线；另一方面验证流程是否贯通。这时应按工艺流程逐个检查，确认无误，做到开车时不窜料、不憋压。按规定用蒸汽、氮气对装置系统置换，分析系统氧含量达到安全值以下的标准。

2. 装置进料

进料前，在升温、预冷等工艺调整操作中，检修工与操作工配合做好螺栓紧固部位的热把、冷把工作，防止物料泄漏。岗位应备有防毒面具。油系统要加强脱水操作，深冷系统要加强干燥操作，为投料奠定基础。

装置进料前，要关闭所有的放空、排污等阀门，然后按规定流程，经操作工、班长、车间值班领导检查无误，启动机泵进料。进料过程中，操作工沿管线进行检查，防止物料泄漏或物料走错流程；装置开车过程中，严禁乱排乱放各种物料。装置升温、升压、加量，按规定缓慢进行；操作调整阶段，应注意检查阀门开度是否合适，逐步提高处理量，使其达到正常生产为止。

事故案例

[案例7-1] 某年3月，齐鲁石化公司化肥合成氨装置按计划进行年度大修。氧化锌槽于当日降温，氮气置换合格后准备更换催化剂。操作时，因催化剂结块严重，卸催化剂受阻，办理进塔罐许可证后进入疏通。连续作业几天后，开始装填催化剂。一助理工程师在没办理进塔罐许可证的情况下，攀软梯而下，突然从5m高处掉入槽底。事故的主要原因是：该助理工程师进行罐内作业时未办理许可证。

[案例7-2] 某年7月，扬子石油化工公司检修公司运输队在聚乙烯车间安装电机。工作时，班长用钢丝绳拴绑4只5t滑轮并一只16t液化千斤顶及两根钢丝绳，然后打手势给吊车司机起吊。当吊车作抬高吊臂的操作时，一只5t的滑轮突然滑落，砸在吊车下的班长头上，经抢救无效死亡。事故的主要原因是：班长在指挥起吊工作前，未按起重安全规程要求对起吊工具进行安全可靠性检查，并且违反"起吊重物下严禁站人"的安全规定。

[案例7-3] 某年6月，抚顺石化公司石油二厂发生一起多人伤亡事故。事故的主要原因是：起重班违反脚手架搭设标准，立杆间距达2.3m，小横杆间距达2.4m，属违章施工作业。且在脚手架搭设完毕后，没有进行质量和安全检查。工作人员高处作业时没有系安全带。

[案例7-4] 某年2月，抚顺石化公司石油一厂建筑安装工程公司的工人在油库车间清扫火车汽油槽车时，发生窒息死亡。事故的主要原因是：清洗槽车时未戴防毒面具，一人进车作业，作业时无人监护。

[案例7-5] 某年12月，茂名石化公司炼油厂氧化沥青装置的氧化釜进油开工中，发生突沸冒釜事故，漏出渣油12t。事故的主要原因是：开工前，未能对该氧化釜入口阀进行认真检查，隐患未及时发现和消除。

[案例7-6] 某年8月，荆门炼油厂维修车间一名技术人员在加氢裂化装置新压缩机厂房楼上清扫压缩机基础时，一脚踩空，从吊装孔掉到楼下，抢救无效死亡。事故的主要原因是：当事人在交叉作业、施工现场复杂的情况下，安全警惕性不高。吊装孔虽采取安全措施，但吊装孔仍留有0.5m的空隙，措施落实不得力。

[案例7-7] 某年2月，河南省某市电石厂醋酸车间发生一起浓乙醛贮槽爆炸事故，造成2人死亡，1人重伤。事故的主要原因是：该车间检修一台氮气压缩机，停机后没有将此机氮气入口阀门切断，也不上盲板。停车检修时，空气被大量吸入氮气系统，另一台正在工作的氮气压缩机把混有大量的空气的氮气送入浓乙醛贮槽，引起强烈氧化反应，发生化学爆炸。

[案例7-8] 某年9月，吉林省某化工厂季戊四醇车间发生一起爆炸事故，造成3人死亡，2人受伤。事故的主要原因是：甲醇中间罐泄漏，检修后必须用水试压，恰逢全厂水管大修，工人违章用氮气进行带压试漏，因罐内超压，罐体发生爆炸。

[案例7-9] 某年6月，燕山石化公司合成橡胶厂抽提车间发生一起氮气窒息死人事故。事故的主要原因是：抽提车间在实施隔离措施时，忽视了该塔主塔蒸汽线在再沸器恢复后应及时追加盲板，致使氮气蹿入塔内，导致工人进塔工作窒息死亡。

[案例7-10]　某年5月，燕山石化公司炼油厂水净化车间安装第一污水处理场隔油池上"油气集中排放脱臭"设施的排气管道时，气焊火花由未堵好的孔洞落入密封的油池内，发生爆燃。事故的主要原因是：严重违反用火管理制度；安全部门审批签发的火票等级不同；未亲临现场检查防火措施的可靠性；施工单位未认真执行用火管理制度，动火地点与火票上的地点不符。

 课堂讨论

为什么化工检修期间容易发生安全事故？

 思考题

1. 化工装置的检修特点有哪些？
2. 停车检修操作有哪些安全要求？
3. 动火作业的安全要点有哪些？
4. 如何保证检修后安全开车？

能力测试题 ⯈⯈ ···

1. 如何实现化工装置检修期间的安全？
2. 对以下案例进行原因分析，并说明作业过程中存在哪些问题？

某化学品生产公司利用全厂停车机会进行检修，其中一个检修项目是用气割割断煤气总管后加装阀门。为此，公司专门制定了检修方案。检修当天对室外煤气总管（距地面高度约6m）及相关设备先进行氮气置换处理，约1h后从煤气总管与煤气气柜间管道的最低取样口取样分析，合格后就关闭氮气阀门，认为氮气置换结束，分析报告上写着"（氢气＋一氧化碳）＜7％，不爆"。接着按检修方案对煤气总管进行空气置换，2h后空气置换结束。车间主任开始开出《动火安全作业证》，独自制定了安全措施后，监护人、动火作业负责人、动火人、动火前岗位当班班长、动火审批人（未到现场）先后在动火证上签字，约20min后（距分析时间已间隔3h左右），焊工开始用气割枪对煤气总管进行切割（检修现场没有专人进行安全管理），在割穿的瞬间煤气总管内的气体发生爆炸，其冲击波顺着煤气总管冲出，在距动火点50m外正在管架上已完成另一检修作业准备下架的一名包机工被击中，使其从管架上坠落死亡。

第八章
职业危害防护技术

知识目标

1. 了解化学灼伤的分类，熟悉化学灼伤的预防措施及现场急救知识。
2. 了解噪声的分类及危害，熟悉噪声的控制措施。
3. 了解电离辐射和非电离辐射的危害及其防护的基本知识。

能力目标

初步具有个体防护的能力和化学灼伤现场急救的能力。

在化工生产中，存在许多威胁职工健康、使劳动者发生慢性病或职业中毒的因素，因此在生产过程中必须加强职业危害防护。从事化工生产的职工，应该掌握相关的职业危害防护技术基本知识，自觉地避免或减少在生产环境中受到伤害。

第一节　灼伤及其防护

一、灼伤及其分类

机体受热源或化学物质的作用，引起局部组织损伤，并进一步导致病理和生理改变的过程称为灼伤。按发生原因的不同分为化学灼伤、热力灼伤和复合性灼伤。

1. 化学灼伤

凡由于化学物质直接接触皮肤所造成的损伤，均属于化学灼伤。导致化学灼伤的物质形态有固体（如氢氧化钠、氢氧化钾、硫酸酐等）、液体（如硫酸、硝酸、高氯酸、过氧化氢等）和气体（如氟化氢、氮氧化物等）。化学物质与皮肤或黏膜接触后产生化学反应并具有渗透性，对细胞组织产生吸水、溶解组织蛋白质和皂化脂肪组织的作用，从而破坏细胞组织的生理机能而使皮肤组织致伤。

2. 热力灼伤

由于接触炙热物体、火焰、高温表面、过热蒸汽等所造成的损伤称为热力灼伤。此外，在化工生产中还会发生由于液化气体、干冰接触皮肤后迅速蒸发或升华，大量吸收热量，以致引起皮肤表面冻伤。

3. 复合性灼伤

由化学灼伤和热力灼伤同时造成的伤害，或化学灼伤兼有的中毒反应等都属于复合性灼伤。如磷落在皮肤上引起的灼伤为复合性灼伤。由于磷的燃烧造成热力灼伤，而磷燃烧后生成磷酸会造成化学灼伤，当磷通过灼伤部位侵入血液和肝脏时，会引起全身磷中毒。

化学灼伤的症状与病情和热力灼伤大致相同。但对化学灼伤的中毒反应特性应给予特别的重视。在化工生产中，经常发生由于化学物料的泄漏、外喷、溅落引起接触性外伤，主要原因有：由于管道、设备及容器的腐蚀、开裂和泄漏引起化学物质外喷或流泄；由火灾爆炸事故而形成的次生伤害；没有安全操作规程或操作规程不完善；违章操作；没有穿戴必需的个人防护用具或穿戴不完全；操作人员误操作或疏忽大意，如在未解除压力之前开启设备。

二、化学灼伤的现场急救

发生化学灼伤，由于化学物质的腐蚀作用，如不及时将其除掉，就会继续腐蚀下去，从而加剧灼伤的严重程度，某些化学物质如氢氟酸的灼伤初期无明显的疼痛，往往不受重视而贻误处理时机，加剧了灼伤程度。及时进行现场急救和处理，是减少伤害、避免严重后果的重要环节。

化学灼伤程度同化学物质的物理、化学性质有关。酸性物质引起的灼伤，其腐蚀作用只在当时发生，经急救处理，伤势往往不再加重。碱性物质引起的灼伤会逐渐向周围和深部组织蔓延。因此现场急救应首先判明化学致伤物质的种类、侵害途径、致伤面积及深度，采取有效的急救措施。某些化学致伤，可以从被致伤皮肤的颜色加以判断，如苛性钠和石炭酸的致伤表现为白色，硝酸致伤表现为黄色，氯磺酸致伤表现为灰白色，硫酸致伤表现为黑色，磷致伤局部皮肤呈现特殊气味，有时在暗处可看到磷光。

化学致伤的程度也同化学物质与人体组织接触时间的长短有密切关系，接触时间越长所造成的致伤就会越严重。因此，当化学物质接触人体组织时，应迅速脱去衣服，立即用大量清水冲洗创面，不应延误，冲洗时间不得小于15min，以利于将渗入毛孔或黏膜内的物质清洗出去。清洗时要遍及各受害部位，尤其要注意眼、耳、鼻、口腔等处。对眼睛的冲洗一般用生理盐水或用清洁的自来水，冲洗时水流不宜正对角膜方向，不要揉搓眼睛，也可将面部浸入在清洁的水盆里，用手把上下眼皮撑开，用力睁大两眼，头部在水中左右摆动。其他部位的灼伤，先用大量水冲洗，然后用中和剂洗涤或湿敷，用中和剂时间不宜过长，并且必须再用清水冲洗掉，然后视病情予以适当处理。常见的化学灼伤急救处理方法见表8-1。

表 8-1　常见的化学灼伤急救处理方法

灼伤物质名称	急 救 处 理 方 法
碱类：氢氧化钠、氢氧化钾、氨、碳酸钠、碳酸钾、氧化钙	立即用大量水冲洗，然后用2%乙酸溶液洗涤中和，也可用2%以上的硼酸水湿敷。氧化钙灼伤时，可用植物油洗涤
酸类：硫酸、盐酸、硝酸、高氯酸、磷酸、乙酸、甲酸、草酸、苦味酸	立即用大量水冲洗，再用5%碳酸氢钠水溶液洗涤中和，然后用净水冲洗
碱金属、氰化物、氰氢酸	用大量的水冲洗后，0.1%高锰酸钾溶液冲洗后再用5%硫化铵溶液冲洗
溴	用水冲洗后，再以10%硫代硫酸钠溶液洗涤，然后涂碳酸氢钠糊剂或用1体积（25%）+1体积松节油+10体积乙醇（95%）的混合液处理
铬酸	先用大量的水冲洗，然后用5%硫代硫酸钠溶液或1%硫酸钠溶液洗涤
氢氟酸	立即用大量水冲洗，直至伤口表面发红，再用5%碳酸氢钠溶液洗涤，再涂以甘油与氧化镁（2∶1）悬浮剂，或调上如意金黄散，然后用消毒纱布包扎

灼伤物质名称	急救处理方法
磷	如有磷颗粒附着在皮肤上,应将局部浸入水中,用刷子清除,不可将创面暴露在空气中或用油脂涂抹,再用1%~2%硫酸铜溶液冲洗数分钟,然后以5%碳酸氢钠溶液洗去残留的硫酸铜,最后用生理盐水湿敷,用绷带扎好
苯酚	用大量水冲洗,或用4体积乙醇(7%)与1体积氯化铁[1/3(mol/L)]混合液洗涤,再用5%碳酸氢钠溶液湿敷
氯化锌、硝酸银	用水冲洗,再用5%碳酸氢钠溶液洗涤,涂油膏即磺胺粉
三氯化砷	用大量水冲洗,再用2.5%氯化铵溶液湿敷,然后涂上2%二巯丙醇软膏
焦油、沥青(热烫伤)	以棉花沾乙醚或二甲苯,消除粘在皮肤上的焦油或沥青,然后涂上羊毛脂

抢救时必须考虑现场具体情况,在有严重危险的情况下,应首先使伤员脱离现场,送到空气新鲜和流通处,迅速脱除污染的衣着及佩戴的防护用品等。

小面积化学灼伤创面经冲洗后,如致伤物确实已消除,可根据灼伤部位及灼伤深度采取包扎疗法或暴露疗法。

中、大面积化学灼伤,经现场抢救处理后应送往医院处理。

三、化学灼伤的预防措施

化学灼伤常常是伴随生产中的事故或由于设备发生腐蚀、开裂、泄漏等造成的,与安全管理、操作、工艺和设备等因素有密切关系。因此,为避免发生化学灼伤,必须采取综合性管理和技术措施,防患于未然。

制定完善的安全操作规程。对生产中所使用的原料、中间体和成品的物理化学性质,它们与人体接触时可造成的伤害作用及处理方法都应明确说明并作出规定,使所有作业人员都了解和掌握并严格执行。

设置可靠的预防设施。在使用危险物品的作用场所,必须采取有效的技术措施和设施,这些措施和设施主要包括以下几个方面。

1. 采取有效的防腐措施

在化工生产中,由于强腐蚀介质的作用及生产过程中高温、高压、高流速等作业条件对机器设备会造成腐蚀,因此,加强防腐,杜绝"跑、冒、滴、漏"也是预防灼伤的重要措施。《化工企业安全卫生设计规范》(HG 20571—2014)规定具有酸、碱性腐蚀的作业区中的建(构)筑物的地面、墙壁及基础设备,应进行防腐处理。建筑的防腐处理按现行国家标准《建筑防腐蚀工程施工规范》(GB 50212—2014)的规定执行。

2. 改革工艺和设备结构

在使用具有化学灼伤危险物质的生产场所,在设计时就应预先考虑防止物料外喷或飞溅的合理工艺流程、设备布局、材质选择及必要的控制、疏导和防护装置。

① 物料输送实现机械化、管道化、自动化,并安装必要的信号报警和保险装置。不得使用由玻璃等易碎材料制成的管道阀门、流量计、压力计等。

② 贮槽、贮罐等容器采用安全溢流装置。

③ 改革危险物质的使用和处理方法,如用蒸汽溶解氢氧化钠代替机械粉碎,用片状物代替块状物。

④ 保持工作场所与通道有足够的活动余量。保证作业场所畅通,避免交叉作业;如果

交叉作业不可避免，在危险作业点应采取避免发生化学灼伤危险的防护措施。

　　⑤ 使用液面控制装置或仪表，实行自动控制。

　　⑥ 装设各种形式的安全联锁装置，如保证未卸压前不能打开设备的联锁装置等。

3. 加强安全性预测检查

　　如使用超声波测厚仪、磁粉与超声探伤仪、X 射线仪等定期对设备进行检查，或采用将设备开启进行检查的方法，以便及时发现并正确判断设备的损伤部位与损坏程度，及时消除隐患。

4. 加强安全防护措施

　　① 所有贮槽上部敞开部分应高于车间地面 1m 以上，若贮槽与地面等高，其周围应设护栏并加盖，以防工人跌入槽内。

　　② 为使腐蚀性液体不流洒在地面上，应修建地槽并加盖。

　　③ 所有酸贮槽和酸泵下部应修筑耐酸基础。

　　④ 禁止将危险液体盛入非专用的和没有标志的桶内。

　　⑤ 搬运贮槽时要两人抬，不得单人背负运送。

5. 加强个人防护

　　在处理有灼伤危险的物质时，必须穿戴工作服和防护用具，如眼镜、面罩、手套、毛巾、工作帽等。

　　在具有化学灼伤危险的作业场所，应设计安装洗眼器、淋洗器等安全防护设施，洗眼器、淋洗器的服务半径不大于 15m。洗眼器、淋洗器的冲洗水上水水质应符合现行国家标准《生活饮用水卫生标准》（GB 5749—2006）的规定，并应为不间断供水；洗眼器、淋洗器的排水应纳入工厂污水管网，并在装置区安全位置设置救护箱。工作人员配备必要的个人防护用品。

第二节　工业噪声及其控制

　　凡是使人烦躁不安的声音都属于噪声。在生产过程中各种设备运转时所发出的噪声叫工业噪声。噪声能对人体造成不同程度的危害，应加以控制或消除，以减轻对人的危害作用。

一、噪声的强度

　　声音的强度主要是音调的高低和声响的强弱。表示音调高低的是声音的频率即声频，表示声响强弱的有声压、声强、声功率和响度。人耳感受声音的大小，主要与声压及声压级、声频有关。

1. 声压及声压级

　　由声波引起的大气压强的变化量叫声压。正常人刚刚能听到的最低声压叫听阈声压。对于频率 1kHz 的声音，听阈声压为 $2×10^{-3}$ Pa，当声压增大至 20Pa 时，使人感到震耳欲聋，称为痛阈声压。从听阈声压到痛阈声压的绝对值相差一百万倍，因此用声压绝对值来衡量声音的强弱是很不方便的。为此，通常采用按对数方式分等级的办法作为计量声音大小的单位，这就是常用的声压级，单位为分贝（dB），其数学表达为

$$L_p = 20\lg\frac{P}{P_0}$$

（8-1）

式中，L_p 为声压级，dB；P 为声压值，Pa；P_0 为基准声压值（2×10^{-3} Pa）。

用声压级代替声压可把相差一百万倍的声压变化，简化为 0～120dB 的变化，这给测量和计算都带来了极大的便利。

2. 声频

声频指的是声源振动的频率，人耳能听到的声频范围一般在 $20 \sim 20 \times 10^4$ Hz 之间。声频不同，人耳的感受也不一样，中高频（500～6000Hz）声音比低频（低于500Hz）声音更响。

二、工业噪声的分类

1. 声源产生的方式

（1）空气动力性噪声　由气体振动产生。当气体中存在涡流，或发生压力突变时引起的气体扰动。如通风机、鼓风机、空压机、高压气体放空时所产生的噪声。

（2）机械性噪声　由机械撞击、摩擦、转动而产生。如破碎机、球磨机、电锯、机床等发出的噪声。

（3）电磁性噪声　由于磁场脉动、电源频率脉动引起电器部件震动而产生。如发电机、变压器、继电器产生的噪声。

2. 噪声性质

（1）稳态噪声　在观察时间内，采用声级计"慢挡"动态特性测量时，声级波动<3dB(A)的噪声。

（2）非稳态噪声　在观察时间内，采用声级计"慢挡"动态特性测量时，声级波动≥3dB(A)的噪声。

（3）脉冲噪声　噪声突然爆发又很快消失，持续时间≤0.5s，间隔时间>1s，声压有效值变化≥40dB(A)的噪声。

三、噪声对人的危害

（1）影响休息和工作　人们休息时，要求环境噪声小于45dB，若大于63.8dB，就很难入睡。噪声分散人的注意力，容易疲劳，反应迟钝，影响工作效率，还会使工作出差错。

（2）对听觉器官的损伤　人听觉器官的适应性是有一定限度的，长期在强噪声下工作，会引起听觉疲劳，听力下降。长年累月在强噪声的反复作用下，耳器官会发生器质性病变，出现噪声性耳聋。

（3）引起心血管系统病症　噪声可以使交感神经紧张，表现为心跳加快，心律不齐，血压波动，心电图测试阳性增高。

（4）对神经系统的影响　噪声引起神经衰弱症候群，如头痛、头晕、失眠、多梦、记忆力减退等。神经衰弱的阳性检出率随噪声强度的增高而增加。

此外噪声还能引起胃功能紊乱，视力降低。当噪声超过生产控制系统报警信号的声音时，淹没了报警音响信号，容易导致事故。

四、工业噪声职业接触限值

《工作场所有害因素职业接触限值　第2部分：物理因素》（GBZ2.2—2007）规定了生产车间和作业场所的噪声职业接触限值标准：每周工作5d，每天工作8h，稳态噪声限值为

85dB(A)，非稳态噪声等效声级的限值为 85dB(A)。工作场所噪声职业接触限值见表 8-2。

表 8-2　工作场所噪声职业接触限值

接触时间	接触限值/dB(A)	备注
5d/w，＝8h/d	85	非稳态噪声计算 8h 等效声级
5d/w，≠8h/d	85	计算 8h 等效声级
≠5d/w	85	计算 40h 等效声级

噪声超过职业接触限值标准对人体就会产生危害，必须采取措施将噪声控制在标准以下。

五、工业噪声的控制

1. 噪声的控制程序

理想的噪声控制工作应当在工厂、车间、机组修建或安装之前先进行预测，根据预测的结果和允许标准确定减噪量，再根据减噪效果、投资多少及对工人操作和设备正常工作影响三方面来选择合理的控制措施，在基建的同时进行施工。完工后，做减噪量测定和验收，达到预期效果，即可投入使用。

2. 噪声源的控制

（1）减小声源强度　用无声的或低噪声的工艺和设备代替高噪声的工艺和设备，提高设备的加工精度和安装技术，使发声体变为不发声体等，这是控制噪声的根本途径。例如选用低噪声的风机、电机、压缩机、冷冻机、纺织机、机泵等。无声钢板敲打起来无声无息，如果机械设备部件用无声钢板制造，将会大大降低声源强度。

（2）合理布局　把高噪声的设备和低噪声的设备分开；把操作室、休息间、办公室与嘈杂的生产环境分开；把生活区与厂区分开，使噪声随着距离的增加自然衰减。城市绿化对控制噪声也有一定作用，40m 宽的树林就可以降低噪声 10～15dB。

但是，在许多情况下，由于技术上或经济上的原因，直接从声源上控制噪声往往是不可能的。因此，还需要采用吸声、隔声、消声、隔振等技术措施来配合。

3. 声音传播途径的控制

（1）吸声　如果室内有一个声源，这个声源发出的声波将从墙面、顶棚、地面以及其他物体表面进行多次反射。反射结果，将使室内声源的噪声级比同样声源在露天的噪声级高 10～15dB。如果用吸声材料装饰在房间的表面上，或者在空间悬挂吸声体，那么房间噪声就会降低，这种控制噪声的方法叫作吸声。

吸声材料大都比较松软或多孔，表面积很大。常用的吸声材料有玻璃棉、泡沫塑料、毛毯、聚酰胺纤维、矿渣棉、吸声砖、加气混凝土、木丝板、甘蔗板等。

吸声系数（α_0）等于被材料吸收的声能量（$E_{吸}$）与入射到材料上的总能量（$E_{总}$）之比，即

$$\alpha_0 = \frac{被材料吸收的声能量}{入射到材料上的总能量} = \frac{E_{吸}}{E_{总}} \tag{8-2}$$

吸声系数是表示吸声材料吸声性能的量，吸声系数越大，表明材料的吸声效果越好。如超细玻璃棉、矿渣棉厚度在 4cm 以上时，高频吸声系数在 0.85 以上，都是良好的吸声材料。

吸声材料对于高频噪声是很有用的，对于低频噪声就不太有效了。对于低频噪声常采用共振吸声结构。在金属薄板或薄木板上穿一些孔，在它后面设置空腔，这便是最简单的共振吸声结构。穿孔板吸声结构既省钱又简便，它的缺点是具有较强的频率选择性，吸声频带比较窄。为了克服这个缺点，近年来研究出一种微穿孔板吸声结构，它能在较宽的频率范围内有较好的吸声效果。通过吸声，一般可以降低噪声6～10dB。

（2）隔声　把发声的机器或需要安静的场所，封闭在一个小的空间内，使它与周围的环境隔离起来，这种方法叫隔声。典型的隔声设备有隔声罩、隔声间和隔声屏。隔声要选用传声损失（平均隔声量）大的隔声材料，重而密实的材料（如钢板、砖墙、混凝土等）是好的隔声材料。采用中间夹层可以减弱振动的传递，如果在夹层中间填充吸声材料效果更佳。

隔声罩由隔声材料、阻尼涂料和吸声层构成。如用2mm厚的钢板加5cm厚的吸声材料，可以降低噪声10～30dB。

隔声间分固定隔声间与活动隔声间两种。固定隔声间是砖墙结构，活动隔声间是装配式的。隔声间不仅需要有一个理想的隔声墙，而且还要考虑门窗的隔声以及是否有孔隙漏声。

门应制成双层中间充填吸声材料的隔声门。隔声窗最好做成双层不平行不等厚结构。门窗要用橡皮、毛毡等弹性材料进行密封。较好的隔声间减噪量可达25～30dB。

隔声屏主要用在大车间内以直达声为主的地方。隔声屏对降低电机、电锯的高频噪声是很有效的，可减噪声5～15dB。

（3）消声　消声是运用消声器来削弱声能的过程。消声器是一种允许气流通过而阻止或减弱声音传播的装置，是降低空气动力性噪声的主要技术措施，一般消声器安装在风机进口和排气管道上。目前采用的消声器有阻性消声器、抗性消声器、阻抗复合消声器和微孔板消声器四种类型。

① 阻性消声器。阻性消声器是利用附贴在气流通道的内管壁上的吸声材料来吸收声能。当声波进入消声器时，激起管壁上的吸声材料中的空气分子振动，由于摩擦阻力和黏滞阻力，使声能变为热能达到消声的作用。其作用类似于电路中的电阻，故称之为阻性消声器。阻性消声器的特点是对中高频噪声有显著的消声作用，制作简单，性能稳定。其缺点是在高温、水蒸气以及对吸声材料有腐蚀作用的气体中使用寿命短，对低频噪声效果差。

② 抗性消声器。抗性消声器是根据声学滤波原理制造出来的，可以显著地消除某些频段的噪声。扩张式消声器、共振消声器、干涉消声器以及穿孔消声器，都是常见的抗性消声器。抗性消声器的优点是具有良好的低、中频消声性能，结构简单，耐高温，耐气体腐蚀。其缺点是消声频带窄，对高频消声效果差。

③ 阻抗复合消声器。此种消声器即由吸声材料、扩张室、穿孔屏等滤波元件组成。实际上是将阻性消声器和抗性消声器联合为一体，集中其优点，消声效果比较好，适用频率范围宽，高、中、低频都能用。

④ 微孔板消声器。这种消声器的结构是将金属薄板按2.5%～3.5%的穿孔率进行钻孔，孔径为0.5～1mm，作为消声器的贴衬材料。并根据噪声源的强度、频率范围及空气动力性能的要求，选择适当的单层或双层微孔板构件来作为消声器的吸声材料。微孔板消声器适用于各种场合消音，压力降比较小，如高压风机、空调机、轴流式与离心式风机、柴油机以及含有水蒸气和腐蚀性气体的场所。重量轻、体积小、不怕水和油的污染。

（4）隔振与阻尼 为了防止机器通过基础将振动传给其他建筑物，而将机器噪声辐射出去，通常采用的办法是防止机器与基础及其他结构件的刚性连接，此种方法称为隔振。它有以下三种形式：①在机器和基础之间安装减振器，如橡胶、弹簧或空气减振器等；②在机器和其他结构之间铺设具有一定弹性的衬里材料，如橡胶板、软木、毛毡、纤维板、石棉板等；③在机器周围挖一条深沟，内填锯末，膨胀珍珠岩等。

阻尼，是在用金属板制成的机罩、风管、风筒上涂一层阻尼材料，防止因振动的传递导致板材剧烈地振动而辐射较强的噪声。目前采用的阻尼材料有 J 70-1 防振隔热阻尼浆、沥青石棉绒阻尼浆、软木防热隔振阻尼浆等。大多用在汽车和各种机器设备上。

4. 个人防护

由于技术和经济上的原因，在用以上方法难以解决的高噪声场合，佩戴个人防护用品，则是保护工人听觉器官不受损害的重要措施。理想的防噪声用品应具有隔声值高，佩戴舒适，对皮肤没有损害作用的特点。此外，最好不影响语言交谈。常用的防噪声用品有软橡胶（或软塑料）耳塞、防声棉耳塞、耳罩和头盔等，可根据实际情况进行选用。

第三节 电磁辐射及其防护

随着科学技术的不断发展，在化工生产中越来越多地接触和应用各种电磁辐射能和原子能。如金属的热处理、介质的热加工、无线电探测、利用放射性进行辐射监护聚合、辐射交联等，此外在化工过程的测量和控制、无损探伤、制作永久性发光涂料以及在疾病的诊断、治疗和科研方面，射线、放射线同位素、射频电磁场和微波都得到广泛的应用。

由电磁波和放射性物质所产生的辐射，由于其能量的不同，即对原子或分子是否形成电离效应而分成两大类，电离辐射和非电离辐射。不能使原子或分子形成电离的辐射称为非电离辐射，如紫外线、射频电磁场、微波等属于非电离辐射；电离辐射是指由 α 粒子、β 粒子、γ 射线、X 射线和中子等对原子和分子产生电离的辐射。无论是电离辐射还是非电离辐射都会污染环境，危害人体健康。因此必须正确了解各类辐射的危害及其预防措施，以避免作业人员受到辐射的伤害。

一、电离辐射及其防护

1. 电离辐射的基本概念

（1）常用的辐射量和单位

照射量（X） 是指 X 射线或 γ 射线的光子在单位质量空气中释放出来的全部电子完全被空气阻止时，在空气中产生同一种符号离子总电荷的绝对值。单位 C/kg。

吸收剂量（D） 是指电离辐射进入人体单位质量所吸收的放射能量。单位 Gy（戈瑞），$1Gy=1J/kg$。

剂量当量（H） 一定吸收剂量的生物效应，取决于辐射的品质和照射条件，故不同类型辐射其吸收剂量相同而所产生的生物效应的严重程度或发生概率可能不同。在辐射防护领域，采用辐射的品质因数（Q）来表示对效应的影响。对吸收剂量加权，使得加权后的吸收剂量能够较好地表达发生生物效应的概率或生物效应的严重程度。这种加权的吸收剂量就称为剂量当量。单位 Sv（希沃特），$1Sv=1J/kg$。

简而言之，剂量当量是指考虑辐射品质及照射条件对生物效应的影响而加权修正后的吸收剂量。

$$H = DQN \tag{8-3}$$

式中，D 为该点的吸收剂量；Q 为品质因数；N 为照射条件的修正因素（一般情况 $N=1$）。

有效剂量当量（H_E） 在辐射防护标准中所规定的剂量当量限值是以全身均匀照射为依据的，而实际情况是，辐射几乎总是涉及不止一个组织的非均匀性照射。为了计算在非均匀照射情况下，所有受到照射的组织带来的总危险度，与辐射防护标准相比较，对辐射的随机性效应引进了有效剂量当量。

有效剂量当量（H_E） 定义为加权平均器官剂量当量的和，其公式为

$$H_E = \sum_T H_T W_T \tag{8-4}$$

式中，H_T 为组织 T 受照射的剂量当量，Sv；W_T 为组织 T 相对危险度权重因子。

放射性活度（A） 表示放射性物质的蜕变速率。其单位是 Bq（贝可勒尔，即每秒核衰变次数），$1Bq=1/s$。

（2）电离辐射的肯定效应和随机效应

肯定（非随机性）效应 肯定效应是指对身体特殊组织（如眼晶体、造血系统、性细胞等）的损伤。其伤害的严重程度，取决于所受剂量的大小，剂量越大，伤害越重，小于阈值则不会见到损伤。

随机效应 主要指造成各种癌症和遗传性疾病。它是无阈值的，个体危险的严重程度与所受的剂量大小无关，但其发生率则取决于剂量。

2. 电离辐射对人体的危害

电离辐射对人体的危害是由超过剂量限值的放射线作用于肌体而发生的，分为体外危害和体内危害。其主要危害是阻碍和损伤细胞的活动机能及导致细胞死亡。

（1）**急性放射性伤害** 在短期内接受超过一定剂量的照射，称为急性照射，可引起急性放射性伤害。

急性照射低于 1Gy 时，少数人出现头晕、乏力、食欲下降等症状。当剂量达 $1\sim10Gy$ 时出现造血系统损伤为主的急性放射病。2Gy 以上即可引起死亡。人的 ID_{50} 半数感染量（指能使 50% 受检者造成感染和病原性微生物数量）为 $3\sim5Gy$。$10\sim50Gy$ 出现以消化道症状为主的肠型急性放射症，在 2 周内 100% 死亡。50Gy 以上出现以脑扭伤症状为主的脑型急性放射病，可在 2 天内死亡。在不考虑辐射品质因素（Q）时，1Gy 等于 1Sv。

（2）**慢性放射性伤害** 在较长时间内分散接受一定剂量的照射，称慢性照射。长期接受超剂量限值的慢性照射，可引起慢性放射性伤害。如白血球减少、慢性皮肤损伤、造血障碍、生育能力受损、白内障等。

（3）**胚胎和胎儿的辐射损伤** 胚胎和胎儿对辐射比较敏感。在胚胎植入前期受照，可使出生前死亡率升高；在器官形成期受照，可使畸形率升高，新生儿死亡率也相应升高。另外，胎儿期受照的儿童中，白血病和癌症发生率较一般高。

（4）**辐射致癌** 在长期受照射的人群中有白血病、肺癌、甲状腺癌、乳腺癌、骨癌等发生。

（5）**遗传效应** 辐射能使生殖细胞的基因突变和染色体畸变，形成有害的遗传效应，使受照者后代的各种遗传病的发生率增高。

3. 电离辐射的防护措施

（1）管理措施

① 从事生产、使用或贮运电离辐射装置的单位都应设有专（兼）职的防护管理机构和管理人员，建立有关电离辐射的卫生防护制度和操作规程。

② 对工作场所进行分区管理。根据工作场所的辐射强弱，通常分为 3 个区域。

控制区　在其中工作的人员受到的辐射照射可能超过年剂量限值的 3/10 的区域。

监督区　受辐射为年剂量限值的（1/10）～（3/10）的区域。

非限制区　辐射量不超过年剂量限值的 1/10 的区域。

在控制区应设有明显标志，必要时应附有说明。严格控制进入控制区的人员，尽量减少进入监督区的人员。不在控制区和监督区设置办公室、进食、饮水或吸烟。

③ 从事生产、使用、销售辐射装置前，必须向省、自治区、直辖市的卫生部门申办许可证并向同级公安部门登记，领取许可登记证后方可从事许可登记范围内的放射性工作。

④ 从事辐射工作人员必须经过辐射防护知识培训和有关法规、标准的教育。

⑤ 对辐射工作人员实行剂量监督和医学监督。就业前应进行体格检查，就业后要定期进行职业医学检查。建立个人剂量档案和健康档案。

⑥ 辐射源要指定专人负责保管，贮存、领取、使用、归还等都必须登记，做到账物相符，定期检查，防止泄漏或丢失。

（2）技术措施

① 控制辐射源的质量，是减少身体内、外照射剂量的治本方法。应尽量减少辐射源的用量，选用毒性低、比活度小的辐射源。

② 设置永久的或临时的防护屏蔽。屏蔽的材质和厚度取决于辐射源的性质和强度。例如：放射性同位素仪表的辐射源，都放在铅罐内，仪表不工作时都有塞子或挡片盖住，仪表工作时只有一束射线射到被测物上，一般在距放射源 1m 以外的四周，设置屏蔽防护板，工作人员在防护板后面每天工作 8h 也无伤害。

③ 缩短接触时间。人体接受体外照射的累计剂量与接触时间成正比，所以应尽量缩短接触时间，禁止在有辐射的场所作不必要的停留。

④ 加大操作距离或实行遥控。辐射源的辐射强度与距离的平方成反比，因此采取加大距离或遥控操作可以达到防护的目的。例如在拆装同位素料位计的辐射源（探测器）时，可使用长臂夹钳，使人体离辐射源尽可能远。

⑤ 加强个人防护，佩戴口罩、手套、工作服、保护鞋等，放射污染严重的场所要使用防护面具或气衣。应禁止一切能使放射性核素侵入人体的行为。

（3）X 射线探伤作业的防护措施　探伤作业是利用 X 或 γ 射线对物质具有强大的穿透力来检查金属铸件、焊缝等内部缺陷的作业，使用的是 X（或 γ）辐射源。在探伤作业中会受到射线的外照射，因此必须做好探伤作业的卫生防护。

① 探伤室必须设在单独的单层建筑物内，应由透射间、操纵间、暗室和办公室等组成。其墙壁应有一定的防护厚度。

② 透照间应有通风装置。

③ 充分作好探伤前的准备，探伤机工作时，工作人员不得靠近，应使用"定向防护罩"。不进行探伤作业的人员必须在安全距离之外。

④ 对探伤室的操纵间、暗室、办公室、周围环境以及个人剂量都应定期进行监测。

⑤ 探伤作业也应遵循上述防护措施。

二、非电离辐射及其防护

不能使生物组织发生电离作用的辐射叫非电离辐射。如：射频电磁波、红外线辐射、紫外线辐射等。

1. 射频电磁波

射频电磁波（高频电磁场与微波）是电磁辐射中波长最长的频段（1mm～3km）。人们在以下情况中具有接触机会。

高频感应加热：高频热处理、焊接、冶炼、半导体材料加工等。

高温介质加热：塑料热合、橡胶硫化、木材及棉纱烘干等。

微波应用：微波通信、雷达、射电天文学。

微波加热：用于木材、纸张、食物、皮革以及某些粉料的干燥。

（1）对人体的影响　对人体影响强度较大的射频电磁波对人体的主要作用是引起中枢神经的机能障碍和以迷走神经占优势的植物神经功能紊乱。临床症状为神经衰弱症候群，如头痛、头昏、乏力、记忆力减退、心悸等。上述表现，高频电磁场与微波没有本质上的区别，只有程度上的不同。

微波接触者，除神经衰弱症状较明显、时间较长外，还会造成眼晶体"老化"、冠心病发病率上升、暂时性不育等。

（2）预防措施

① 高频电磁场的预防。

场源的屏蔽：通常采用屏蔽罩或小室的形式，可选用铜、铝和铁为屏蔽材料。

远距离操作：对一时难以屏蔽的场源，可采取自动或半自动的远距离操作。

合理的车间布局：高频车间要比一般车间宽敞，高频机之间需要有一定距离，并且要尽可能远离操作岗位和休息地点。

② 微波预防。

屏蔽辐射源：将磁控管放在机壳内，波导管不许敞开。

安装功率吸收器（如等效天线）吸收微波能量：屏蔽室四周上下各面均应敷设高微波吸收材料。

③ 合理配置工作位置。根据微波发射有方向性的特点，工作点应安置在辐射强度最小部位。

④ 穿戴个体防护用品。一时难以采取其他有效防护措施，短时间作业时可穿戴防微波专用的防护衣、帽和防护眼镜。

⑤ 健康体查每1～2年进行1次。重点观察眼晶体变化，其次是心血管系统、外周血象及男性生殖功能。

2. 红外线辐射

红外线也称热射线，波长 0.7pm～1mm （1pm＝1×10^{-12} m）。凡是温度在 −273℃ 以上的物体，都能发射红外线。物体的温度愈高，辐射强度愈大，其红外线成分愈多。如某物体的温度为 1000℃，则波长短于 1.5μm 的红外线为 5%，当温度升至 1500℃ 和 2000℃ 时，波长短于 1.5μm 的红外线成分分别上升到 20% 和 40%。

（1）对肌体影响

① 对皮肤的作用。较大强度的红外线短时间照射，皮肤局部温度升高、血管扩张，出现红斑反应，停止接触后红斑消失。反复照射局部可出现色素沉着。过量照射，除发生皮肤

急性灼伤外，短波红外线还能透入皮下组织，使血液及深部组织加热。如照射面积较大、时间过久，可出现全身症状，重则发生中暑。

② 对眼睛的作用。

对角膜的损害：过度接触波长为 $3\mu m\sim 1mm$ 的红外线，能完全破坏角膜表皮细胞，蛋白质变性不透明。

红外线可引起白内障：多发生在工龄长的工人。患者视力明显减退，仅能分辨明暗。

视网膜灼伤：波长小于 $1\mu m$ 的红外线可达到视网膜，损伤的程度决定于照射部分的强度，主要伤害黄斑区。多发生于使用弧光灯、电焊、氧乙炔焊等作业。

（2）预防措施　严禁裸眼观看强光源。司炉工、电气焊工可佩戴绿色玻璃片防护镜，镜片中需含氧化亚铁或其他有效的防护成分（如钴等）。必要时穿戴防护手套和面罩，以防止皮肤灼伤。

3. 紫外线辐射

紫外线波长为 $7.6\sim 400nm$。凡是物体温度达到 $1200℃$ 以上时，辐射光谱中即可出现紫外线，物体温度越高，紫外线的波长越短，强度也越大。紫外线辐射按其生物学作用可分为三个波段：长波紫外线，波长 $320\sim 400nm$，又称晒黑线，生物学作用很弱；中波紫外线，波长 $275\sim 320nm$，又称红斑线，可引起皮肤强烈刺激；短波紫外线，波长 $180\sim 275nm$，又称杀菌线，作用于组织蛋白及类脂质。生产环境中常见的紫外线波长为 $220\sim 290nm$。

（1）对肌体的影响

皮肤伤害：波长在 $220nm$ 以下的紫外线几乎可全被角化层吸收，波长为 $220\sim 330nm$ 的紫外线可被真皮和深部组织吸收，数小时或数天后形成红斑。当紫外线与某些化学物质（如沥青）同时作用于皮肤，可引起严重的光感性皮炎，出现红斑及水肿。

眼睛伤害：眼睛暴露于短波紫外线时，能引起结膜炎和角膜溃疡，即电光性眼炎；强烈的紫外线短时间照射可致眼病，出现怕光、流泪、刺痛、视觉模糊、眼睑和球结膜充血、水肿等症状；长期小剂量紫外线照射，可发生慢性结膜炎。

（2）预防措施　佩戴能吸收或反射紫外线的防护面罩或眼镜（如黄绿色镜片或涂以金属薄膜）；在紫外线发生源附近设立屏障，在室内墙壁及屏障上涂以黑色，能吸收部分紫外线并减少反射作用。

课堂讨论

在化工生产中，存在哪些职业危害？

思考题

1. 皮肤或眼睛被化学物质灼伤后应如何急救？
2. 噪声对人体的危害表现在哪几方面？如何控制？
3. 简述电离辐射对肌体的损伤效应及电离辐射的防护措施。

 能力测试题 ▶▶ ......

在化工生产中如何避免或减少职业危害？

第九章 安全分析与评价

 知识目标

1. 了解安全系统工程相关概念的含义。
2. 熟悉危险性预先分析方法，了解安全预测及危险性评价的基本知识。

 **能力目标**

初步具有运用安全分析与评价的方法辨识危险的能力。

第一节 安全系统工程概述

安全系统工程是 20 世纪 60 年代迅速发展起来的一门学科，它是以系统工程的方法研究、解决生产过程中安全问题的工程技术。

一、安全系统工程的基本概念

生产和技术的发展，不仅改变着产业结构和企业面貌，而且也对企业的生产安全工作提出了更新更高的要求，高新技术工业及新兴产业群的出现，涉及诸多的知识领域，安全工程技术也必须与其发展相适应。

1. 系统与系统工程

（1）系统　系统是由相互作用、相互依赖的若干组成部分结合而成的具有特殊功能的有机整体。描述一个系统应包括以下四部分内容：系统元素；元素间的关系；边界条件；输入与输出的能量、物料、信息等。例如，对生产系统来说，系统是由人员、物质、设备、财务、任务指标和信息等按任务水平组成的整体。其功能是在既定的操作或后勤支援的条件下，协同完成预定的生产目标。

系统按形式划分为：自然系统、人工系统和复合系统；按结构复杂程度划分为：简单系统、复杂系统。

（2）系统的特点

① 目的性。任何系统必须具有明确的功能以达到一定的目的，没有目的就不能成为系统。

② 整体性。系统至少是由两个或两个以上可以相互区别的元素（单元）按一定方式有

机地组合起来，完成一定功能的综合体。

相同元素不同组合构成不同功能的系统。如齿轮副元件可以传动，组成减速器能减速增矩，组成齿轮泵能将低压油变为高压油起增压作用。元件本身的功能固然要分析，更重要的是元件组成系统的整体功能，要从整体功能出发，再分别对元件功能提出要求。

系统整体功能不是个别元素功能的简单叠加，而是通过不同功能不同性能元素的有机联系、互相制约，即使在某些元素功能并不完善的情况下，经过组合，也能统一成为具有良好功能的系统。反之，即使每个元素都是良好的，但如果只是简单叠加，而未经过良好组合，则构成整体后并不一定具备某种良好的功能。

③ 分解性。系统由元素组成，具有可分解性。可以认为系统是由较小的分系统有机组合而成，而分系统又由更小的子系统组成……，依次类推，直至组成系统的最小单元为止。

④ 相关性。系统内部各元素之间相互有机联系、相互作用、相互依赖的特定关系决定系统的特性。系统本身不是孤立的，与周围边界条件有密切关系，也就是说，系统必须适应外部环境条件的变化。分析问题时，必须考虑环境对系统的作用。

⑤ 功能结构性。为了实现系统自身的正常运行和功能，系统需要以一定的方式构成，应具有保持和传递能量、物质和信息的特征。系统种类繁多，根据控制论观点，可由三部分组成，即输入、处理和输出，如图 9-1 所示。任何系统都具有输出某种产物的功能。例如机床制造厂，它由入口输入原材料、能源、信息，经过加工或作业，

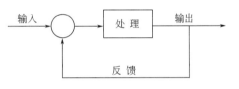

图 9-1　系统构成示意图

进行装配等处理，检验合格的机床由出口输出。这种以物质流为主体的系统，称为生产系统，若以信息流为主体的系统，如一项计划可视为输入，计划经过执行，即可视为处理阶段，最后得到的结果视为输出。这种系统称为管理系统。

处理后得到的结果与原定目标不一致时，需要修正，改善执行环节，以达到预期的目标，这个过程就是反馈。

（3）系统工程　是运用系统分析理论，对系统的规划、研究、设计、制造、试验和使用等各个阶段进行有效的组织管理。它科学地规划和组织人力、物力、财力，通过最佳方案的选择，使系统在各种约束条件下，达到最合理、最经济、最有效的预期目标。它着眼于整体的状态和过程，而不拘泥于局部的、个别的部分。这是因为系统工程采用了新的方法论，这种方法论的基础就是系统分析的观点，即一种"由上而下""由总而细"的方法，它不着眼于个别单元的性能是否优良，而是要求巧妙地利用单元间或子系统之间的相互配合与联系，来优化整个系统的性能，以求得整体的最佳方案。

2. 安全、危险与系统安全

（1）安全与危险

① 安全。从本质上讲，安全就是预知人们活动的各个领域里存在的固有危险和潜在危险，并且为消除这些危险的存在和状态而采取的各种方法、手段和行动。安全也可以认为是一种状态，人们通常把可以接受的危险的状态称为安全。

② 危险。是一种与安全相对应的状态，它可以引起人身伤亡、设备破坏或导致完成预定功能能力的降低。

（2）系统安全　是指在系统运行周期内，应用系统安全管理及安全工程原理，识别系统中的危险性并排除危险，或使危险减至最小，从而使系统在操作效率、使用期限和投资费用的约束条件下达到最佳安全状态。也可以这样说，系统安全是一个系统的最佳状态。

要达到系统安全，就必须在系统的规划、研究、设计、制造、试验和使用等各个阶段，正确应用系统安全管理和安全工程原理。要使系统达到安全的最佳状态，应满足：

① 在能实现系统安全目标的前提下，系统的结构尽可能简单、可靠；

② 配合操作和维修用的指令数目最少；

③ 任何一个部分出现故障，不会导致整个系统运行终止或人员伤亡；

④ 备有显示事故来源的检测装置或警报装置；

⑤ 备有安全可靠的自动保护装置并制定行之有效的应急措施。

3. 安全系统工程

安全系统工程是指应用系统工程的原理与方法，识别、分析、评价、排除和控制系统中的各种危险，对工艺过程、设备、生产周期和资金等因素进行分析评价和综合处理，使系统可能发生的事故得到控制，并使系统安全性达到最佳状态。由于安全系统工程是从根本上和整体上来考虑安全问题，因而它是解决安全问题的具有战略性的措施。为安全工作者提供了一个既能对系统发生事故的可能性进行预测，又可对安全性进行定性、定量评价的方法，从而为有关决策人员提供决策依据，并据此采取相应安全措施。

安全系统工程是系统工程学科的一个分支，它的学科基础除系统论、控制论、信息论、运筹学等理论外，还有其特有的学科基础，如预测技术，可靠性工程，人机工程，行为科学，工程心理学，职业安全卫生学，劳动保护法规、法律以及与其相关的各种工程学等多门学科和技术。

二、安全系统工程的内容

安全系统工程的基本任务就是预测、评价和控制危险。其分析过程可概括为：①系统安全分析（识别与预测危险）；②危险性（安全性）评价（包括人、机、物、工艺、环境、组织等）；③比较；④综合评价；⑤最佳化计划的决策。

从分析过程可看出，系统安全分析和安全评价是安全系统工程的核心，只有分析得准确、评价得周密，才能做出最佳的决策，由此采取的安全措施才能得力。

1. 系统安全分析

系统安全分析是实现系统安全的重要手段，它的目的在于通过分析使人们识别系统中存在的危险性和损失率，并预测其可能性。因此，它是完成系统安全评价的基础。根据不同的情况和要求，可以把分析进行到不同的深度，可以是初步的，也可以是详细的。

系统安全分析的方法有数十种之多，这些方法有定性的也有定量的，有逻辑推理的，也有综合比较的。要完成一个准确的分析，就要事先了解各种分析方法的特点、适用场合，经过比较，再决定采用哪种分析方法。但不管采用哪种分析方法，都要事先建立一个系统模型。这种模型大多数采用图解方式，表示出系统各单元之间的关系。这样易于为人们掌握系统各单元之间的关系和影响，便于查到事故的真正原因和危险性大小。

2. 安全评价

安全评价以系统安全分析为依据，只有通过分析，掌握了系统中存在的潜在危险和薄弱环节、发生事故的概率和可能的严重程度等，才能正确地进行安全评价。

安全评价分为定性评价和定量评价。定性分析的结果用于定性评价，而定量分析的结果用于定量评价。任何定量方法总是在定性的基础上进行的。但是定性评价只能够知道系统中的危险性的大致情况，如危险性因素的多少和严重程度等。要想深入了解系统的安全状态，还有待于定量评价。只有经过定量的评价，才能充分发挥安全系统工程的作用，通过定量评价的结果，决策者才可以选择最佳方案，领导和监察机关才可以根据评价结果督促企业改进安全状况，保险公司就可以按企业的安全性要求规定不同的保险金额。

3. 安全措施

安全措施是根据安全评价的结果，针对存在的问题，对系统进行调整，对危险点或薄弱环节加以改进。安全措施主要有两个方面：一是预防事故发生的措施，即在事故发生之前采取适当的安全措施，排除危险因素，避免事故发生；二是控制事故损失扩大的措施（应急措施），即在事故发生之后采取补救措施，避免事故继续扩大，使损失最小。

4. 安全系统工程的优点

从上述介绍可看出，安全系统工程在解决安全问题上与传统的方法不同，它改变了以往凭直觉经验和事后处理的被动局面，因而形成了它本身的一些优点。

① 预测和预防事故的发生，是现代安全管理的中心任务。运用系统安全分析方法，可以识别系统中存在的薄弱环节和可能导致事故发生的条件，而且可通过采取相应的措施，预防事故发生。

② 现代工业的特点是大规模化、连续化和自动化，其生产关系日趋复杂，各个环节和工序之间相互联系、相互制约。安全系统工程是通过系统分析，全面地、系统地、彼此联系地以及预防性地处理生产系统中的安全性问题，而不是孤立地、就事论事地解决生产系统中的安全性问题。

③ 对安全进行定量分析、评价和优化，为安全管理、事故预测提供了科学依据，根据分析可以选择出最佳方案，使各子系统之间达到最佳配合状态，用最少的投资得到最佳的安全效果，从而可以大幅度地减少人身伤亡和设备损坏事故。

④ 安全系统工程要做出定性和定量的安全评价，就需要有各项标准和数据。如许可安全值、故障率、人机工程标准以及安全设计标准等。因此，安全系统工程可以促进各项标准的制定和有关可靠性数据的收集。

⑤ 通过安全系统工程的开发和应用，可以迅速提高安全技术人员、操作人员和管理人员的业务水平和系统分析能力。

三、"人-机-环境"系统

安全寓于生产之中，不安全不卫生的诸因素是在生产过程中出现的。大量事故的调查分析结果表明，导致事故的原因是由于不安全状态、不安全行为和不良环境所引起的。具体说，就是人的因素、物的因素和环境条件三个要素。从系统工程观点来说，这三个要素构成一个"人-机-环境"系统。为了确保系统安全和最佳状态，就必须综合考虑这三个要素，消除导致事故的原因，使系统达到最佳安全状态。

生产设备是靠人来操纵的，把"人-机"这两个对象作为一个整体来对待，即构成"人-机"系统。这种系统普遍存在于制造业和使用固定机器的企业部门以及汽车、火车、船舶和飞机等交通运输部门。从安全观点出发，不只是考虑"人-机"系统的关系，还应考虑"人-机（物）-环境"系统的关系。例如宇宙飞船把人送入宇宙间，并在航天特殊环境下（如高温、低压、缺氧、超重、失重、振动等），既要保证人的生命安全，又要提高他们的工作能力。为了实现这一目标，只靠选拔、训练来提高人耐受各种物理因素的能力是很有限的。宇航员在航天特殊环境下，要进行诸如搜索、识别、跟踪、控制、停靠和对接等一系列复杂工作，这往往超出了人的工作能力极限。矛盾如何解决？最根本的办法，就是要从人和机器的有机结合中寻找，一方面要认真考虑用选拔、训练等手段来提高人适应机器的能力；另一方面，在设计机器时，也应充分注意机器适应人的问题。另外还必须建设一套人工环境，或采取个体防护措施去维持人的耐受限度。

在工业生产中也同样存在这种情形。例如，在一个钢铁企业里，在高温环境下，如何考虑炼钢工人和炼钢炉及其机械设备的关系；在化工厂里，在有害气体污染的环境下，如何考虑操作人员和化工机械的关系，以保证安全生产和提高生产效率。

1. 安全性分析方法

为了确保系统安全，不能孤立地研究人、机、环境这三个要素，而要从系统的总体高度上将它们看成是一个相互作用、相互依赖的系统（图 9-2），并运用系统工程方法，使系统处于最佳安全状态和最佳工作状态。要实现"人-机-环境"系统的最优组合，核心问题是以人、机、环境三个要素的各自特性为基础，认真进行总体分析。即在明确系统总体要求的前提下，拟出若干个安全措施方案，并相应建立有关模型和进行模拟试验，着重分析和研究人、机、环境三个要素对系统总体性能的影响和所应具备的各自功能及相互关系，不断修正和完善"人-机-环境"系统的结构方式，最终确保最优组合方案的实现。

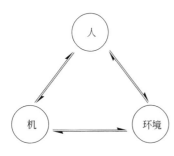

图 9-2 "人-机-环境"关系图

从安全角度来说，在"人-机-环境"系统中作为主体工作的人，理所当然处在首位，这是安全系统工程与其他工程系统存在的显著差异之处。为了确保安全，不仅要研究产生不安全的因素，并采取预防措施，而且要寻找不安全的潜在隐患，力争把事故消灭在萌芽状态。

建立"人-机-环境"系统的目的，并不单纯为了安全，更重要的是使系统能高效率稳定地进行工作，这是生产系统的最根本的要求，否则，就失去了一个系统存在的意义。

2. 安全性分析基本要素

综上所述，安全性分析的基本要素可归纳如图 9-3 所示。

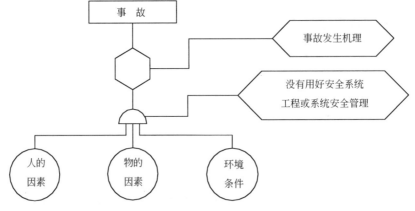

图 9-3 安全性分析的基本要素

3. 安全性分析注意事项

（1）人的能力　在"人-机-环境"系统中，一些恶劣的特殊环境会给人的人身安全带来危害，应采取防护措施，这一点是人所共知的。但是，由于人的操作错误造成系统的功能失灵，甚至危及人的生命安全，却往往没有引起人们足够的重视。随着科学技术的发展，各种机器设备日益复杂和精密，对操作人员的要求也越来越高。不仅要求准确、熟练地操作机器，而且要求具有能准确、熟练地分析、判断、决策和对复杂情况迅速做出反应的能力。然而人的能力是有限的，不可能随着机器的发展而无限提高。如果先进的机器设备对人的操作要求过高，超出人的能力范围，就容易发生操作错误。这样，不仅系统性能得不到发挥，甚至使整个系统失灵或发生重大事故。为此，应注意几个问题。

① 应根据人、机的各自特点，合理分配人机功能，尽量减轻操作的复杂程度，为人的有效工作创造有利条件，以防止错误操作的发生。

② 加强对操作人员的选拔、训练和责任心教育，并加强适应能力和反应能力的锻炼。

③ 为了防止人为差错，机器设备的设计也要采取防错措施，例如重要按钮（紧要停车按钮）采用红色或闪光按钮等。

④ 创造有利的工作环境，防止人的操作失误，例如噪声的污染不仅引起人的听觉错误，使信息失误，而且使人心烦意乱，容易造成操作错误等。

（2）系统的分解　把系统分解为子系统时，必须注意子系统之间的接口（或临界面）问题，也就是把安全管理上经常采用的连接点扩展为接合面，在接合面上要妥善进行"子系统之间的信息和能量的交流"。

第二节　危险性预先分析与安全预测

一、危险性预先分析

1. 危险性预先分析的基本含义

危险性预先分析（preliminary hazard analysis，PHA）是一种定性分析评价系统内危险因素和危险程度的方法。它是在每项工程活动之前，如设计、施工、生产之前，或技术改造之后，即制定操作规程和使用新工艺等情况之后，对系统存在的危险性类型、来源、出现条件、导致事故的后果以及有关措施等，作概略分析。目的是防止操作人员直接接触对人体有害的原材料、半成品、成品和生产废弃物，防止使用危险性工艺、装置、工具和采用不安全的技术路线。如果必须使用时，也应从工艺上或设备上采取安全措施，以保证这些危险因素不致发展成为事故。总之，把分析工作做在行动之前，避免由于考虑不周造成损失。

2. 危险性预先分析的内容与主要优点

系统安全分析的目的不是分析系统本身，而是预防、控制或减少危险性，提高系统的安全性和可靠性。因此，必须从确保安全的观点出发，寻找危险源（点）产生的原因和条件，评价事故后果的严重程度，分析措施的可能性、有效性，采取切合实际的对策，把危害与事故降低到最低程度。

（1）危险性预先分析的内容　根据安全系统工程的分析方法，生产系统的安全必须从"人-机-环境"系统进行分析，而且在进行危险性预先分析时应持这种观点：即对偶然事件、不可避免事件、不可知事件等进行剖析，尽可能地把它们变为必要事件、可避免事件、可知事件，并通过分析、评价，控制事故发生。

分析的内容可归纳以下几个方面：①识别危险的设备、零部件，并分析其发生的可能性条件；②分析系统中各子系统、各元件的交接面及其相互关系与影响；③分析原材料、产品，特别是有害物质的性能及其贮运安全要求；④分析工艺过程及其工艺参数或状态参数；⑤分析人、机关系（操作、维修等）；⑥分析环境条件；⑦分析保证安全的设备、防护装置等。

（2）危险性预先分析的主要优点　①分析工作做在行动之前，可及早采取措施排除、降低或控制危害，避免由于考虑不周造成损失。②对系统开发、初步设计、制造、安装、检修等做的分析结果，可以提供应遵循的注意事项和指导方针。③分析结果可为制定标准、规范和技术文献提供必要的资料。④根据分析结果可编制安全检查表以保证实施安全，并可作为安全教育的材料。

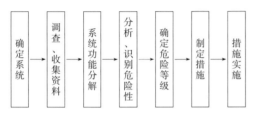

图 9-4　危险性分析的一般程序

3. 危险性分析的步骤

危险性分析的一般程序如图 9-4 所示。

① 确定系统。明确所分析系统的功能及分析范围。

② 调查、收集资料。调查生产目的、工艺过程、操作条件和周围环境。收集设计说明书、本单位的生产经验、国内外事故情报及有关标准、规范、规程等资料。

③ 系统功能分解。一个系统是由若干个功能不同的子系统组成的，如动力、设备、结构、燃料供应、控制仪表、信息网络等，其中还有各种连接结构，同样，子系统也是由功能不同的部件、元件组成，如动力、传动、操纵和执行等。为了便于分析，按系统工程的原理，将系统进行功能分解，并绘出功能框图，表示它们之间的输入、输出关系。系统功能框图如图 9-5 所示。

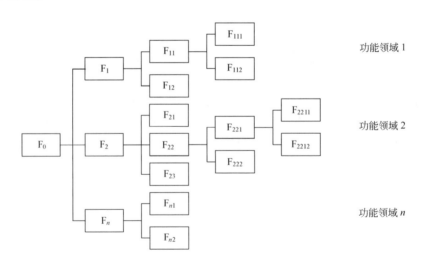

图 9-5　系统功能框图

④ 分析、识别危险性。确定危险类型、危险来源、初始伤害及其造成的危险性，对潜在的危险点要仔细判定。

⑤ 确定危险等级。在确认每项危险之后，都要按其效果进行分类。

⑥ 制定措施。根据危险等级，从软件（系统分析、人机工程、管理、规章制度等）、硬件（设备、工具、操作方法等）两方面制定相应的消除危险性的措施和防止伤害的办法。

● 危险性预先分析应注意的问题

① 由于在新开发的生产系统或新的操作方法中，对接触到的危险物质、工具和设备的危险性还没有足够的认识，因此为了使分析获得较好的效果，应采取设计人员、操作人员和安技干部三结合的形式进行。

② 根据系统工程的观点，在查找危险性时，应将系统进行分解，按系统、子系统、系统元一步一步地进行。这样做不仅可以避免过早地陷入细节问题而忽视重点问题的危险，而且可以防止漏项。

③ 为了使分析人员有条不紊地、合理地从错综复杂的结构关系中查出潜在的危险因素，可采取以下对策。第一，迭代。对一些潜在的危险，一时不能直接查出危险因素时，可先做一些假设，然后将得出的结果作为改进后的假设，再进一步查危险因素。这样经过一步一步地试析，向更准确的危险因素逼近。第二，抽象。在分析过程中，对某些危险因素常忽略其次要方面，首先将注意力集中于危险性大的主要问题上。这样可使分析工作能较快地入门，先保证在主要危险因素上取得结果。另外也可以运用控制论的观点来探求。分析系统如图9-6所示。输入是一定的，技术系统（具体结构）也是一定的，问题是探求输出哪些危险因素。

④ 在可能的条件下，最好事先准备一个检查表，指出查找危险性的范围。

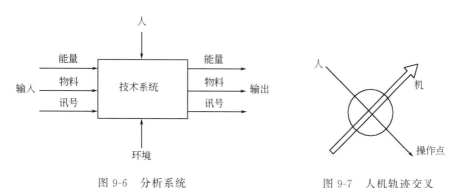

图 9-6　分析系统　　　　　　　　图 9-7　人机轨迹交叉

4. 危险性识别

生产现场包含着来自人、机（物）和环境三方面的多种隐患，为确保安全生产，就必须分析和查找隐患，并及早消除，将事故消灭在发生之前，做到预防为主。因此，识别危险性是首要问题。

造成事故后果必须有两个因素，一是有引起伤害的能量，二是有遭受伤害的对象（人或物），二者缺一不可。而且这两个因素必须相距很近，伤害能量能够达到，才能造成事故后果。如人的不安全行为和机械或物质危险是人-机"两方共系"中能量逆流的两个系列，其轨迹交叉点就会造成事故。人机轨迹交叉如图9-7所示。潜在的危险性只有在一定条件下才能发展成为事故。为了迅速地找出危险源（点），除需具有丰富的理论基础和实践知识外，还可以从能量的转换等方面入手。

生活和生产都离不开能源，在正常情况下，能量通过做有用功制造产品和提供服务，其能量平衡式为

$$输入能＝有用功＋正常耗损能 \tag{9-1}$$

但在非正常运行状态下，其能量平衡式为

$$输入能＝有用功＋正常耗损能＋逸散能 \tag{9-2}$$

这个逸散能作用在人体上就是伤害事故，作用在设备上则损坏设备。因此，从预防事故来看，关键是查找出生产现场能量体系中潜在的危险因素。

能够转化为破坏能力的能量有：电能、原子能、机械能、势能和动能、压力和拉力、燃烧和爆炸、腐蚀、放射线、热能和热辐射、声能、化学能等。

另一种表示破坏能量的因素及事件也可作为参考：加速度、污染、化学反应、腐蚀、电（电击、电感、电热、电源故障等）、爆炸、火灾、热和温度（高温、低温、温度变化）、泄漏、湿度（高温、低温）、氧化、压力（高压、低压、压力变化）、辐射（热辐射、电磁辐射、紫外辐射、电离）、化学灼伤、结构损害或故障、机械冲击、振动与噪声等。

为了便于分析，我们应了解能量转化过程，为此有必要进一步叙述能量失控情况。一般来说，能量失控情况可分为两种模式：物理模式和化学模式。各类生产企业中，机械设备很多，因此从事故数量上来看，物理模式的能量失控引起的事故占大多数。

（1）物理模式　物理能可分为势能和动能两种形式。以势能的形式出现的，如处于高处的物体（如落体、坠体、倒塌、崩垮、塌方、冒顶等）、受压的弹性元件、贮存的热量、电压等。以动能的形式出现的有运动的机械、行驶的车辆、电流、流动的液体等。势能是静止的、潜在的，人们对其危险性的认识往往不敏感。然而由于某种原因，势能转换为动能时，危险性就可能急剧增大。动能凭人的视觉能感觉到它的存在，危险性可以一目了然，但是静止的人会被运动物体所撞伤，人与物体相互运动也可能受伤，行动的人碰到静止物体也会受伤，这些危险都是无法预料的。另外，还要注意有些物体同时具有两种能量，如电动机既有电能，又有机械回转能。

① 物理爆炸。物理爆炸是纯粹物理现象产生的冲击波，它常常是因为压力容器的破坏而产生，受压气体突然释放，能够产生很大的破坏力。如空压机贮气罐、液化气贮气罐、各种气瓶等。

② 锅炉爆炸。锅炉是工业生产中用得较多的设备，又是比较容易发生灾害性事故的设备。锅炉爆炸比单纯的受压气体爆炸的破坏性更大，因为在相同压力下，蒸汽比同等体积的气体能量大很多倍。另外，锅炉的过热水由于锅炉破坏而闪蒸成蒸汽，使蒸汽中所含的热量进一步增多。引起锅炉爆炸的主要事件是锅炉体结垢、炉壁腐蚀、缺水和超压运行。所有的蒸汽发生器、冷却水夹套、烧沸水的设备、家用水暖设备等，都有可能发生锅炉型爆炸。

③ 机械失控。机械把一种形式的能量转换为另一种形式的能量，如把水的势能转换为电能，或把机械能转换为压缩、成型、挤压、破碎、切削等有用功。正在运转的机器有很大的动能，它们不断地有次序地进行能量转换工作或做有用功。由于机械设计不良、强度计算有误或超负荷运转，都可能造成机械失控，对机器本身或其附近目标做破坏力。例如离心机由于超速运行而发生爆炸；汽轮机的涡轮叶片超速引起内应力超过轮筋的拉力时，就可能发生物理型爆炸。

④ 电气失控。电动机和发电机是转换能量的装置，输电线和变压器、配电设备等则是传输电能的装置，而且前者同时具有电能和机械能。将电能转换为机械能的设备系统或元件若不完善或超负荷运行就可能发生电气失控，电能有逆流到人体的潜在危险，同时也会造成

火灾或其他损失。

⑤ 其他物理能量失控。一些物理因素如热辐射、核污染、噪声、电场、磁场、微波、激光、红外和紫外辐射等，如果失控，都会引起人员伤亡和财产损失。

（2）化学模式　化学模式危险性所产生的破坏力和物理模式不同，它是通过物质聚合和分解等化学反应产生的能量失控而造成火灾或爆炸。其过程是静态化学能通过化学反应转变为物理能，由物理能对目标施加破坏力。化学爆炸的起因是由于化学反应失控，瞬时产生大量高温气体，该气体受到约束时可具有极大的压力，高压气体产生冲击波，对周围目标造成破坏。

化学模式通常有以下三种情况。

① 直接火灾。当可燃性物质和氧气共存时，遇到火源就有可能发生火灾。但是，应注意某些非可燃性物质发生直接火灾的可能性，如各类粉尘，包括有机塑料粉尘、染料粉尘、某些金属如镁或铝等的粉尘、煤及谷物粉尘等，它们能和空气充分结合，有些还有吸附空气的能力。这些粉尘在加工、运输、贮存过程中，容易造成粉尘爆炸，产生严重后果。

在石油和易燃液体加工过程中，一般都注意到尽可能减少与空气接触。但是在贮存过程中，如石油贮罐都装有呼吸阀，当环境温度高时（中午）排除多余的油气，若油气受到空间的约束，达到爆炸极限，遇火就发生爆炸；当环境温度低时（晚上或雨后），则会吸入周围空气，如遇到静电火花也会发生爆炸。

② 间接火灾。间接火灾是指受外力破坏引起本身发生火灾的情况，如设备或容器遭受外来事故的波及、易燃物质外泄、遇火源发生爆炸等。因此，在设计布局时要注意主要设备之间、装置之间、工厂之间的距离，避免间接火灾发生。

③ 自动反应。有些化学反应物体本身带有含氧分子团，不需外部供氧就能发生氧化反应。如炸药、过氧化物等，性质极不稳定，遇到冲击振动或其他刺激因素，就能发生火灾爆炸。另外，有些化合物本身聚合（不饱和烃类）和分解（乙炔），受到温度、压力或贮存时间的影响，会自动发生反应，造成火灾爆炸。

（3）有害因素　很多化学物质如氰化物、氯气、光气、氨、一氧化碳等，都会对人体造成急性或慢性的毒害。因此，国家为了保护职工身体健康，规定了这些有害物质在操作环境中的最高容许浓度，超过了规定的容许值则被认为存在着危险性。

要注意惰性气体等对人的危害性，如氮气会使人窒息致死。

生物性有害因素会使人致病，如致病微生物（细菌、病毒、真菌、原生物、螺旋体等）。

（4）外力因素　外力是指外界爆炸而产生的冲击波、爆破碎片的袭击等和地震、洪水、雷击、飓风等自然现象，对生产设备或房屋施加很大的能量而造成的损坏和人身伤亡。

（5）人的因素　在"人-机"系统中，人子系统比机械子系统可靠性低很多。因为人具有自由性，再加上构成劳动集体的每个成员的精神素质和心理特征不同，易受环境条件所造成的心理上的影响，从而造成误操作。为了防止事故的发生就必须对人加强教育训练，提高其可靠性、适应能力和应变能力，同时加强人-机工程学的研究，使机器能适应人的操作，减少误差。

（6）环境因素　在生产现场，除机器设备构成不安全状态和人的不安全行为造成事故外，生产所用的原材料、半成品、成品、工具以及工业废弃物等，如放置不当也会造成不安全状态，因为这些物体具有潜在的势能。还有粉尘、毒气、恶臭、照明、温度、湿度、噪声、振动、高频、微波、放射性等危害。环境危害不只限于在操作点上发生，而是发生在一定的范围内，影响面大。

5. 危险性等级的划分

在危险性查出之后，应对其划分等级，排列出危险因素的先后次序和重点，以便分别处理。由于危险因素发展成为事故的起因和条件不同，因此在危险性预先分析中仅能作为定性评价，其等级如下。

1 级：安全的——不发生危险。

2 级：临界的——处于形成事故的边缘状态，暂时还不会造成人员伤害和系统损坏，但应予以排除或控制。

3 级：危险的——会造成人员伤亡和系统损坏，应立即采取措施排除。

4 级：破坏性的——会造成灾难性事故。

6. 危险性控制

危险性识别和等级划分后，就可采取相应的预防措施，避免它发展成为事故。采取预防措施的原则首先是采取直接措施，即从危险源（或起因）着手。其次，则是间接措施，如隔离、个人防护等。

（1）防止能量的破坏性作用

① 限制能量的集中与蓄积。一定量的能量集中于一点要比它大面上散开所造成的伤害程度更大。有一些能量的物体本身，就是工厂的产品或原料，如炼油厂的原油和轻油，发电厂的电以及一些化工企业原料用轻油等。对这样一些工厂要根据原料或产品的贮量和周转量规定限额来限制能量集中。对某些机械能可采用限制能量的速度和大小，规定极限量，如限速装置。对电气设备采用低电压装置，如使用低压测量仪表以及保险丝、断路器和使用安全电压等。防止能量蓄积，如温度自动调节器、控制爆炸性气体或有害气体浓度的报警器、应用低势能（如地面装卸作业）等。

② 控制能量的释放。a. 防止能量的逸散。如将放射性的物质贮存在专用容器内，电气设备和线路采用良好的绝缘材料以防止触电，高空作业人员使用安全带及建筑工地张挂安全网。b. 延缓能量释放。如用安全阀、逸出阀、爆破片、吸收机械振动的吸振器以及缓冲装置等。c. 另辟能量释放渠道。如接地电线、抽放煤炭堆中的瓦斯、排空管等。

③ 隔离能量。a. 在能源上采取措施。如在运动的机件上加防护罩、防冲击波的消波器、防噪声装置等。b. 在能源和人与物之间设防护屏障。如防火墙、防水闸墙、辐射防护屏以及安全帽、安全鞋和手套等个体防护用具等。c. 设置安全区、安全标志等。

④ 其他措施。为提高防护标准，可采用双重绝缘工具、低压电回路、连续监测和遥控等，为提高耐受能力，可挑选适应性强的人员以及选用耐高温、高寒和高强度材料。

（2）降低损失程度的措施　事故一旦发生，应马上采取措施，抑制事态发展，减轻危害的严重性。如设紧急冲浴设备、采用快速救援活动和急救治疗等。

（3）防止人的失误　人的失误是人为地使系统发生故障或发生使机件工作不良的事件，是违反设计和操作规程的错误行为。人的可靠性比机械、电器或电子元件要低得多，特别是情绪紧张时容易受作业环境影响，失误的可能性更大。为了减少人的失误，应为操作人员创造安全性较强的工作条件，设备要符合人-机工程学的要求，重复操作频率大的工作应用机械代替手工，变手工操作为自动控制。

建立健全规章制度、严格监督检查、加强安全教育也是有力措施。

二、安全预测

预测是研究未来的一门学科。预测的功能是使人们能够掌握对决策具有重要作用的未来的不确定因素或未知事件，向人们提供信息和数据，为形成可行性方案和最终的决策和规划服务。

安全预测或称危险性预测是对系统未来的安全状况进行预测，预测有哪些危险及其危险程度，以便做到对事故进行预报和预防。通过预测可以掌握一个企业或部门伤亡事故的变化趋势。为制定政策、规划与技术方案提供帮助。因而可以说，安全预测是现代安全管理工作的一项重要内容。

安全预测就其预测对象来讲，可分为宏观预测和微观预测。前者是研究一个企业或部门未来一个时期伤亡事故的变化趋势，如预测明年、后年某企业千人死亡率的变化；后者是具体研究某厂或某矿的某种危险源能否导致事故，事故发生概率及其危险度。微观预测可以综合应用各种安全系统分析方法，参照安全评价的某些方法，只要将表明基本事件状态的变量由现在的改为未来可能发生的，就可以达到预期的目的。本节着重介绍宏观预测即伤亡事故趋势预测方法。

- 按所应用的原理，预测可分为以下几种

① 白色理论预测。用于预测的问题与所受影响因素已十分清楚的情况。

② 灰色理论预测。也称灰色系统预测，灰色系统指既含有已知信息又含有未知信息（非确知的信息或称黑色的信息）的系统。安全生产活动本身就是一个灰色系统。

③ 黑色理论预测。也称黑箱系统或黑色系统预测。这种系统中所含的信息多为未知的。

规律是客观存在的，不是以人们的意志为转移的，但人们能够通过实践认识它、利用它。因而，利用对事物发展规律的认识，再对事物发展前景进行预测则是可行的。认识事物的发展变化规律，利用其必然性，是进行科学预测所应遵循的总的原则。

- 在进行预测时，多借助以下几项原则

① 惯性原则。按这一原则，认为过去的行为不仅影响现在而且也影响未来。尽管过去、现在和未来时间内有可能在某些方面存在差异，但总的情况是，对于一个系统的状况（如安全状况），今天是过去的延续，而未来是今天的发展。

② 类推原则。例如可以把先发展事物的表现形式类推到后发展的事物上去。利用这一原则的首要条件是两事物之间的发展变化有类似性。只要有代表性，也可由局部去类推整体。但应注意这个局部的特征能否反映整体的特征。

③ 相关原则。相关性有多种表现形式，其中最重要也是应用最广的是因果关系。在利用这一原则进行预测之前，首先应确定两事物之间是否有相关性。如机械工业的产品需要量与我国工业总产值就有相关关系。

④ 概率推断原则。当推断的结果能以较大概率出现时，就可以认为这个预测结果是成立的，可用的。一般情况下，要对多种可能出现的结果，都分别给出概率。预测的基本步骤如图 9-8 所示。

1. 利用回归法进行伤亡事故趋势预测

一个企业或部门的安全状况，受其生产性质、规模、人员素质、物质条件、环境状况及管理水平等一系列因素的影响。人们虽然一直在致力于建立它们之间的函数关系和求得精确解的研究工作，但因影响因素众多、关系复杂，工作仍处于探索阶段。然而，大量的统计资

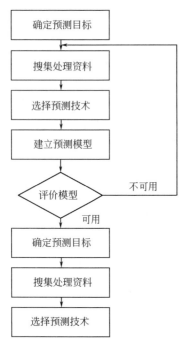

图 9-8　预测的基本步骤

料表明，一个企业或部门的安全状况与影响它的各种因素却是一个密切联系着的整体。而这个整体又具有相对的稳定性和持续性，即时间序列平稳性。这就为可以抛开对逐个因素的分析，而是就其整体，利用惯性原理对企业或部门的安全状况进行预测提供了可能。

企业或部门的安全状况可以用一定时期内的伤亡人数（或次数）、千人死亡率、千人重伤率、千人负伤率、百万吨产品死亡率等指标来表示。所有这些指标，都可以通过预测，对其未来的变化，做出估计。

国内外一些单位，研究和应用了许多种预测方法，如指数平滑法、回归法、灰色系统理论预测法、模糊预测法及卡尔曼滤波器法等。这些方法各有所长，在与其相适应的条件下的应用中，显示了各自的优越性。

回归法在预测中已得到了广泛的应用。它具有预测结果比较接近实际、易于表示数据的离散性并给出预测区间等优点。

2. 灰色系统理论预测

灰色系统理论预测的主要优点是它通过一系列数据生成方法（直接累加法、移动平均法、加权累加法、遗忘因子累加法、自适应性累加法等）将根本没有规律的、杂乱无章的或规律性不强的一组原始数据序列变得具有明显的规律性，解决了数学界一直认为不能解决的微分方程建模问题。

灰色系统理论预测是从灰色系统的建模、关联度及残差辨识的思想出发，所获得的关于预测的概念、观点与方法。

将灰色系统理论用于厂矿企业事故预测一般选用 GM（1，1）模型。

3. 特尔斐预测法

特尔斐预测法是第二次世界大战后发展起来的一种直观预测法。特尔斐是希腊历史遗迹阿波罗神殿的所在地。直观预测法常被用于下列情况。

① 信息量很微小。

② 信息量极大，超出了计算机的存贮量。预测的问题涉及政治、经济、技术、心理、文化传统等很多方面。

③ 所需要的信息无法获得或需花很多的代价可获得。

④ 用过去和现在的发展状况预测未来时，必须假定边界条件不会发生突然的变化，而有些情况下，可能受政治因素、社会因素和政策的影响。

20 世纪 70 年代以来，人们又开始重视人的智慧在预测工作中的作用。特尔斐预测法就是在这种历史条件下诞生和发展起来的。

特尔斐预测法的本质是利用专家的知识、经验、智慧等无法数量化的带有很大模糊性的信息，通过通信的方式进行信息交换，逐步地取得较一致的意见，达到预测的目的。

在一般情况下，特尔斐预测法的实施需要以一些组织工作作为基础。首先应有一个管理小组，人数从两人至十几人，根据工作量大小而定。管理小组应该对特尔斐预测法的实质和过程有正确的理解，了解专家们的情况，具备必要的专业知识和统计学、数据处理等方面的知识。

管理小组对特尔斐预测法进行预测的工作过程有了一个大致设计以后，选出一份专家名单。通常，管理小组掌握着可供选择的专家名单，从中选择参加预测的专家，称为应答小组，人数由十几人到一二百人不等。专家的情况各不相同，有专业、水平、年龄、职务、性格、社会背景等诸方面的区别，这些都会影响他们对某一问题的认识，影响他们的回答，影响预测的结果。所以，应仔细研究选择应答小组名单，使这个小组的结构足以对研究的问题有全面的考虑，不致遗漏了重要的信息。为此，名单中要有有关课题的各专业的专家，也要有其他专业的专家。最好安排几个善于进行跨学科思考的人，或者喜欢争论，喜欢提出问题的人。邀请的专家应事先征得同意，否则回收率太低，甚至不到 50%。

特尔斐法预测程序大致如图 9-9 所示，左列各框是管理小组的工作，右列各框是应答专家的工作。

在第一轮征询表中，给出一张空白的预测问题表，让专家填写应该预测的一些技术问题，应答者自由发挥，这样可以排除先入之见，但是常常过于分散，难以归纳。所以经常由管理小组预先拟订一个预测事件的一览表，直接让专家们评价，同时允许他们对此表进行补充和修改。与预测的课题有关的大量技术政策和经济条件，不可能被所有应答者掌握，管理小组应尽可能把这方面的背景材料提供给专家们，尤其在第一轮征询中，这方面信息力求详尽同时也可以要求专家对不够完善、准确的以往数据提出补充和评价。

在征询表中，最常见的问题是要求专家对某项技术实现的日期做出回答。在一般情况下，专家回答的日期一般是对应着某种实现概率的日期。在某些情况下，常要求专家提供三个概率不同的日期，即不大可能实现（成功概率 10%），实现与否可能性相等（成功概率 50%），基本上可能实现（成功概率 100%）。当然也可选择其他类似概率。然后就可以整理专家应答结果的统计特性，各类日期的均值即可作为预测结果。

特尔斐预测法是一个可控制的组织集体思想交流的过程，使得有各个方面的专家组成的集体能作为一个整体来解答某个复杂问题。

- 特尔斐预测法特点如下

① 应答者有某种程度的匿名性。虽然征询表可以是不匿名的，但征询与应答"背靠背"进行，应答者只能在信息反馈时知道全体专家的倾向，不知道具体个人的回答也不知道做出某答复的人是谁。这样，某一个答复不会因权威、资力、才能等其他原因而"冲击"集体的信息交流。

② 在统计评估的基础上建立集体的判断和见解。

③ 征得答复经过统计处理，至少一次以上反馈给参加应答的专家，每个人可以知道集体答复的分布以及持与众截然不同意见者的理由。

④ 每个应答者至少有一次机会修改自己的意见，不会因此产生任何其他顾虑。

- 特尔斐预测法可适用于以下各种情况

① 问题难以借助精确的分析技术处理，但是建立在集体基础上的直观判断可以给出某些有用的结果。

② 面对一个庞大复杂问题的专家们以往没有交流思想的历史，因为他们的经验与专业代表着十分不同的背景。

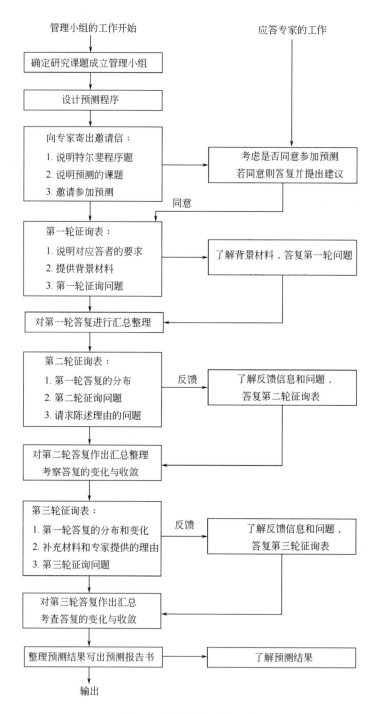

图 9-9 特尔斐法预测程序

③ 专家人数众多，面对面交流思想的方法效率很低。

④ 时间与费用的限制使得经常开会商讨成为办不到的事。

⑤ 专家之间分歧隔阂严重，或出于其他政治原因不宜当面交换思想。

⑥ 需要保持参加者的多种成分，提出各种不同意见，避免因权威作用或人数众多而压倒其他意见。

第三节　危险性评价方法简介

一、危险性评价的一般概念

一般所说的评价是指"按照明确目标测定对象的属性，并把它变成主观效用的行为，即明确价值的过程"。在对系统进行评价时，要从明确评价目标开始，通过目标来规定评价对象，并对其功能、特性和效果等属性进行科学的测定，最后由测定者根据给定的评价标准和主观判断，把测定结果变成价值，作为决策的参考。

危险性评价也称危险度评价或风险评价，它以实际系统安全为目的，应用安全系统工程原理和工程技术方法，对系统中固有或潜在的危险性进行定性和定量分析，掌握系统发生危险的可能性及其危害程度，从而为制定防治措施和管理决策提供科学依据。危险性评价定义有三层意义。

① 对系统中固有的或潜在的危险性进行定性和定量分析，这是危险性评价的核心。系统分析是以预测和防止事故为前提，全面地对评价对象的功能及潜在危险进行分析、测定，是评价工作必不可少的手段。

② 掌握企业发生危险的可能性及其危害程度之后，就要用指标来衡量企业安全工作，即从数量上说明分析对象安全性的程度。为了达到准确评价的目的，要有说明情况的可靠数据、资料和评价指标。评价指标可以是指数、概率值或等级。

③ 危险性评价的目的是寻求企业的事故率最低，损失最小，安全投资效益最优。也就是说，危险性评价是以提高生产安全管理的效率和经济效益为目的的，即确保安全生产，尽可能少受损失。欲达到此目的，必须采取预防和控制危险的措施，优选措施方案，提高安全水平，确保系统安全。

二、危险性评价方法

人类为了保证生产、生活活动顺利地进行和自身不受伤害，必须努力控制危险源以消除和减少危险。然而，危险的存在是绝对的，人们不懈地努力消除和减少危险，而为此付出的代价却越来越昂贵。于是，人们需要进行安全评价，判断所承受的危险是否可接受，是否值得花费高昂的代价去消除或减少危险。

危险性评价包括确认危险性和评价危险程度两个方面的问题。前者在于辨识危险源，定量来自危险源的危险性；后者在于控制危险源，评价采取控制措施后仍然存在的危险源的危险性是否可以被接受，在实际安全评价过程中，这些工作不是截然分开、孤立进行的，而是相互交叉、相互重叠进行的。

根据危险性评价对应于系统寿命的响应阶段，把危险性评价分为危险性预评价和现有系统危险性评价两大类。

1. 危险性预评价

危险性预评价是在系统开发、设计阶段，即在系统建造前进行的危险性评价。安全工作最关心的是在事故发生之前预测到发生事故、造成伤害或损失的危险性。系统安全的优越性就在于能够在系统开发、设计阶段根除或减少危险源，使系统的危险性最小。进行危险性预评价时需要预测系统中的危险源及其导致的事故。

2. 现有系统危险性评价

这是在系统建成以后的运转阶段进行的系统危险性评价。它的目的在于了解系统的现实危险性，为进一步采取降低危险性的措施提供依据。现有系统已经实实在在地存在着，并且根据以往的运转经验对其危险性已经有了一定的了解，因而与危险性预评价相比较，现有系统危险性评价的结果要更接近于实际情况。

- 现有系统危险性评价方法有统计评价和预测评价两种方法

（1）统计评价　这种评价方法根据系统已经发生的事故的统计指标来评价系统的危险性。由于它是利用过去的资料进行的评价，所以它评价的是系统的"过去"的危险性。这种评价主要用于宏观地指导事故预防工作。

（2）预测评价　在事故发生之前对系统危险性进行的评价，它是在预测系统中可能发生的事故的基础上对系统的危险性进行评价，具体地指导事故预防工作。这种评价方法与前述的危险性预评价方法是相同的，区别仅在于评价对象是处于系统寿命期间不同阶段的系统。

- 危险性评价方法又有定性评价方法和定量评价方法之分

从本质上说，危险性评价是对系统的危险性定性的评价。即回答系统的危险性是可接受的还是不可接受的，系统是安全的还是危险的。如果系统是安全的，则不必采取进一步控制危险源的措施；否则，必须采取改进措施，以实现系统安全。这里所谓的定性危险性评价、定量危险性评价，是指在实施危险性评价时是否要把危险性指标进行量化处理。

（1）定性危险性评价　定性危险性评价是不对危险性进行量化处理而只做定性的比较。常用的方法如下。

① 与有关的标准、规范或安全检查表对比，判断系统的危险程度。

② 根据同类系统或类似系统以往的事故经验指定危险性分类等级。例如美国的MILSTD-882A 标准中把危险严重度分为 4 级；把事故发生可能性分成 6 级。

定性评价比较粗略，一般用于整个危险性评价过程中的初步评价。

（2）定量危险性评价　定量危险性评价是在危险性量化基础上进行的评价，能够比较精确地描述系统的危险状况。

按对危险性量化处理的方式不同，定量危险性评价方法又分为概率的危险性评价方法和相对的危险性评价方法。概率的危险性评价方法是以某种系统事故发生概率计算为基础的危险性评价方法，目前应用较多的是概率危险性评价（PRA）。相对的危险性评价方法是评价者根据以往的经验和个人见解规定一系列打分标准，然后按危险性分数值评价危险性的方法。相对的评价法又称为打分法。这种方法需要更多的经验和判断，受评价者主观因素的影响较大。生产作业条件危险性评价法、火灾爆炸指数法等都属于相对的危险性评价法。

3. 危险物质加工处理危险性评价方法

（1）道化学公司火灾爆炸指数法

① 火灾爆炸指数法的发展。美国的道化学工业公司（Dow Chemical Co.）开发的火灾爆炸指数法是一种在世界范围内有广泛影响的危险物质加工处理危险性评价方法。截止到1994 年已经出版七版。

1964 年第一版：在《应用化学品分类指南》基础上形成，采用 3 种指数。

1966 年第二版：采用单一火灾爆炸指数。

1972 年第三版：把物质系数改为以燃烧热为基础计算，提出了 4 步评价法。

1976 年第四版：根据燃烧性和反应性确定物质系数；规定了工艺危险性取值范围；规

定了补偿系数；尝试计算最大预计损失 $MPPD$。

1980 年第五版：修订了物质系数和工艺危险系数；增加按热力学特性计算物质系数；考虑工艺温度、物料压力和量；按工艺控制、隔离、防火选取补偿系数；计算停产损失。

1987 年第六版：调整物质系数，反映物质的温度特性和化学稳定性；考虑毒性；简化补偿系数计算；明确工艺危险系数值；确定停产损失评价。

1994 年第七版：调整了部分物质的物质系数和毒性指标；有适于计算机处理的表格、回归方程；增加了国际计量单位；重新讨论最大可能损失问题。

在道化学火灾爆炸指数法的基础上，英国帝国化学工业公司的蒙德部门开发了 ICI 蒙德法；日本开发了岗山法等方法；我国的许多化工、石油化工、制药企业中应用了道化学的方法或在它的基础上开发了新的评价方法。国际劳工局推荐荷兰劳动总管理局的单元危险性快速排序法，是道化学公司火灾爆炸指数法的简化方法。

② 道化学火灾爆炸指数法评价程序。火灾爆炸指数法共包括 13 个评价步骤，见图 9-10。

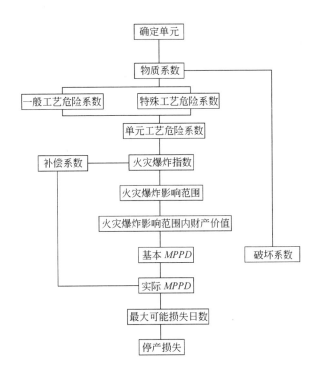

图 9-10 火灾爆炸指数法评价程序

a. 确定单元。根据贮存、加工处理物质的潜在化学能，危险物质的数量，资金密度（美元/平方米），工作温度和压力，过去发生事故情况等确定评价单元。

b. 确定物质系数（MF）。物质系数反映物质燃烧或化学反应发生火灾、爆炸释放能量的强度，取决于物质燃烧性和化学活泼性。

c. 一般工艺危险系数（F_1）。根据吸热反应、放热反应、贮存和输送、封闭单元、通道、泄漏液体与排放情况选择一般工艺危险性系数。

d. 特殊工艺危险系数（F_2）。根据物质毒性、负压作业、燃烧范围内或燃烧界限附近作业、粉尘爆炸、压力释放、低温作业、危险物质的量、腐蚀、轴封和接头泄漏、明火加热设备、油换热系统、回转设备等情况选择特殊工艺危险性系数。

    e. 计算单元工艺危险系数 $\qquad F_3 = F_1 F_2$ (9-3)

    f. 计算火灾爆炸指数 $\qquad F\&EI = MFF_3$ (9-4)

    g. 计算火灾爆炸影响范围（m） $\qquad R = 0.26F\&EI$ (9-5)

    h. 计算火灾爆炸影响范围内财产价值

    i. 确定破坏系数。反映能量释放造成破坏的程度的指标，取值 $0.01 \sim 1.0$。

    j. 计算基本最大预计损失（基本 $MPPD$）

$$基本最大预计损失 = 再投资金额 \times 破坏系数 \qquad (9-6)$$

$$再投资金额 = 原价格 \times 0.82 \times 物价指数 \qquad (9-7)$$

    k. 计算实际最大预计损失（实际 $MPPD$）

$$实际最大预计损失 = 基本 MPPD \times 补偿系数 \qquad (9-8)$$

    l. 选择补偿系数。考虑工艺控制、隔离、防火三方面的安全措施。

    工艺控制：应急电源；冷却；爆炸控制；紧急停车；计算机控制；惰性气体；操作规程；化学反应评价；其他工艺危险性分析。

    隔离：远距离控制阀；泄漏液体排放系统；应急泄放；联锁。

    防火：泄漏检测；钢结构；地下或双层贮罐；消防供水；特殊消防系统；喷淋系统；水幕；泡沫；手提灭火器；电缆防护。

    m. 计算停产损失（BI）。估计最大可能损失生产日数 $MPDO$ 后计算停产损失。

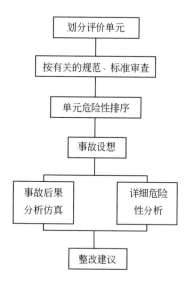

图 9-11 危险性评价程序框图

    （2）化工生产危险性评价方法　根据化工企业进行危险性评价的经验，可采取如下的危险性评价方法。图 9-11 为危险性评价程序框图。

    ① 划分评价单元。

    ② 按有关的规范、标准审查。

    ③ 单元危险性排序。利用火灾爆炸指数法分别计算各单元火灾爆炸指数后排序。

    ④ 事故设想。参考该单元或类似工艺单元事故经验设想可能发生的事故。

    ⑤ 事故后果分析仿真。针对重大事故危险源进行计算机后果仿真，判断事故的影响范围，估计后果严重度，为应急对策提供依据。

    ⑥ 详细危险性分析。利用故障树或事件树分析、危险性和可操作性研究进行详细的危险性分析。找出可能导致事故的各种原因，让管理者和操作者掌握预防事故的知识和技能，为采取对策提供依据。

    ⑦ 整改建议。汇总评价结果，让管理者了解各单元的相对危险性，确定管理重点，针对危险源控制的薄弱环节提出整改建议。

    （3）国内化工生产危险性评价典型方法

    ① 化工企业安全评价。由辽宁省劳动局和辽宁省石油化学工业局开发的评价方法，它用企业危险指数、企业安全系数、企业危险等级和企业安全等级评价企业的危险性。

企业危险指数
$$D = \sum_{i=1}^{n} D_i / n \qquad (9-9)$$

式中，D 为企业危险性指数，取决于燃烧爆炸危险性、毒性危险性、机械伤害危险性；n 为占总数 20% 的危险指数较高的单元数。

企业安全系数
$$C = \frac{S}{D} \times 100 \qquad (9-10)$$

式中，S 为企业安全指数，取决于单元安全指数、综合管理安全系数。

企业危险等级

$D \geqslant 600$	危险 1 级	$250 > D \geqslant 50$	危险 4 级
$600 > D \geqslant 450$	危险 2 级	$D < 50$	危险 5 级
$450 > D \geqslant 250$	危险 3 级		

企业安全等级

$C \geqslant 95$	安全 1 级	$65 > C \geqslant 50$	安全 4 级
$95 > C \geqslant 80$	安全 2 级	$C < 50$	安全 5 级
$80 > C \geqslant 65$	安全 3 级		

② 医药工业企业安全性评价。由国家医药管理局开发，分别评价单元和厂（车间）的危险性。

单元安全评价：通过计算单元的火灾爆炸指数、毒性指数、作业危险指数、人员或财产损失估计，进行 FTA、ETA、HRAZOP 分析评价单元的危险性。

厂（车间）安全评价：通过计算厂（车间）的火灾爆炸指数、毒性指数、作业危险指数和环境系数、安全管理系数评价其危险性。

③ 重大危险源评价方法。由劳动部劳动科学研究院开发的重大危险源评价方法。重大危险源危险性系数按下式计算。

$$A = \left\{ \sum_{i=1}^{n} \sum_{j=1}^{m} (B_{111})_i W_{ij} (B_{112})_j \right\} B_{12} \prod_{k=1}^{3} (1 + B_{2k}) \qquad (9-11)$$

式中，$(B_{111})_i$ 为第 i 种危险物质的事故易发性系数；$(B_{112})_j$ 为第 j 种工艺过程事故易发性系数；W_{ij} 为第 i 种危险物质的危险性与第 j 种工艺过程危险性的关联度；B_{12} 为事故后果严重程度；B_{2k} 为危险性抵消因子。危险性抵消因子考虑三方面的因素：工艺、设备、容器与建筑物；人员素质；安全管理。

4. 概率危险性评价

概率危险性评价是以某种伤亡事故或财产损失事故的发生概率为基础进行的系统危险性评价。它主要采用定量的安全系统分析方法中的事件树分析、事故树分析等方法，计算系统事故发生的概率，然后与规定的安全目标相比较，评价系统的危险性。

由于概率危险性评价耗费人力、物力和时间，它最适合以下几种系统的危险性评价。

① 一次事故也不许发生的系统，如洲际导弹、核电站等。

② 其安全性受到世人瞩目的系统，如宇宙航行、海洋开发工程等。

③ 一旦发生事故会造成多人伤亡或严重环境污染的系统，如民航飞机、矿山、海洋石油平台、石油化工和化工装置等。

概率危险性评价程序如图 9-12 所示。整个评价过程包括系统内危险源的辨识、估算事

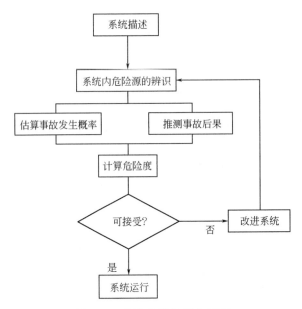

图 9-12　概率危险性评价程序

故发生概率、推算事故结果、计算危险度以及与设定的安全目标值相比较等一系列的工作。

在概率危险性评价中，广泛应用事件树分析和事故树分析方法等定量的安全系统分析方法辨识危险源，计算系统事故发生概率；应用后果分析方法推测重大危险源导致事故的后果严重程度。

狭义的概率危险性评价包括计算危险度和设定安全目标两项主要工作。前者在于定量地描述系统的危险性，后者在于确定可接受的危险水平。

（1）量化危险性　概率危险性评价往往以危险度为指标来描述系统的危险程度。一般把危险度定义为事故发生概率与事故严重度的乘积。

$$D = PC \tag{9-12}$$

式中，P 为给定时间间隔内事故发生的概率；C 为事故后果严重度，如经济损失金额、反映人员伤害严重程度的歇工日数或伤亡人数。

应该注意：对于相同的危险度数值，可能有许多种事故发生概率与事故后果严重度的组合。如某企业每年发生死亡 1 人的事故 10 起和每年发生死亡 10 人的事故 1 起，按上式计算两者的危险度相同，但是人们更重视后者。有时为了强调事故后果严重度的社会心理影响，按下式定义危险度

$$D = PC^k \quad (k > 1) \tag{9-13}$$

系统事故可能带来不同形式和不同严重度的后果，并且各种形式后果及其不同严重度相应地有不同的发生概率。在这种情况下，有累积概率分布函数或危险曲线来描述危险性更符合实际，更容易比较。

设在给定的时间间隔内，严重度在 x_i 和 $x_i + \mathrm{d}x_i$ 之间的第 i 类后果的事故发生概率为 $R(x_i)$，则其严重度不超过 x_i 的第 i 类后果的事故发生累积概率为

$$D(\leqslant x_i) = \int_0^{x_i} R(x_i) \mathrm{d}x_i \tag{9-14}$$

各种严重度的第 i 类后果的事故发生累积概率为

$$D_i = \int_0^\infty R(x_i)\mathrm{d}x_i \tag{9-15}$$

如果事故可能带来 n 类结果，则各种严重度的所有种类后果事故发生累积概率为

$$D = \sum_{i=1}^n \alpha_i \int_0^\infty R(x_i)\mathrm{d}x_i \tag{9-16}$$

式中，α_i 为累计因子，用以将不同种类的后果（人员伤亡、财产损失、环境污染）折算成统一指标。

（2）确定安全目标　确定概率危险性评价时的安全目标是件非常困难的工作，迄今应用的确定安全目标的方法有如下三种。

① 根据可接受的个人危险或集体危险来确定安全目标。首先划定可接受的危险和不可接受的危险之间的界限。按社会对危险性的认识可以把危险分为三类：

a. 过度的危险（excessive risk）：必须立即采取措施降低它；

b. 正常的危险（average risk）：只要经济上合理、技术上可行，采取措施降低它；

c. 可接受的危险（negligible risk）：采取措施降低它相当于浪费金钱。

奥特韦（H. J. Otway）和厄德曼（R. C. Erdmann）研究核电站的社会允许个人死亡危险时，得到如下结论：

年死亡概率 1×10^{-3}——不可接受的危险；

年死亡概率 1×10^{-4}——公众将要求投资控制和减少的危险；

年死亡概率 1×10^{-5}——公众认识到危险，告诫人们注意；

年死亡概率 1×10^{-6}——不会威胁普通人的危险；

年死亡概率 1×10^{-7}——高度可接受的危险。

② 根据经济性确定安全目标。系统安全的目标是使系统在规定的功能、成本、时间范围内危险性最小。因此，在系统的危险性和经济性之间有个协调、优化的问题。该方法把个人或企业承担的危险与获得的利益相比较，考虑每项活动的得失，优化财力分配，使系统的危险性"合理得小"。

当把危险性用个人或企业从事某项有危险的活动获得的效益表现时，该方法称作"危险-效益"法；当降低危险性的工作的成本用期望的效益表现时，该方法称作"成本-效益"法。

当评价一项用以减少事故发生概率或减轻事故后果严重度的安全措施时，可按下式计算成本-效益率

$$B = M/(D - D') \tag{9-17}$$

式中，M 为安全措施的成本；D 为采取措施前的危险度；D' 为采取措施后的危险度。

该成本-效益率表示为一个单位危险度所花费的资金数。例如，在考虑增设减少核设施的放射性后果的安全防护系统时，它等于为降低 1 人体伦琴辐射量所花费的钱数。美国安全机构建议，当增设核放射性防护系统时，成本-效益率为 1000 美元/人体伦琴可以考虑。

另一种经济性考虑是在现有安全状况下再多拯救一个人的生命要花费多少钱，相当于在现有安全状况下再多挽救一个人的生命的边际成本。这涉及生命价值问题，确定人的生命的价值是一项非常困难的工作。在许多领域中由官方来决定花多少钱去拯救人的生命；在不同

的活动领域，挽救一个人的生命花费的金钱数有很大差别。

③ 根据事故统计确定安全目标。这是一种得到广泛应用的确定安全目标的方法。当有以往的事故统计资料时，参考这些统计资料，再考虑目标的技术、经济合理可行，就可以确定安全目标。例如，我国确定安全目标时，以本地区、本行业前三年或前五年的事故统计平均值为基准，然后参照国家和上级要求及其他地区、行业的情况确定。据《国家级企业安全生产控制指标》规定的死亡率，化工生产企业≤0.1‰，钢铁生产企业≤0.09‰，林业采伐运输≤0.15‰～0.30‰，石油化工企业≤0.07‰，石油天然气油田、勘探企业≤0.13‰，统配煤矿2.8人/百万吨，地方国营煤矿6.5人/百万吨。

④ 确定安全目标实例。英国帝国化学工业公司（Imperial Chemical Industries，ICI）的克莱兹（Kletz）提出以死亡事故率（FAFR）为指标确定安全目标，死亡事故率（FAFR）为1×10^{-8}h内的平均死亡人数，它相当于1000人每年工作2500h，工作40年的期间内的事故死亡人数。

1970年英国化学工业的FAFR为4，于是规定大多数操作者承受的个人死亡危险不能超过2。如果设计建设的或现有的工厂危险性高于该安全目标，必须采取措施去除或降低。该公司争取的安全目标是FAFR为1。假设每座工厂包含5种主要化学危险源，则分别计算的单项危险不许超过总FAFR的10%，即每个职工承受的危险FAFR为0.4。

在弗利克斯保罗事故后，英国重大危险源咨询委员会建议一次死亡30人的灾难性事故发生概率不应超过每10000年一次。

🖑事故案例分析

天津津西大华化工厂"6·26"重大爆炸事故

1996年6月26日下午4时45分，天津津西大华化工厂发生爆炸事故，死亡19人，受伤14人，直接经济损失120多万元。

1. 事故概况

天津津西大华化工厂始建于1991年2月8日，属天津市西青区李七庄乡大倪庄村村办企业，有职工36人，其中本市17人，外省19人。共有2个生产车间，1个备料车间，最终产品6-溴-2,4-二硝基苯胺[$C_6H_2Br(NO_2)_2NH_2$]。自1996年1月1日开始，原厂长唐广桐等3人与村农工商总公司签订了承包该厂的协议，1996年计划总产值650万元，承包上缴利润22万元。

该厂有长36m、宽10m的大厂房一座，内分为3个车间，东车间生产2,4-二硝基苯胺（中间产品），有2个反应釜；西车间生产6-溴-2,4-二硝基苯胺，有3个反应釜；中间为备料车间，内存有1t左右氯酸钠、1t多2,4-二硝基苯胺、1t多不合格的溴代物、1.5t左右从沉淀池和水沟挖出的废溴代物等。

2. 事故经过

由于市场不景气，产品滞销，该厂从1996年5月28日停产。本地职工一般回家，外省民工有些在外地打零工，但都住在厂内，一般不进车间。6月26日下午河南籍女工亚凤兰等去村里干活，亚凤兰不到4点钟回厂给工友做饭，当她去水管洗菜时发现位于厂房中部的备料车间北面西侧窗户往外冒黑烟，便大声喊救火。听到喊声后，在厂办公室的厂长唐广桐等人及在宿舍等处的其他职工和村民约20人跑向冒烟车间，有人发现是中间备料车间的氯酸钠冒烟，并向着火点泼了几桶水，灾情继续发展。厂长喊人用铁锹运沙子压火，约几分钟，听到两声巨响，发生爆炸，一股黑烟冲向天空。

事故造成19人死亡（其中3人在送医院途中死亡），14人受伤；厂房被毁，厂内其他建筑物被严重破坏；1.5t重的反应釜最远被抛至65m之外，且罐体严重变形；爆炸中心形成长轴为14.3m，短轴为13.1m，最深达4.1m的椭圆形大坑。冲击波波及范围达500m以上。

3. 事故原因分析

根据事故调查组现场勘察和技术分析，本起事故的爆炸过程、爆炸致因因素和主要原因如下。

(1) 爆炸过程

强氧化剂（$NaClO_3$）与有机物、可燃物（木头、塑料袋、编织袋等）等形成爆炸混合物，在高温时燃烧，放出黑烟。

工人救火时向混合物泼了呈酸性的废水，$NaClO_3$加酸水生成氯酸，氯酸等在高温时发生爆炸（这是第一声响）。

(2) 爆炸致因因素

① 天津6月26日的前几天持续高温，26日当天33℃，厂房房顶是石棉瓦，隔热性差，估计室内温度在40℃以上，高温促进了氧化剂的燃烧过程。

② 氧化剂氯酸钠和有机物发生氧化反应发热，热量又加速了其氧化反应，该循环反应最终导致有机物和可燃物燃烧。

③ 救火过程中泼向$NaClO_3$的酸性水加速了氧化剂的氧化分解过程，产生大量氯酸，氯酸在40℃以上极易发生爆炸。

(3) 主要原因

① 管理混乱，强氧化剂和有机物混放造成重大事故隐患。

② 易燃易爆物品的包装、存放不符合国家规定。按规定$NaClO_3$应用牢固干燥的铁桶进行外包装，内还要加一层塑料袋和牛皮纸袋进行防潮，而该厂使用的$NaClO_3$只用塑料袋和编织袋两层包装，不符合要求。

③ 厂区布局不合理，厂房、办公室、宿舍、仓库距离太近，这是爆炸后导致厂内建筑物被毁的主要原因。

④ 职工素质低，安全和救灾知识缺乏是导致众多人员伤亡的主要原因。如果厂方对职工进行了认真教育，工人掌握了该厂主要原料和产品的物理和化学性质，懂得灾变时的对策和注意事项，那么工人绝不会盲目冲向已冒烟的车间，更不会向燃烧处泼酸性水来加速灾变过程。

⑤ 急功近利、以包代管及监督工作的乏力等经济工作中的不健康行为也是造成这起事故的原因之一。

有关方面在未充分考虑村办企业技术水平和该产品生成过程的潜在危险性的情况下，盲目批准上马，追求所谓的经济效益，致使该厂先天性不足。

村农工商总公司作为该厂的上级部门与该厂签订了承包合同，合同只规定了产值和上缴利润指标，而对安全及工人的工作条件等未做具体要求，实际上以包代管。

有关安全管理和监督部门未对该厂的安全设施进行严格的"三同时"把关，使该厂长期存在的事故隐患未能及时消除，最终酿成大祸。

事故类型属化学爆炸事故。

附：爆炸现场示意图，见图9-13。

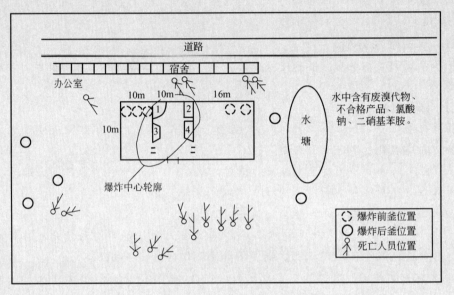

图 9-13　爆炸现场示意图

课堂讨论

在化工生产中如何运用危险性预先分析方法？

思考题

1. 如何理解安全与危险的相对性？
2. 如何进行危险性预先分析？
3. 为什么说企业安全生产系统属于灰色系统？
4. 危险性评价的内容主要有哪些？

能力测试题 ▶▶ ···

在化工生产中如何运用安全分析与评价的方法辨识危险？

第十章 安全管理

 知识目标

1. 了解现代安全管理的基本知识，熟悉各项安全生产管理制度。
2. 熟悉安全目标管理的基本内容。
3. 了解企业安全文化建筑的基本内容。

 **能力目标**

初步具有执行安全目标管理中岗位职业的能力。

第一节　安全管理概述

一、安全管理的定义

生产活动是人类认识自然、改造自然过程中最基本的实践活动，它为人类创造了巨大的社会财富，是人类赖以生存和发展的必要条件。然而，生产活动过程中总是伴随着各种各样的危险有害因素，如果不能够采取有效的预防措施和保护措施，所造成危害的后果是很严重的，有时甚至是灾难性的。

安全管理是在人类社会的生产实践中产生的，并随着生产技术水平和企业管理水平的发展特别是安全科学技术及管理学的发展而不断发展的。安全管理是以保证劳动者的安全健康和生产的顺利进行为目的，运用管理学、行为科学等相关科学的知识和理论进行的安全生产管理。因此，有必要首先了解管理学、行为科学等相关科学的基本观点。

科学管理学派的泰罗、法约尔等认为，管理就是计划、组织、指挥、协调和控制等职能活动。

行为科学学派的梅奥等认为，管理就是做人的工作，是以研究人的心理、生理、社会环境影响为中心，研究制定激励人的行为动机、调动人的积极性的过程。

现代管理学派的西蒙等认为，管理的重点是决策，决策贯穿于管理的全过程。

目前，管理学者比较一致地认为，管理就是为实现预定目标而组织和使用人力、物力、财力等各种物质资源的过程。

安全管理作为企业管理的组成部分，体现了管理的职能，管理控制的主要内容是人的不安全行为和物的不安全状态，并以预防伤亡事故的发生，保证生产顺利进行，使劳动者处于一种安全的工作状态为主要目标。

综上所述，我们可以认为，安全管理是为实现安全生产而组织和使用人力、物力和财力等各种物质资源的过程。利用计划、组织、指挥、协调、控制等管理机能，控制各种物的不安全因素和人的不安全行为，避免发生伤亡事故，保证劳动者的生命安全和健康，保证生产顺利进行。

二、安全管理与企业管理

如上所述，安全管理是企业管理的一个重要组成部分。而生产事故是人们在有目的的行动过程中，突然出现的违反人的意志的、致使原有行动暂时或永久停止的事件。生产过程中发生的伤亡事故，一方面给受伤害者本人及其亲友带来痛苦和不幸，另一方面也会给生产单位带来巨大的损失。因此，安全与生产的关系可以表述为："安全寓于生产之中，安全与生产密不可分；安全促进生产，生产必须安全。"安全性是企业生产系统的主要特性之一。安全寓于生产之中，安全与生产密不可分。

企业安全管理与企业的生产管理、质量管理等各项管理工作密切关联、互相渗透。企业的安全状况是整个企业综合管理水平的反映。一般而言，在企业其他各项管理工作中行之有效的管理理论、原则、方法，也基本上适用于企业安全管理工作。

然而，企业安全管理除了具有企业其他各项管理的共同特征之外，它自身的目的决定了它还具有独自的特征，即安全管理的根本目的在于防止伤亡事故的发生，因此它还必须遵从于伤亡事故预防的基本原理和基本原则。

三、安全管理的基本内容

安全管理主要包括对人的安全管理和对物的安全管理两个主要方面。

对人的安全管理占有特殊的位置。人是工业伤害事故的受害者，保护生产中人的安全是安全管理的主要目的。同时，人又往往是伤害事故的肇事者，在事故致因中，人的不安全行为占有很大比重，即使是来自物的方面的原因，在物的不安全状态的背后也隐藏着人的行为失误。因此控制人的行为就成为安全管理的重要任务之一。在安全管理工作中，注重发挥人对安全生产的积极性、创造性，对于做好安全生产工作而言既是重要方法，又是重要保证。

对物的安全管理就是不断改善劳动条件，防止或控制物的不安全状态。采取有效的安全技术措施是实现对物的安全管理的重要手段。

四、现代安全管理的基本特征

现代安全管理的第一个基本特征，就是强调以人为中心的安全管理，体现以人为本的科学的安全价值观。安全生产的管理者必须时刻牢记保障劳动者的生命安全是安全生产管理工作的首要任务。人是生产力诸要素中最活跃、起决定性作用的因素。在实践中，要把安全管理的重点放在激发和激励劳动者对安全的关注度、充分发挥其主观能动性和创造性上面来，形成让所有劳动者主动参与安全管理的局面。

现代安全管理的第二个基本特征，就是强调系统的安全管理。也就是要从企业的整体出发，实行全员、全过程、全方位的安全管理，使企业整体的安全生产水平持续提高。

1. 全员参加安全管理

实现安全生产必须坚持群众路线，切实做到专业管理与群众管理相结合，在充分发挥专业安全管理人员作用的同时，运用各种管理方法吸引全体职工参加安全管理，充分调动和发挥全体职工的安全生产积极性。安全生产责任制的实施为企业全员参加安全生产管理提供了制度上的保证。

2. 全过程实施安全管理

系统安全的基本原则就是从一个新系统的规划、设计阶段起，就要涉及安全问题，并且一直贯穿于整个系统寿命期间，直至系统的终结。因此，在企业生产经营活动的全过程都要实施全管理，识别、评价、控制可能出现的危险因素。

3. 全方位实施安全管理

任何有生产劳动的地方，都会存在不安全因素，都有发生伤亡事故的危险性。因此，在任何时段，开展任何工作，都要考虑安全问题，都要实施安全管理。企业的安全管理，不仅仅是专业安全管理部门的专有责任，企业内的党、政、工团各部门都对安全生产负有各自的职责，要做到分工明确、齐抓共管。

现代安全管理的第三个基本特征就是计算机与互联网的应用。计算机与互联网的普及与应用，加速了安全信息管理的处理和流通速度，并使安全管理逐渐由定性走向定量，使先进的安全管理的经验、方法得以迅速推广。

五、安全卫生管理与监测机构

1. 安全卫生管理机构的相关规定

《中华人民共和国安全生产法》第二十一条规定：矿山、金属冶炼、建筑施工、道路运输单位和危险物品的生产、经营、储存单位，应当设置安全生产管理机构或者配备专职安全生产管理人员。

《中华人民共和国安全生产法》第二十二条规定：生产经营单位的安全生产管理机构以及安全生产管理人员履行下列职责：

① 组织或者参与拟订本单位安全生产规章制度、操作规程和生产安全事故应急救援预案；

② 组织或者参与本单位安全生产教育和培训，如实记录安全生产教育和培训情况；

③ 督促落实本单位重大危险源的安全管理措施；

④ 组织或者参与本单位应急救援演练；

⑤ 检查本单位的安全生产状况，及时排查生产安全事故隐患，提出改进安全生产管理的建议；

⑥ 制止和纠正违章指挥、强令冒险作业、违反操作规程的行为；

⑦ 督促落实本单位安全生产整改措施。

《化工企业安全卫生设计规范》（HG 20571—2014）规定：

① 安全生产管理机构应具备相对独立职能，专职安全生产管理人员应不少于企业员工总数的 2%（不足 50 人的企业至少配备 1 人）。

② 职业病危害严重的用人单位，应设置或指定职业卫生管理机构或组织，应配备专职职业卫生管理人员。其他存在职业病危害的用人单位，劳动者超过 100 人的，应设置或指定职业卫生管理机构或组织，应配备专职职业卫生管理人员；劳动者在 100 人以下的，应配备

专职或者兼职的职业卫生管理人员，负责本单位的职业病防治工作。

③ 安全管理机构与职业卫生管理机构可联合设置。

2. 安全卫生监测机构的相关规定

《化工企业安全卫生设计规范》（HG 20571—2014）规定：

① 安全卫生监测机构的职责是定期监测安全和职业卫生状况。

② 大中型化工建设项目和危害性较大的小型建设项目应设置安全卫生监测机构（站、组）。安全卫生监测机构的建设面积和定员可参照表 10-1 配置。

③ 监测人员配置应以技术人员为主，其比例不低于 80%。

④ 安全生产监测机构装备参照表 10-2 配置。

表 10-1 安全卫生监测机构的建设面积和定员

职工人数/人	建筑面积/m²	定员/人	备注
<300	20	<2	
300~1000	30	3~5	
1001~2000	60	6~10	

表 10-2 安全生产监测机构装备配置

序号	仪器设备名称	大型企业	中型企业	小型企业
1	检测车	1 辆	1 辆	
2	气相色谱	1~2 台	1 台	
3	X 射线探伤仪	1 台		
4	分光光度计	2 台	1 台	
5	分析天平	2~3 台	1~2 台	
6	便携式尘毒检测仪	4~6 台	2~4 台	2~3 台
7	便携式气体检测仪	4~6 台	2~4 台	2~3 台
8	超声测量仪	1~2 台	1~2 台	
9	声级计	3~5 台	2~3 台	1~2 台
10	电冰箱	根据需要	根据需要	根据需要
11	显微镜	根据需要	根据需要	
12	计算机	根据需要	根据需要	根据需要
13	静电检测器	根据需要	根据需要	

⑤ 安全卫生监测机构可以根据企业情况单独设置，也可与中央化验室、环保监测站联合设置。

第二节　化工企业安全生产管理制度及禁令

化工企业要做好安全生产工作，首先要建立健全安全生产管理制度，并在生产过程中严格执行。此外，还要严格执行化学工业部颁布的安全生产禁令。

一、安全生产责任制

《中华人民共和国安全生产法》第四条规定：生产经营单位必须遵守本法和其他有关安

全生产的法律、法规，加强安全生产管理，建立、健全安全生产责任制和安全生产规章制度，改善安全生产条件，推进安全生产标准化建设，提高安全生产水平，确保安全生产。

安全生产责任制是企业中最基本的一项安全制度，是企业安全生产管理规章制度的基础与核心。企业内各级各类部门、岗位均要制定安全生产责任制，做到职责明确，责任到人。具体内容详见本章第三节。

二、安全教育

《中华人民共和国安全生产法》第二十五条规定：生产经营单位应当对从业人员进行安全生产教育和培训，保证从业人员具备必要的安全生产知识，熟悉有关的安全生产规章制度和安全操作规程，掌握本岗位的安全操作技能，了解事故应急处理措施，知悉自身在安全生产方面的权利和义务。未经安全生产教育和培训合格的从业人员，不得上岗作业。第二十六条规定：生产经营单位采用新工艺、新技术、新材料或者使用新设备，必须了解、掌握其安全技术特性，采取有效的安全防护措施，并对从业人员进行专门的安全生产教育和培训。第五十五条规定：从业人员应当接受安全生产教育和培训，掌握本职工作所需的安全生产知识，提高安全生产技能，增强事故预防和应急处理能力。

目前我国化工企业中开展的安全教育包括入厂安全教育（三级安全教育）、日常安全教育、特种作业人员安全教育和"五新"作业安全教育等形式。

1. 入厂安全教育

新入厂人员（包括新工人、合同工、临时工、外包工和培训、实习、外单位调入本厂人员等），均须经过厂、车间（科）、班组（工段）三级安全教育。

① 厂级教育（一级）。由劳资部门组织，安全技术、工业卫生与防火（保卫）由部门负责，教育内容包括：党和国家有关安全生产的方针、政策、法规、制度及安全生产重要意义，一般安全知识，本厂生产特点，重大事故案例，厂规厂纪以及入厂后的安全注意事项，工业卫生和职业病预防等知识，经考试合格，方准分配车间及单位。

② 车间级教育（二级）。由车间主任负责，教育内容包括：车间生产特点、工艺及流程、主要设备的性能、安全技术规程和制度、事故教训、防尘防毒设施的使用及安全注意事项等，经考试合格，方准分配到工段、班组。

③ 班组（工段）级教育（三级）。由班组（工段）长负责，教育内容包括：岗位生产任务、特点、主要设备结构原理、操作注意事项、岗位责任制、岗位安全技术规程、事故安全及预防措施、安全装置和工（器）具、个人防护用品、防护器具和消防器材的使用方法等。

每一级的教育时间，均应按化学工业部颁发的《关于加强对新入厂职工进行三级安全教育的要求》中的规定执行。厂内调动（包括车间内调动）及脱岗半年以上的职工，必须对其再进行二级或三级安全教育，其后进行岗位培训，考试合格，成绩记入"安全作业证"内，方准上岗作业。

2. 日常安全教育

安全教育不能一劳永逸，必须经常不断地进行。各级领导和各部门要对职工进行经常性的安全思想、安全技术和遵章守纪教育，增强职工的安全意识和法制观念。定期研究职工安全教育中的有关问题。

企业内的经常性安全教育可按下列形式实施：

① 可通过举办安全技术和工业卫生学习班，充分利用安全教育室，采用展览、宣传画、

安全专栏、报章杂志等多种形式，以及先进的电化教育手段，开展对职工的安全和工业卫生教育。

② 企业应定期开展安全活动，班组安全活动确保每周一次。

③ 在大修或重点项目检修，以及重大危险性作业（含重点施工项目）时，安全技术部门应督促指导各检修（施工）单位进行检修（施工）前的安全教育。

④ 总结发生事故的规律，有针对性地进行安全教育。

⑤ 对于违章及重大事故责任者和工伤复工人员，应由所属单位领导或安全技术部门进行安全教育。

3. 特种作业人员安全教育

《特种作业人员安全技术培训考核管理规则》（自 2010 年 7 月 1 日起施行）规定，特种作业是指容易发生事故，对操作者本人、他人的安全健康及设备、设施的安全可能造成重大危害的作业。共有 11 个作业类别，51 个工种纳入了特种作业目录；特种作业人员，是指直接从事特种作业的从业人员。

11 个特种作业类别包括：电工作业；焊接与热切割作用；高处作用；制冷与空调作业；煤矿安全作业；金属、非金属矿山安全作用；石油天然气安全作用；冶金（有色）生产安全作业；危险化学品安全作业；烟花爆竹安全作业；国家主管部门认定的其他行业。

从事特种作业的人员，必须进行安全教育和安全技术培训。经安全技术培训后，必须进行考核；经考核合格取得操作证者，方准独立作业。特种作业人员在进行作业时，必须随身携带"特种作业人员操作证"。

离开特种作业岗位 6 个月以上的特种作业人员，需重新进行实际操作考试，经确认合格后方可上岗作业。

"特种作业人员操作证"有效期为 6 年，在全国范围内有效。"特种作业人员操作证"由安全监管总局统一式样、标准及编号。

4. "五新"作业安全教育

"五新"作业安全教育是指凡采用新技术、新工艺、新材料、新产品、新设备（即进行"五新"作业）时，由于其未知因素多，变化较大，作业中极可能潜藏着不为人知的危险性，且操作者失误的可能性也要比通常进行的作业更大，因此，在作业前，应尽可能应用科学方法进行分析和预测，找出潜在或存在的危险，制定出可靠的安全操作规程，对操作者及有关人员就作业内容进行有针对性的安全操作知识和技能及应急措施的教育和培训，预防事故的发生、控制事故的扩大。

三、安全检查

安全检查是搞好企业安全生产的重要手段，其基本任务是：发现和查明各种危险的隐患，督促整改；监督各项安全规章制度的实施；制止违章指挥、违章作业。

《中华人民共和国安全生产法》对安全检查工作提出了明确要求和基本原则，其中第四十三条规定：生产经营单位的安全生产管理人员应当根据本单位的生产经营特点，对安全生产状况进行经常性检查；对检查中发现的安全问题，应当立即处理；不能处理的，应当及时报告本单位有关负责人。检查及处理情况应当记录在案。

因此必须建立由企业领导负责和有关职能人员参加的安全检查组织，做到边检查，边整改，及时总结和推广先进经验。

1. 安全检查的形式与内容

安全检查应贯彻领导与群众相结合的原则，除进行经常性的检查外，每年还应进行群众性的综合检查、专业检查、季节性检查和日常检查。

① 综合检查分厂、车间、班组三级，分别由主管厂长、车间主任、班组长组织有关科室、车间以及班组人员进行以查思想、查领导、查纪律、查制度、查隐患为中心内容的检查。厂级（包括节假日检查）每年不少于四次；车间级每月不少于一次；班组（工段）级每周一次。

② 专业检查应分别由各专业部门的主管领导组织本系统人员进行，每年至少进行两次，内容主要是对锅炉及压力容器、危险物品、电气装置、机械设备、厂房建筑、运输车辆、安全装置以及防火防爆、防尘防毒等进行专业检查。

③ 季节性检查分别由各业务部门的主管领导，根据当地的地理和气候特点组织本系统人员对防火防爆、防雨防洪、防雷电、防暑降温、防风及防冻保暖工作等进行预防性季节检查。

④ 日常检查分岗位工人检查和管理人员巡回检查。生产工人上岗应认真履行岗位安全生产责任制、进行交接班检查和班中巡回检查；各级管理人员应在各自的业务范围内进行检查。

各种安全检查均应编制相应的安全检查表，并按检查表的内容逐项检查。

2. 安全检查后的整改

① 各级检查组织和人员，对查出的隐患都要逐项分析研究，并落实整改措施。

② 对严重威胁安全生产但有整改条件的隐患项目，应下达《隐患整改通知书》，做到"三定""四不推"（即定项目、定时间、定人员和凡班组能整改的不推给工段、凡工段能整改的不推给车间、凡车间能整改的不推给厂部、凡厂部能整改的不推给上级主管部门）限期整改。

③ 企业无力解决的重大事故隐患，除采取有效防范措施外，应书面向企业隶属的直接主管部门和当地政府报告，并抄报上一级行业主管部门。

④ 对物质技术条件暂时不具备整改的重大隐患，必须采取应急的防范措施，并纳入计划，限期解决或停产。

⑤ 各级检查组织和人员都应将检查出的隐患和整改情况报告上一级主管部门，重大隐患及整改情况应由安全技术部门汇总并存档。

四、安全技术措施计划

1. 编制安全技术措施计划的依据

① 国家发布有关劳动保护方面的法律、法规和行业主管部门发布的劳动保护制度及标准。

② 影响安全生产的重大隐患。

③ 预防火灾、爆炸、工伤、职业病及职业中毒需采取的技术措施。

④ 发展生产所需采取的安全技术措施，以及职工提出的有利安全生产的合理化建议。

2. 编制安全技术措施计划的原则

编制安全技术措施计划要进行可行性分析论证，编制时应从以下几个方面考虑。

① 当前的科学技术水平。

② 本单位生产技术、设备及发展远景。

③ 本单位人力、物力、财力。

④ 安全技术措施产生的安全效果和经济效益。

3. 安全技术措施计划的范围

安全技术措施计划范围主要包括如下内容。

① 以防止火灾、爆炸、工伤事故为目的的一切安全技术措施。

② 以改善劳动条件、预防职业病和职业中毒为目的的一切工业卫生技术措施。

③ 安全宣传教育计划及费用。如购置和编印安全图书资料、录像资料和教材，举办安全技术训练班，布置安全技术展览室等所需经费。

④ 安全科学技术研究与试验、安全卫生检测等。

4. 安全技术措施计划的资金来源及物资供应

企业应在当年留用的设备更新改造资金中提取 20％以上的费用用于安全技术措施项目，不符需要的可从税后留利或利润留成等自有资金中补充，亦可向银行申请贷款解决。综合利用的产品，可按照国家有关规定，向上级有关部门，申请减免税。

对不符合安全要求的生产设备进行改装或重大修复而不增加固定资产的费用，由大修理费开支。凡不增加固定资产的安全技术措施，由生产维修费开支，摊入生产成本。安全技术措施项目所需设备、材料，统一由供应（设备动力）部门按计划供应。

5. 安全技术措施的计划编制及审批

由车间或职能部门提出车间年度安全技术措施项目，指定专人编制计划、方案报安全技术部门审查汇总。安全技术部门负责编制企业年度安全技术措施计划，报总工程师或主管厂长审核。

主管安全生产的厂长或经理（总工程师），应召开工会、有关部门及车间负责人会议，研究确定以下事项。

① 年度安全技术措施项目。

② 各个项目的资金来源。

③ 计划单位及负责人。

④ 施工单位及负责人。

⑤ 竣工或投产使用日期。

经审核批准的安全技术措施项目，由生产计划部门在下达年度计划时一并下达。车间每年应在第三季度开始着手编制出下一年度的安全技术措施计划，报企业上级主管部门审核。

6. 安全技术措施项目的验收

安全技术措施项目竣工后，经试运行三个月，使用正常后，在生产厂长或总工程师领导下，由计划、技术、设备、安全、防火、工业卫生、工会等部门会同所在车间或部门，按设计要求组织验收，并报告上级主管部门，必要时，邀请上级有关部门参加验收。

使用单位应对安全技术措施项目的运行情况写出技术总结报告，对其安全技术及其经济技术效果和存在问题做出评价。安全技术措施项目经验收合格投入使用后，应纳入正常管理。

五、生产安全事故的调查与处理

1. 生产安全事故的等级划分

根据《生产安全事故报告和调查处理条例》（中华人民共和国国务院令第 493 号，自

2007 年 6 月 1 日起施行），生产安全事故一般分为以下等级：

①　特别重大事故，是指造成 30 人以上死亡，或者 100 人以上重伤（包括急性工业中毒，下同），或者 1 亿元以上直接经济损失的事故。

②　重大事故，是指造成 10 人以上 30 人以下死亡，或者 50 人以上 100 人以下重伤，或者 5000 万元以上 1 亿元以下直接经济损失的事故。

③　较大事故，是指造成 3 人以上 10 人以下死亡，或者 10 人以上 50 人以下重伤，或者 1000 万元以上 5000 万元以下直接经济损失的事故。

④　一般事故，是指造成 3 人以下死亡，或者 10 人以下重伤，或者 1000 万元以下直接经济损失的事故。

上述分级中所称的"以上"包括本数，所称的"以下"不包括本数。

2. 事故报告

事故发生后，事故现场有关人员应当立即向本单位负责人报告，单位负责人接到报告后，应当于 1h 内向事故发生地县级以上人民政府安全生产监督管理部门和负有安全生产监督管理职责的有关部门报告。

情况紧急时，事故现场有关人员可以直接向事故发生地县级以上人民政府安全生产监督管理部门和负有安全生产监督管理职责的有关部门报告。

事故报告应当及时、准确、完整，任何单位和个人对事故不得迟报、漏报、谎报或者瞒报。

3. 事故现场处理

事故发生后，有关单位和人员应当妥善保护事故现场以及相关证据，任何单位和个人不得破坏事故现场、毁灭相关证据。因抢救人员、防止事故扩大以及疏通交通等原因，需要移动事故现场物件的，应当做出标志，绘制现场简图并做出书面记录，妥善保存现场重要痕迹、物证。

4. 事故报告与调查处理的相关法律责任

根据《生产安全事故报告和调查处理条例》第三十六条的规定：事故发生单位及其有关人员有下列行为之一的，对事故发生单位处 100 万元以上 500 万元以下的罚款；对主要负责人、直接负责的主管人员和其他直接责任人员处上一年年收入 60% 至 100% 的罚款；属于国家工作人员的，并依法给予处分；构成违反治安管理行为的，由公安机关依法给予治安管理处罚；构成犯罪的，依法追究刑事责任：

①　谎报或者瞒报事故的。

②　伪造或者故意破坏事故现场的。

③　转移、隐匿资金或财产，或者销毁有关证据、资料的。

④　拒绝接受调查或者拒绝提供有关情况和资料的。

⑤　在事故调查中作伪证或者指使他人作伪证的。

⑥　事故发生后逃匿的。

六、化工企业安全生产禁令

1. 生产厂区十四个不准

①　加强明火管理，厂区内不准吸烟。

②　生产区内，未成年人不准进入。

③ 上班时间，不准睡觉、干私活、离岗和做与生产无关的事情。

④ 在班前、班上不准喝酒。

⑤ 不准使用汽油等易燃液体擦洗设备、用具和衣物。

⑥ 不按规定穿戴劳动保护用品不准进入生产岗位。

⑦ 安全装置不齐全的设备不准使用。

⑧ 不是自己分管的设备、工具，不准动用。

⑨ 检修设备时安全措施不落实，不准开始检修。

⑩ 停机检修后的设备，未经彻底检查，不准启用。

⑪ 未办理高处作业证，不系安全带，脚手架、跳板不牢，不准登高作业。

⑫ 不准违规使用压力容器等特种设备。

⑬ 未安装触电保安器的移动式电动工具不准使用。

⑭ 未取得安全作业证的职工不准独立作业；特殊工种职工未经取证不准作业。

2. 操作工的六严格

① 严格执行交接班制。

② 严格进行巡回检查。

③ 严格控制工艺指标。

④ 严格执行操作法（票）。

⑤ 严格遵守劳动纪律。

⑥ 严格执行安全规定。

3. 动火作业六大禁令

① 动火证未经批准，禁止动火。

② 不与生产系统可靠隔绝，禁止动火。

③ 不清洗，置换不合格，禁止动火。

④ 不消除周围易燃物，禁止动火。

⑤ 不按时作动火分析，禁止动火。

⑥ 没有消防措施，禁止动火。

4. 进入容器、设备的八个必须

① 必须申请、办证，并取得批准。

② 必须进行安全隔绝。

③ 必须切断动力电，并使用安全灯具。

④ 必须进行置换、通风。

⑤ 必须按时间要求进行安全分析。

⑥ 必须佩戴规定的防护用具。

⑦ 必须有人在器外监护，并坚守岗位。

⑧ 必须有抢救后备措施。

5. 机动车辆七大禁令

① 严禁无证、无令开车。

② 严禁酒后开车。

③ 严禁超速行车和空挡溜车。

④ 严禁带病行车。

⑤ 严禁人货混载行车。

⑥ 严禁超标装载行车。

⑦ 严禁无阻火器车辆进入禁火区。

第三节　安全生产责任制

为实施安全对策，必须首先明确由谁来实施的问题。在我国，推行全员安全管理的同时，实行安全生产责任制。所谓安全生产责任制就是各级领导应对本单位安全工作负总的领导责任，以及各级工程技术人员、职能科室和生产工人在各自的职责范围内，对安全工作应负的责任。

安全生产责任是根据"管生产的必须管安全"的原则，对企业各级领导和各类人员明确地规定了在生产中应负的安全责任。这是企业岗位责任制的一个组成部分，是企业中最基本的一项安全制度，是安全管理规章制度的核心。

一、企业各级领导的责任

企业安全生产责任制的核心是实现安全生产的"五同时"。企业管理生产的同时，必须负责管理安全工作。在计划、布置、检查、总结、评比生产的时候，同时计划、布置、检查、总结、评比安全工作。安全工作必须由行政第一把手负责，厂、车间、班、工段、小组的各级第一把手都应负第一位责任。各级的副职根据各自分管业务工作范围负相应的责任。他们的任务是贯彻执行国家有关安全生产的法令、制度和保持管辖范围内的职工的安全和健康。凡是严格认真地贯彻了"五同时"，就是尽了责任，反之就是失职。如果因此而造成事故，那就要视事故后果的严重程度和失职程度，由行政机关进行行政处理以至司法机关追究法律责任。

1. 厂长的安全生产职责

厂长是企业安全生产的第一责任者，对本单位的安全生产负总的责任。即要支持分管安全工作的副厂长做好分管范围的安全工作。

① 贯彻执行安全生产方针、政策、法规和标准；审定、颁发本单位的安全生产管理制度；提出本单位安全生产目标并组织实施；定期或不定期召开会议，研究、部署安全生产工作。

② 牢固树立"安全第一"的思想，在计划、布置、检查、总结、评比生产时，同时计划、布置、检查、总结、评比安全工作；对重要的经济技术决策，负责确定保证职工安全、健康的措施。

③ 审定本单位改善劳动条件的规划和年度安全技术措施计划，及时解决重大隐患，对本单位无力解决的重大隐患，应按规定权限向上级有关部门提出报告。

④ 在安排和审批生产建设计划时，将安全技术、劳动保护措施纳入计划，按规定提取和使用劳动保护措施经费；审定新的建设项目（包括挖潜、革新、改造项目）时，遵守和执行安全卫生设施与主体工程同时设计、同时施工和同时验收投产的"三同时"规定。

⑤ 组织对重大伤亡事故的调查分析，按"四不放过"，即事故原因分析不清不放过、事故责任者和群众没有受到教育不放过、没有制定出防范措施不放过、事故责任者没有受到处理不放过的原则严肃处理；并对所发生的伤亡事故调查、登记、统计和报告的正确性、及时

性负责。

⑥ 组织有关部门对职工进行安全技术培训和考核。坚持新工人入厂后的厂、车间、班组三级安全教育和特种作业人员持证上岗作业。

⑦ 组织开展安全生产竞赛、评比活动，对安全生产的先进集体和先进个人予以表彰或奖励。

⑧ 接到劳动行政部门发生的《劳动保护监察指令书》后，在限期内妥善解决问题。

⑨ 有权拒绝和停止执行上级违反安全生产法规、政策的指令，并及时提出不能执行的理由和意见。

⑩ 主持召开安全生产例会，定期向职工代表大会报告安全生产工作情况，认真听取意见和建议，接受职工群众监督。

⑪ 搞好女工和未成年工的特殊保护工作，抓好职工个人防护用品的使用和管理。

2. 分管生产、安全工作的副厂长的安全生产职责

① 协助厂长做好本单位安全工作，对分管范围内的安全工作负直接领导责任；支持安全技术部门开展工作。

② 组织干部学习安全生产法规、标准及有关文件，结合本单位安全生产情况，制定保证安全生产的具体方案，并组织实施。

③ 协助厂长召开安全生产例会，对例会决定的事项负责组织贯彻落实。主持召开生产调度会，同时部署安全生产的有关事项。

④ 主持编制、审查年度安全技术措施计划，并组织实施。

⑤ 组织车间和有关部门定期开展专业性安全生产检查、季节性安全检查、安全操作检查。对重大隐患，组织有关人员到现场确定解决，或按规定权限向上级有关部门提出报告。在上报的同时，应制定可靠的临时安全措施。

⑥ 主持制定安全生产管理制度和安全技术操作规程，并组织实施，定期检查执行情况；负责推广安全生产先进经验。

⑦ 发生重伤及死亡事故后，应迅速察看现场，及时准确地向上级报告。同时主持事故调查，确定事故责任，提出对事故责任者的处理意见。

3. 其他副厂长的安全生产职责

分管计划、财务、设备、福利等工作的副厂长应对分管范围内的安全工作负直接领导责任。

① 督促所管辖部门的负责人落实安全生产职责。

② 主持分管部门会议，确定、解决安全生产方面存在的问题。

③ 参加分管部门重伤及死亡事故的调查处理。

4. 总工程师的安全生产职责

总工程师负责具体领导本单位的安全技术工作，对本单位的安全生产负技术领导责任。副总工程师在总工程师领导下，对其分管工作范围内的安全生产工作负责。

① 贯彻上级有关安全生产方针、政策、法令和规章制度，负责组织制定本单位安全技术规程并认真执行。

② 定期主持召开车间、科室领导干部会议，分析本单位的安全生产形势，研究解决安全技术问题。

③ 在采用新技术、新工艺时，研究和采取安全防护措施；设计、制造新的生产设备，

要有符合要求的安全防护措施；新建工程项目，要做到安全措施与主体工程同时设计、同时施工、同时验收投产，把好设计审查和竣工验收关。

④ 督促技术部门对新产品、新材料的使用、贮存、运输等环节提出安全技术要求；组织有关部门研究解决生产过程中出现的安全技术问题。

⑤ 定期布置和检查安全技术部门的工作。协助厂长组织安全大检查，对检查中发现的重大隐患，负责制定整改计划，组织有关部门实施。

⑥ 参加重大事故调查，并做出技术鉴定。

⑦ 对职工进行经常性的安全技术教育。

⑧ 有权拒绝执行上级安排的严重危及安全生产的指令和意见。

5. 车间主任的安全生产职责

车间主任负责领导和组织本车间的安全工作，对本车间的安全生产负总的责任。

① 在组织管理本车间生产过程中，具体贯彻执行安全生产方针、政策、法令和本单位的规章制度。切实贯彻安全生产"五同时"，对本车间职工在生产中的安全健康负全面责任。

② 在总工程师领导下，制定各工种安全操作规程；检查安全规章制度的执行情况，保证工艺文件、技术资料和工具等符合安全方面的要求。

③ 在进行生产、施工作业前，制定和贯彻作业规程、操作规程的安全措施，并经常检查执行情况。组织制定临时任务和大、中、小修的安全措施，经主管部门审查后执行，并负责现场指挥。

④ 经常检查车间内生产建筑物、设备、工具和安全设施，组织整理工作场所，及时排除隐患，发现危及人身安全的紧急情况，立即下令停止作业，撤出人员。

⑤ 经常向职工进行劳动纪律、规章制度和安全知识、操作技术教育。对特种作业人员要经考试合格，领取操作证后，方准独立操作；对新工人、调换工种人员在其上岗工作之前进行安全教育。

⑥ 发生重伤、死亡事故，立即报告厂长，组织抢救，保护现场，参加事故调查。对轻伤事故，负责查清原因和制定改进措施。

⑦ 召开安全生产例会，对所提出的问题应及时解决，或按规定权限向有关领导和部门提出报告。组织班组安全活动，支持车间安全员工作。

⑧ 做好女工和未成年工特殊保护的具体工作。

⑨ 教育职工正确使用个人劳动防护用品。

6. 工段长的安全生产职责

① 认真执行上级有关安全技术、工业卫生工作的各项规定，对本工段工人的安全、健康负责。

② 把安全工作贯穿到生产的每个具体环节中去，保证在安全的条件下进行生产。

③ 组织工人学习安全操作规程，检查执行情况，对严格遵守安全规章制度、避免事故者，提出奖励意见；对违章蛮干造成事故的，提出惩罚意见。

④ 领导本工段班组开展安全活动，经常对工人进行安全生产教育，推广安全生产经验。

⑤ 发生重伤、死亡事故后，保护现场，立即上报，积极组织抢救，参加事故调查，提出防范措施。

⑥ 监督检查工人正确使用个体防护用品情况。

7. 班组长的安全生产职责

① 认真执行有关安全生产的各项规定，模范遵守安全操作规程，对本班组工人在生产中的安全和健康负责。

② 根据生产任务、生产环境和工人思想状况等特点，开展安全工作。对新调入的工人进行岗位安全教育，并在熟悉工作前指定专人负责其安全。

③ 组织本班组工人学习安全生产规程，检查执行情况，教育工人在任何情况下不违章蛮干。发现违章作业，立即制止。

④ 经常进行安全检查，发现问题及时解决。对根本不能解决的问题，要采取临时控制措施，并及时上报。

⑤ 认真执行交接班制度。遇有不安全问题，在未排除之前或责任未分清之前不交接。

⑥ 发生工伤事故，要保护现场，立即上报，详细记录，并组织全班组工人认真分析，吸取教训，提出防范措施。

⑦ 对安全工作中的好人好事及时表扬。

二、各业务部门的职责

企业单位中的生产计划、安全技术、技术设计、供销、运输、教育、卫生、基建、机动、情报、科研、质量检查、劳动工资、环保、人事组织、宣传、外办、企业管理、财务、设备动力等有关专职机构，都应在各自工作业务范围内，对实现安全生产的要求负责。

1. 安全技术部门的安全生产职责

安全技术部门是企业领导在安全工作方面的助手，负责组织、推动和检查督促本企业安全生产工作的开展。

① 监督检查本企业贯彻执行安全生产政策、法规、制度和开展安全工作的情况，定期研究分析伤亡事故、职业危害趋势和重大事故隐患，提出改进安全工作的意见。

② 制定本企业安全生产目标管理计划和安全生产目标值。安全生产目标值包括：千人重伤率；千人死亡率；尘、毒合格率；噪声合格率等。

③ 了解现场安全情况，定期进行安全生产检查，提出整改意见，督促有关部门及时解决不安全问题，有权制止违章指挥、违章作业。

④ 督促有关部门制定和贯彻安全技术规程和安全管理制度，检查各级干部、工程技术人员和工人对安全技术规程的熟悉情况。

⑤ 参与审查和汇总安全技术措施计划，监督检查安全技术措施经费使用和安全措施项目完成情况。

⑥ 参与审查新建、改建、扩建工程的设计及工程的验收和试运转工作。发现不符合安全规定的问题有权要求解决；有权提请安全监察机构和主管部门制止其施工和生产。

⑦ 组织安全生产竞赛，总结、推广安全生产经验，树立安全生产典型。

⑧ 组织三级安全教育和职工安全教育。配合安全监察机构进行特种作业人员的安全技术培训、考核、发证工作。

⑨ 制定年、季、月安全工作计划，并负责贯彻实施。

⑩ 负责伤亡事故统计、分析，参加事故调查，对造成伤亡事故的责任者提出处理意见。

⑪ 督促有关部门做好女职工和未成年工的劳动保护工作；对防护用品的质量和使用进行监督检查。

⑫ 组织开展科学研究，总结、推广安全生产科研成果和先进经验。

⑬ 在业务上接受地方劳动行政部门和上级安全机构的指导。在向行政领导报告工作的同时，向当地劳动行政部门和上级劳动机构如实反映情况。

2. 生产计划部门的安全生产职责

① 组织生产调度人员学习安全生产法规和安全生产管理制度。在召开生产调度会以及组织经济活动分析等项工作中，应同时研究安全生产问题。

② 编制生产计划的同时，编制安全技术措施计划。在实施、检查生产计划时，应同时实施、检查安全技术措施计划完成情况。

③ 安排生产任务时，要考虑生产设备的承受能力，有节奏地均衡生产，控制加班加点。

④ 做好企业领导交办的有关安全生产工作。

3. 技术部门的安全生产职责

① 负责安全技术措施的设计。

② 在推广新技术、新材料、新工艺时，考虑可能出现的不安全因素和尘、毒、物理因素危害等问题；在组织试验过程中，制定相应的安全操作规程；在正式投入生产前，做出安全技术鉴定。

③ 在产品设计、工艺布置、工艺规程、工艺装备设计时，严格执行有关的安全标准和规程，充分考虑到操作人员的安全和健康。

④ 负责编制、审查安全技术规程、作业规程和操作规程，并监督检查实施情况。

⑤ 承担劳动安全科研任务，提供安全技术信息、资料，审查和采纳安全生产技术方面的合理化建议。

⑥ 协同有关部门加强对职工的技术教育与考核，推广安全技术方面的先进经验。

⑦ 参加重大伤亡事故的调查分析，从技术方面找出事故原因和防范措施。

4. 设备动力部门的安全生产职责

设备动力部门是企业领导在设备安全运行工作方面的参谋和助手，对全企业设备安全运行负有具体指导、检查责任。

① 负责本企业各种机械、起重、压力容器、锅炉、电气和动力等设备的管理，加强设备检查和定期保养，使之保持良好状态。

② 制定有关设备维修、保养的安全管理制度及安全操作规程，并负责贯彻实施。

③ 执行上级部门有关自制、改造设备的规定，对自制和改造设备的安全性能负责。

④ 确保机器设备的安全防护装置齐全、灵敏、有效。凡安装、改装、修理、搬迁机器设备时，安全防护装置必须完整有效，方可移交运行。

⑤ 负责安全技术措施项目所需的设备制造和安装。列入固定资产的设备，应按固定资产进行管理。

⑥ 参与重大伤亡事故的调查、分析，做出因设备缺陷或故障而造成事故的鉴定意见。

5. 劳动工资部门的安全生产职责

① 把安全技术作为对职工考核的内容之一，列入职工上岗、转正、定级、评奖、晋升的考核条件。在工资和奖金分配方案中，包含安全生产方面的要求。

② 做好特种作业人员的选拔及人员调动工作。

③ 参与重大伤亡事故调查，参加因工丧失劳动能力的人员的医务鉴定工作。

④ 关心职工身心健康，注意劳逸结合，严格审批加班加点。

⑤ 组织新录用职工进行体格检查；通知安全技术部门教育新职工，经"三级"安全教育后，方可分配上岗。

三、生产操作工人的安全生产职责

① 遵守劳动纪律，执行安全规章制度和安全操作规程，听从指挥，和一切违章作业的现象做斗争。

② 保证本岗位工作地点和设备、工具的安全、整洁，不随便拆除安全防护装置，不使用自己不该使用的机械和设备，正确使用并保护用品。

③ 学习安全知识，提高操作技术水平，积极开展技术革新，提合理化建议，改善作业环境和劳动条件。

④ 及时反映、处理不安全问题，积极参加事故抢救工作。

⑤ 有权拒绝接受违章指挥，并对上级单位和领导人忽视工人安全、健康的错误决定和行为提出批评或控告。

第四节　安全目标管理

目标管理是让企业管理人员和工人参与制定工作目标，并在工作中实行自我控制，努力完成工作目标的管理方法。目标管理的目的，是通过目标的激励作用调动广大职工的积极性，从而保证实现总目标；目标管理的核心，是强调工作成果，重视成果评价，提倡个人能力的自我提高。目标管理以目标作为各项管理工作的指南，并以实现目标的成果来评价贡献的大小。

美国的杜拉克首先提出了目标管理和自我控制的主张。他认为，一个组织的目的和任务，必须转化为目标，如果一个领域没有特定的目标，则这个领域必然会被忽视；各级管理人员只有通过这些目标对下级进行领导，并以目标来衡量每个人的贡献大小，才能保证一个组织总目标的实现；如果没有一定的目标来指导每个人的工作，则组织的规模越大，人员越多，发生冲突及浪费的可能性越大。

杜拉克的主张重点放在了各级管理人员身上。奥迪恩则把参与目标管理的范围扩大到整个企业的全体职工。他认为只有每个职工都完成了自己的工作目标，整个企业的总目标才能完成。因此，他提出，让每个职工根据总目标的要求制定个人目标，并努力达到个人目标；在实施目标管理过程中，应该充分信任职工，实行权限下放和民主协商，使职工实行自我控制，独立自主地完成自己的任务；严格按照每个职工完成个人目标情况进行考核和奖惩。这样，可以进一步激发每个职工的工作热情，发挥每个职工的主动性和创造性。

安全目标管理是目标管理在安全管理方面的应用，是企业确定在一定时期内应该达到的安全生产总目标，并分解展开、落实措施、严格考核，通过组织内部自我控制达到安全生产目的的一种安全管理方法。它以企业总的安全管理目标为基础，逐级向下分解，使各级安全目标明确、具体，各方面关系协调、融洽，把企业的全体职工都科学地组织在目标之内，使每个人都明确自己在目标体系中所处的地位和作用，通过每个人的积极努力来实现企业安全生产目标。

一、目标设置理论

安全目标管理的理论依据是目标设置理论。根据目标设置理论，人的行为的一个重要特征是有目的的行为。目标是一种刺激，合适的目标能够诱发人的动机，规定行为的方向。通过目标管理，可以把目标这种外界的刺激转化为个人的内在动力，形成从组织到个人的目标体系（见图 10-1）。

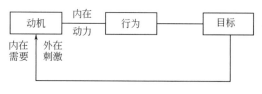

图 10-1　目标与动机

安全目标管理既是一种激励机制，也是广大职工参与管理的形式。

1. 高效的组织必然是一个有明确目标的组织

根据管理理论中的定义，组织是一个有意识地协调两个人以上的活动或力量的合作关系，是为达到共同目标的人所组成的形式。组织的主要特征是大家为了达到某一特定目标，各自分担明确的任务，在不同的权力分配下，扮演不同的角色。

① 组织必须有一个明确的共同目标，组织中每个成员都是为了达到这个特定的目标而协同劳动。

② 组织的功能在于协调人们为达到共同目标而进行的活动，包括各层次内部和各层次之间的协调。

③ 达到组织目标要讲求效益和效率，要正确处理人、财、物之间的关系，使所有成员的思想、意志和行动一致，以最经济有效的方式去达到目标。

④ 顺利达到组织目标的关键，是充分调动组织中各层次及其每个人的积极性。如果一个组织不能调动人们的积极性，它必然是一个工作效率低下的组织。

2. 期望的满足是调动职工积极性的重要因素

目标是期望达到的成果。如果一个人通过努力达到了自己的目标，取得了预期的成果，那么他就期望得到某种"奖赏"。这种"奖赏"不光是物质上的，更重要的是精神方面的鼓励。因此，为了激励职工持续地发挥主动性和创造性，应该在每个职工经过努力取得了某种成就之后，及时以物质鼓励和精神鼓励形式加以"认可"，使他的期望得到满足。这种"认可"会反馈地作用于职工，使之产生积极的情绪反应，激励其以更高涨的热情持续不断地、投入工作。当一个人经努力达到目标后而得不到组织的"认可"时，就会产生一种负反馈，导致职工的工作热情越来越低，工作效率也越来越差。目标管理强调个人目标、部门目标与整个组织的一致性，必须重视对每个人工作成绩的评定，并把这种成果评价同物质鼓励和精神鼓励挂起钩来，这就会极大地提高组织的工作效率，增强广大职工责任感和满意感。

3. 追求较高的目标是职工的工作动力

现代管理理论认为，追求较高目标是每个人的理想和抱负，是每个人的工作动力。因此，只要正确引导，真正把每个人的工作热情充分调动起来，每个职工都会尽自己的努力向高标准看齐，向高目标努力。

概括地说，目标具有以下几种作用。

① 指明方向。目标是管理工作的终点或追求的宗旨。目标体系促使各方面的努力能够互相协调，团结一致，为追求一个共同的目标而奋斗。

② 具有激励作用。把目标与物质或精神的奖赏挂起钩来，可以使目标转化为激励因素，以此调动职工的积极性。

③ 可促进管理过程。目标的实现成为控制过程，并可据此确定组织的规模和结构，以及相应的领导作风及类型。尤其是计划的制定，不能没有一个预先确定的目标。

④ 是管理的基础。目标管理不同于头疼医头、脚痛医脚的"应急管理"，它可以克服"短期行为"，实行科学的、计划的管理。

二、安全目标管理的内容

安全目标管理的基本内容是，动员全体职工参加制定安全生产目标，并保证目标的实现。具体而言，就是企业领导根据上级要求和本单位具体情况，在充分听取广大职工意见的基础上，制定出企业的安全生产总目标，即组织目标，然后层层展开、层层落实，下属各部门乃至每个职工根据安全生产总目标，分别制定部门及个人安全生产目标和保证措施，形成一个全过程、多层次的安全目标管理体。安全目标管理的基本内容如图 10-2 所示。

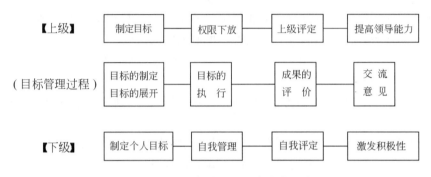

图 10-2 安全目标管理的基本内容示意图

1. 安全管理目标的制定

安全管理目标对企业的安全管理方向有指引作用，正确的安全管理目标能把企业的安全管理活动引向正确的方向，从而取得较好的效果。正因为目标有指引方向的作用，所以目标是否正确，是衡量企业安全工作的首要标准。制定安全管理目标时要特别慎重，如果目标不正确，则工作效率再高，也不会得到满意效果。

目标对人有激励和推动作用，合适的目标能激发人们的动机，调动人们的积极性。根据弗罗姆的期望理论，目标的效价越大，越能激励人心；经过努力实现目标的可能性越大，越感到有奔头。这二者结合得好，目标激励作用就越大。因此，为充分发挥目标的激励作用应该提出合理的奋斗目标，使广大职工既认识到目标的价值，又认识到实现目标的可能性，从而激发大家的信心和决心，为争取目标的圆满实现而共同奋斗。

制定安全管理目标要有广大职工参与，领导与群众共同商定切实可行的工作目标。安全目标要具体，根据实际情况可以设置若干个，例如事故发生率指标、伤害严重度指标、事故损失指标或安全技术措施项目完成率等。但是，目标不宜太多，以免力量过于分散。应将重点工作首先列入目标，并将各项目标按其重要性分成等级或序列。各项目标应能数量化，以便考核和衡量。

- 企业制定安全管理目标的主要依据

① 国家的方针、政策、法令。

② 上级主管部门下达的指标或要求。

③ 同类兄弟厂的安全情况和计划动向。

④ 本厂情况的评价。如设备、厂房、人员、环境等。

⑤ 历年本厂工伤事故情况。

⑥ 企业的长远安全规划。

安全管理目标确定之后，还要把它变成各科室、车间、工段、班组和每个职工的分目标。这一点是非常重要的。否则，安全管理目标只能压在少数领导人和安全干部身上，无法变成广大职工的奋斗目标和实际行动。因此，企业领导应把安全管理目标的展开过程组织成为动员各部门和全体职工为实现工厂的安全目标而集中力量和献计献策的过程。因此，安全管理目标的展开是非常重要的环节。

● 安全管理目标分解过程中，应注意下面几个问题

① 要把每个分目标与总目标密切配合，直接或间接地有利于总目标的实现。

② 各部门或个人的分目标之间要协调平衡，避免相互牵制或脱节。

③ 各分目标要能够激发下级部门和职工的工作欲望和充分发挥其工作能力，应兼顾目标的先进性和实现的可能性。

系统图法是一种常用的安全管理目标展开法，它是将价值工程中进行机能分析所用的机能系统图的思想和方法应用于安全目标管理的一种图法。

为了达到某种目标，需选择某种措施。为了采用这种措施，又必须考虑其下一水平上应采用的措施。这样，上一层的措施，对于下一层来说，就成了目标。利用这一概念，把达到某一目标所需的措施层层展开成图形，就可对全部问题有一全面的认识。对于重点问题也可以明确并加以掌握，从而能合理地寻求达到预定目的的最佳手段或策略。

应用系统图法展开安全管理目标的方法是，下一级为了保证上一级目标的实现，需要运用一定的手段和方法，找出本部门为实现目标必须解决的关键问题，并针对这个关键问题制定相应的措施，从而确定本部门的目标以及措施，这样逐级的向下展开，直到能够进行考核的一层，车间一般展开到生产班组，科室展开到个人，从而形成目标管理体系（图 10-3）。

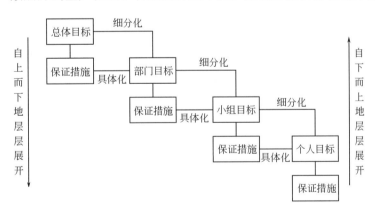

图 10-3　目标管理体系示意图

安全管理目标展开后，实施目标的部分应该对目标中各重点问题编制一个"实施计划表"。实施计划表中，应包括实施该目标时存在的问题和关键，必须采取的措施项目、要达到的目标值、完成时间、负责执行的部门和人员，以及项目的重要程度等。编制实施计划表是实行安全目标管理的一项重要内容。

安全管理目标确定之后，为了使每个部门的职工明确工厂为实现安全目标需要采取的措

施，明确在进行时部门之间的配合关系，厂部、车间、工段和班组都要绘制安全管理目标展开图，以及班组安全目标图。

2. 目标的实施

目标的实施阶段是完成预定安全管理目标的阶段，其主要工作内容包括以下三个部分。

① 根据目标展开情况相应的对下级人员授权，使每个人都明确在实现总目标的过程中自己应负的责任，行使这些权力，发挥主动性和积极性去实现自己的工作目标。

② 加强领导和管理，主要是加强与下级的意见交流以及进行必要的指导等。实施过程中的管理，一方面需要控制、协调，另一方面需要及时反馈。在目标完成以前，上级对下级或职工完成任务目标计划的进度进行检查，就是为了控制、协调、取得信息并传递反馈。

③ 严格按照实施计划表上的要求来进行工作，目的是为了在整个目标实施阶段，使每一个工作岗位都能有条不紊、忙而不乱地开展工作，从而保证完成预期的各项目标值。实践证明，实施计划表编制得越细，问题分析得越透，保证措施越具体、明确，工作的主动性就越强，实施的过程就越顺利，目标实现的把握就越大，取得的目标效果也就越好。

3. 成果的评价

在达到预定期望或目标完成后，上下级一起对完成情况进行考核，总结经验和教训，确定奖惩实施细则，并为设立新的循环做准备。

成果的评价必须与奖惩挂钩，使达到目标者获得物质的或精神的奖励。要把评价结果及时反馈给执行者，让他们总结经验教训。

评价阶段是上级进行指导、帮助和激发下级工作热情的最好时机，也是发扬民主管理、群众参加管理的一种重要形式。

三、安全目标管理的作用

1. 发挥每个人的力量，提高整个组织的"战斗力"

随着现代化科学技术的进步和社会经济的发展，安全管理工作也相应地复杂起来了。传统安全管理往往用行政命令规定各部门的工作任务，而忽视了充分发挥人的积极性和创造性这一关键问题，致使每个职工或部门看不清为整个组织做出更大贡献的努力方向，从而削弱了部门或个人工作同完成整个组织任务之间的有机联系。在这种情况下，尽管每个人都极其认真地进行工作，但由于在一些无关紧要的工作上花费了过多的力量，或由于力量分散，或由于力量互相排斥，结果对完成目标任务没有多大的推动力。安全目标管理可以集中发挥职工的全部力量，提高整个组织的"战斗力"，把企业的安全工作做好。

2. 提高管理组织的应变能力

安全管理工作必须随着工作环境与条件的变化及时调整管理组织和工作方法，以迅速适应变化了的工作环境和工作条件。安全目标管理是一个不间断的、反复的循环过程，其循环周期可以是一年、半年、三个月或更短些。这样就能根据变化了的环境，适时地、正确地制定安全目标，动员全体职工去实现目标；安全目标管理在实施过程中，上级必须下放适当的权限，让每个职工实行自我管理，充分发挥每个人的智慧和力量，使每一个职工面对变化了的工作条件，适时地、合理地做出判断和决定，并积极采取必要的措施，以适应复杂多变的工作环境。实行目标管理，迫使各部门加强基础工作，如规章制度、事故统计分析、事故档案及信息工作等，使安全管理基础工作得到改善。因此，安全目标管理能增强管理组织的应变能力。

3. 提高各级管理人员的领导能力

实行目标管理，能创造一个培养和锻炼管理人员领导能力的管理环境，使他们逐渐具备真正的领导能力，不是单凭职务、权威和地位、尊严去领导下级，而是相信群众、领先群众来实现领导，也就是采用"信任型"的领导方式。因此目标管理在管理方式上实现了从"命令型"向"信任型"的过渡，也就是从以往的由上级发布命令，下级只是服从的传统管理方法，转移到下级自己制定与上级目标紧密联系的个人目标，并由自己来实施和评价目标的现代管理方法上来。

4. 促进职工素质的提高

实行目标管理，能促进职工素质的提高。一方面，职工为实现既定的安全目标，乐于主动识别本岗位的危险因素，并加以消除、控制、改进工作方法，逐步向规范操作、标准操作前进。另一方面，企业为保证总目标的实现，又把职工安全技术水平的提高作为目标纳入目标体系，从而促进了职工素质的改善。

5. 利于企业的长远发展

目标管理是通过目标的体系化，把企业各方面的工作合理地组织起来，把企业的上下力量充分地调动起来，形成一个实现总目标而协同工作的群体活动。这就能有效地解决企业各个时期存在的主要问题，使企业朝着长远安全目标顺利发展。

当然，安全目标管理也有其局限性。例如，有些工作很难设置具体的、定量的目标；由于伤亡事故发生的随机性质，以伤亡人数为基础的安全目标值很难合理的确定等。这些问题需要在今后的安全管理实践中研究解决。

第五节　企业安全文化建设

企业安全文化建设对于不断提高我国企业的安全生产水平，具有深远意义。

一、企业安全文化建设的内涵

安全文化作为一个概念是在 1986 年国际原子能机构，在总结切尔诺贝利事故中人为因素的基础上提出的，定义为"存在于单位和个人的种种特性和态度的总和"。"安全文化"概念的提出及被认同标志着安全科学已发展到一个新的阶段，同时又说明安全问题正受到越来越多的人的关注和认识。推进企业安全文化建设的主要目的是提高企业全员对企业安全生产问题的认识程度及提高企业全员的安全意识水平。《企业安全文化建设导则》（AQ/T 9004—2008）将企业安全文化定义为被企业组织的员工群体所共享的安全价值观、态度、道德和行为规范组成的统一体。企业安全文化建设就是通过综合的组织管理等手段，使企业的安全文化不断进步和发展的过程。

二、企业安全文化建设的必要性和重要性

1. 正确认识开展企业文化建设的必要性

开展企业安全文化建设的最终目的是实现企业安全生产，降低事故率。应当承认，我国安全法制尚在健全过程中，企业安全管理仍脱离不了"人治"的阴影。因而企业安全生产状况的好坏，与企业负责人的重视程度有密切关系。企业负责人对安全生产重视，必然会在涉及安全生产的各个方面重视安全投入。开展企业安全文化建设对企业而言重要意义之一在于将企业安全生产问题提高到一个新的认识程度，这恰恰是企业搞好自身安全生产的内在动

力。搞好企业安全文化建设也是贯彻"安全第一，预防为主，综合治理"方针的重要途径。在以上两层意义的基础上，可以说企业安全文化建设是提高企业安全生产水平的基础性工程。搞好企业安全文化建设的必要性显而易见。

2. 正确认识开展企业安全文化建设的重要性

企业安全文化建设的一个重要任务就是要提高企业全员的安全意识，形成正确的企业安全价值观。事实上，安全意识薄弱可以说是我国企业安全生产水平持续在低水平徘徊的一个重要的原因。安全意识支配着人们在企业中的安全行为，由于人们实践活动经验的不同和自身素质的差异，对安全的认识程度就有不同，安全意识就会出现差别。安全意识的高低将直接影响安全的效果。安全意识好的人往往具有较强的安全自觉性，就会积极地、主动地对各种不安全因素和恶劣的工作环境进行改造；反之，安全意识差的人则对所从事的工作领域中的各种危险认识不足或察觉不到，当出现各种灾害时就反应迟钝。如 20 世纪 80 年代末哈尔滨市白天鹅宾馆发生的特大火灾，人员伤亡惨重，令人不堪回首。而临场的日本人则用湿毛巾堵住口鼻，从安全门平安逃脱。这正是日本人从小接受防火教育，安全意识强，逃生能力强的结果。因此，只有充分认识到安全意识的重要性，才能充分理解企业安全文化建设的重要性。

三、企业安全文化建设的实施

1. 对企业安全文化建设的承诺

企业要公开做出在企业安全文化建设方面所具有的稳定意愿及实践行动的明确承诺。企业的领导者应对安全承诺做出有形的表率，应让各级管理者和员工切身感受到领导者对安全承诺的实践。企业的各级管理者应对安全承诺的实施起到示范和推进作用，形成严谨的制度化工作方法，营造有益于安全的工作氛围，培育重视安全的工作态度。企业的员工应充分理解和接受企业的安全承诺，并结合岗位工作任务实践这种承诺。

2. 制定安全行为规范与实施程序

企业内部的行为规范是企业安全承诺的具体体现和安全文化建设的基础要求。企业应确保拥有能够达到和维持安全绩效的管理系统，建立清晰界定的组织结构和安全职责体系，以有效控制全体员工的行为。程序是行为规范的重要组成部分，建立必要的程序，以实现对与安全相关的所有活动进行有效控制的目的。

3. 建立安全行为激励机制

建立将安全绩效与工作业绩相结合的激励制度。审慎对待员工的差错，仔细权衡惩罚措施，避免因处罚而导致员工隐瞒错误。在组织内部树立安全榜样或典范，以发挥安全行为和安全态度的示范作用。

4. 建立安全信息传播与沟通渠道

建立安全信息传播系统，综合利用各种传播途径和方式，提高传播效果。企业应就安全事项建立良好的沟通程序，确保企业与政府监管机构和相关方、各级管理者与员工、员工相互之间的沟通。

5. 创造自主学习的氛围

企业应建立正式的岗位适任资格评估和培训系统，确保全体员工充分胜任所承担的工作，以此形成自主学习的氛围。

6. 建立安全事务参与机制

全体员工积极参与安全事务有助于强化安全责任、提高全体员工的安全意识水平。

7. 审核与评估

在企业安全文化建设过程中及时地审核与评估，有助于给予及时地控制和改进，确保企业安全文化建设工作持续有效地开展下去。

四、企业安全文化建设过程中应注意的问题

1. 企业安全文化建设应该因地制宜、因人制宜、因时制宜

企业安全文化建设的内容是非常丰富的，由于不同的企业各具特点，即企业生产的安全状况不同，全员素质不同，并且企业安全文化建设中不同企业所提供的人力、物力不同，因而在进行企业安全文化建设时，首先应正确认识本企业的特点，确定企业安全文化建设的重点，具有针对性，以形成星火燎原之势。如企业的安全组织机构不健全的首先要健全安全组织机构，安全生产责任制不明确的要进一步明确，做到各司其职，这些都是搞好企业安全生产及企业安全文化建设的不可或缺的基础；企业安全管理的内容、方法不适应现阶段特点的要重新修订，要体现与时俱进的精神；安全教育效果不佳的要开动脑筋，在计划翔实的基础上开展形式多样的教育等。总之，要找出本企业在安全生产上的薄弱环节，因势利导地推动企业安全文化建设，才能取得事半功倍的效果。

2. 正确认识开展企业安全文化建设的作用

我国企业的安全生产水平与发达国家相比一直存在着很大的差距。之所以造成这种差距是与我国国情密切相关的。在我国，不论是人的安全素质，设备的安全状况，还是安全法规以及安全管理体制的完善程度均与国外工业先进国家有较大的差距。造成企业事故的原因是多方面的，如人的因素、物的因素、环境的因素，其中最主要的原因是人的因素。而开展企业事故安全文化建设最直接的作用是提高企业全员的安全素质、安全意识水平。领导者安全意识的提高有助于加大安全投入的力度，一线工人安全意识的提高有助于人为失误率的降低，这些对降低企业事故率无疑是非常重要的。然而人的安全素质、安全意识的提高绝不是一朝一夕的事情，这需要经历一个潜移默化的过程。对此，我们必须要有一个清醒的认识，那种认为"只要进行企业安全文化教育就能迅速扼制企业事故高发势头"的想法是不现实的。因此，必须在紧抓企业安全文化建设的同时，努力做好加快安全法规建设的力度和步伐，完善宏观管理体制以及微观管理制度，提高生产设备的安全水平，健全社会对企业安全生产的监督机制等工作，只有这样，才能不断提升我国企业目前的安全生产状况。

3. 推进企业安全文化建设中还需注意的几个问题

在推进企业安全文化建设的过程中还需注意解决好以下几个问题。

① 真正树立"安全第一"意识，必须确立"人是最宝贵的财富""人的安全第一"的思想，这是提高企业全员安全意识的思想基础，是最为关键的问题。只有对这一问题有了统一正确的认识，在组织生产时，才能把安全生产作为企业生存与发展的第一因素和保证条件；当生产与安全发生矛盾时，才能做到生产服从安全。

② 树立"全员参与"意识，尤其是使一线工人真正关注并积极参与其中。要做到这一点，仅靠思想政治工作是不够的，而必须采取实际措施，如定期召开有一线工人参加的安全会议；通过多种渠道使工人随时了解企业当时的安全状况；定期更换安全宣传主题以吸引职工对安全的注意力；定期进行有奖竞猜活动以提高职工的参与积极性等。

③ 进一步强化安全教育。回顾以往企业内部的安全教育，不是太多了，而是太少了，安全教育应该是年年讲、月月讲、天天讲，应该向知名企业宣传其产品的广告一样不厌其

烦、形象生动，从而使安全知识在职工的记忆中不断被强化，才能收到良好的效果。如在1994年新疆克拉玛依友谊宾馆特大火灾中，一名10岁的小学生拉着他的表妹一起跑进厕所避难并得以生还，他的这一急中生智的逃生方法，就是在一次看电影时得知的。安全教育的作用由此可见一斑。

课堂讨论

1. 如何将现代安全管理的理念运用于化工生产过程？
2. 谈谈你对化工企业安全文化建设的认识。

思考题

1. 如何理解企业安全管理的重要性？
2. 如何理解安全生产责任制的内涵？
3. 如何实施安全目标管理？
4. 在实施企业安全文化建设过程中应注意哪些问题？

能力测试题

在安全目标管理下如何制定安全目标？

附 录

相关法律法规及职业病分类和目录可扫描二维码阅读。

相关法律法规

参考文献

[1] 闪淳昌. 建设项目（工程）劳动安全卫生预评价指南. 大连：大连海事大学出版社，1999.

[2] 杨泗霖. 防火与防爆. 北京：首都经济贸易大学出版社，2000.

[3] 余经海. 化工安全技术基础. 北京：化学工业出版社，1999.

[4] 陈莹. 工业防火与防爆. 北京：中国劳动出版社，1994.

[5] 中国安全生产科学研究院. 2005 年注册安全工程师继续教育教程. 北京：中国劳动社会保障出版社，2005.

[6] 王淑荪，等. 工业防毒技术. 北京：北京经济学院出版社，1991.

[7] 王自齐，赵金垣. 化学事故与应急救援. 北京：化学工业出版社，1997.

[8] 杨有启. 电气安全工程. 北京：首都经济贸易大学出版社，2005.

[9] 谈文华，等. 实用电气安全技术. 北京：机械工业出版社，1998.

[10] 中国石化总公司安监办. 石油化工安全技术. 北京：中国石化出版社，1998.

[11] 中国石化总公司安监办. 石油化工典型事故汇编. 北京：中国石化出版社，1994.

[12] 魏少征. 安全卫生管理基础. 北京：化学工业出版社，1998.

[13] 刘铁民. 职业安全卫生法规手册. 北京：中国经济出版社，2001.

[14] 刘景良. 企业安全文化建设中若干问题的探讨. 天津职业大学学报，2000.1.

[15] 周淑霞，刘景良. 试论石油企业安全文化建设的难点和对策. 天津职业大学学报. 2001，10（3）：34-37.

[16] 王金波，陈宝智，徐竹云. 系统安全工程. 沈阳：东北大学出版社，1999.

[17] 陈宝智，王金波. 安全管理. 天津：天津大学出版社，2003.

[18] 隋鹏程，陈宝智，隋旭. 安全原理. 北京：化学工业出版社，2005.

[19] 肖爱民. 安全系统工程学. 北京：中国劳动出版社，1992.

[20] 林泽炎. 事故预防实用技术. 北京：科学技术文献出版社，1999.

[21] 中国安全生产科学研究院. 2005 年度注册安全工程师继续教育教程. 北京：中国劳动社会保障出版社，2005.

[22] 刘景良. 化工安全技术与环境保护. 北京：化学工业出版社，2012.

[23] 刘景良. 安全管理. 第 2 版. 北京：化学工业出版社，2012.

[24] GB 18218—2009. 危险化学品重大危险源辨识.

[25] TSG R0004—2009. 固定式压力容器安全技术监察规程.

[26] GB 30871—2014. 化学品生产单位特殊作业安全规范.

[27] HG 20571—2014. 化工企业安全卫生设计规范.

[28] GB 50058—2014. 爆炸危险环境电力装置设计规范.